普通高等教育通识类课程教材

大学计算机基础教程
（Windows 10+WPS Office 2019）

主 编 吴志攀 刘 利

副主编 彭树宏 邓仑曼 陈朝华 赖国明 杨 雄

中国水利水电出版社
www.waterpub.com.cn
·北京·

内 容 提 要

本书根据教育部非计算机专业计算机基础课程教学指导分委员会最新制订的教学大纲、全国计算机等级考试大纲，并结合高等学校非计算机专业培养目标编写而成。全书共有7章，主要包括计算机基础知识、Windows 10 操作系统、计算机网络基础知识、多媒体技术及应用、WPS 2019 文档处理、WPS 2019 电子表格、WPS 2019 演示文稿等内容。

本书可作为高等学校非计算机专业计算机基础课程教材，也可作为全国计算机等级考试的参考用书及广大计算机爱好者的自学用书。

图书在版编目（CIP）数据

大学计算机基础教程：Windows 10+WPS Office 2019 / 吴志攀，刘利主编. -- 北京：中国水利水电出版社，2024. 8. --（普通高等教育通识类课程教材）.
ISBN 978-7-5226-2628-4

Ⅰ. TP316.7；TP317.1

中国国家版本馆CIP数据核字第20242QT507号

策划编辑：陈红华　　责任编辑：鞠向超　　加工编辑：孙丹　　封面设计：苏敏

书　　名	普通高等教育通识类课程教材 大学计算机基础教程（Windows 10+WPS Office 2019） DAXUE JISUANJI JICHU JIAOCHENG（Windows 10+WPS Office 2019）
作　　者	主　编　吴志攀　刘　利 副主编　彭树宏　邓仑曼　陈朝华　赖国明　杨　雄
出版发行	中国水利水电出版社 （北京市海淀区玉渊潭南路1号D座　100038） 网址：www.waterpub.com.cn E-mail：mchannel@263.net（答疑） 　　　　sales@mwr.gov.cn 电话：（010）68545888（营销中心）、82562819（组稿）
经　　售	北京科水图书销售有限公司 电话：（010）68545874、63202643 全国各地新华书店和相关出版物销售网点
排　　版	北京万水电子信息有限公司
印　　刷	三河市德贤弘印务有限公司
规　　格	184mm×260mm　16开本　18.25印张　467千字
版　　次	2024年8月第1版　2024年8月第1次印刷
印　　数	0001—5000册
定　　价	49.00元

凡购买我社图书，如有缺页、倒页、脱页的，本社营销中心负责调换

版权所有·侵权必究

前　　言

进入 21 世纪以来，随着中小学信息技术教育越来越普及，大学新生计算机知识的起点随之逐年提高，加之教育部高等学校非计算机专业计算机基础课程教学指导分委员会提出的《关于进一步加强高校计算机基础教学的几点意见》《高等学校非计算机专业计算机基础课程教学基本要求》中的课程体系及普通高等学校计算机基础课程教学大纲的基本精神和要求，对大学计算机基础教育的教学内容提出了更新、更高、更具体的要求，同时使得全国高校不断对大学计算机基础教学进行改革。

本书根据教育部计算机基础课程教学指导分委员会对计算机基础教学的目标与定位、组成与分工，以及计算机基础教学的基本要求和计算机基础知识的结构所提出的"大学计算机基础"课程教学大纲编写而成。

本书由吴志攀、刘利任主编，彭树宏、邓仑曼、陈朝华、赖国明、杨雄任副主编，具体编写分工如下：第 1 章由赵义霞与吴志攀共同编写；第 2 章由彭树宏编写；第 3 章由陈朝华编写；第 4 章由邓仑曼编写；第 5 章由刘利与杨雄共同编写；第 6 章由赖国明与吴志攀共同编写；第 7 章由吴志攀编写。

为便于教师使用本书教学和学生学习，本书配有配套的实验教材，并提供实验中要用到的所有文档、配套的电子教案、教学素材等。如有需要，请与出版社联系。

本书在编写过程中得到有关专家和教师的指导与支持，在此表示衷心的感谢。

由于编者水平有限，书中难免有疏漏之处，敬请广大读者提出宝贵意见，以便再版时及时修改。

编　者
2024 年 5 月

目 录

前言

第1章 计算机基础知识 ... 1
1.1 计算机的发展及特点 ... 1
1.1.1 计算机的发展阶段 ... 2
1.1.2 计算机的分类 ... 3
1.1.3 计算机的应用及发展趋势 ... 4
1.2 计算机系统的组成 ... 5
1.2.1 硬件系统 ... 6
1.2.2 软件系统 ... 6
1.2.3 计算机系统的层次结构 ... 7
1.2.4 计算机的基本工作原理 ... 7
1.3 数据的表示及编码 ... 8
1.3.1 数据的表示 ... 8
1.3.2 数据在计算机中的存储方式 ... 9
1.3.3 数制 ... 10
1.3.4 编码 ... 12
1.4 信息与信息技术 ... 13
1.4.1 信息及其特征 ... 13
1.4.2 信息技术 ... 14
1.4.3 信息社会 ... 15
1.4.4 信息素养以及大学生信息素养的基本要求 ... 15
1.5 新一代信息技术 ... 16
1.5.1 物联网 ... 17
1.5.2 云计算 ... 17
1.5.3 大数据 ... 19
1.6 微型计算机的硬件系统 ... 20
1.6.1 主机系统 ... 20
1.6.2 输入/输出设备 ... 23
1.6.3 微型计算机的主要性能指标 ... 25
1.7 微型计算机的软件系统 ... 25
1.7.1 系统软件 ... 26
1.7.2 应用软件 ... 26
1.8 计算机病毒及防治 ... 27
1.8.1 计算机病毒及特点 ... 27
1.8.2 计算机病毒的危害及防治 ... 28
1.9 计算机犯罪 ... 29
1.9.1 计算机犯罪的概念 ... 29
1.9.2 计算机犯罪的基本类型 ... 29
1.9.3 计算机犯罪的主要特点 ... 29
1.10 道德与相关法律 ... 30
1.10.1 道德规范 ... 30
1.10.2 法律法规 ... 30
本章小结 ... 30
习题 ... 31
参考答案 ... 35

第2章 Windows 10 操作系统 ... 37
2.1 操作系统的发展历史 ... 37
2.1.1 MS-DOS ... 37
2.1.2 Windows ... 37
2.1.3 UNIX ... 39
2.1.4 Linux ... 40
2.2 Windows 10 的启动与退出 ... 40
2.2.1 Windows 10 的启动 ... 40
2.2.2 Windows 10 的退出 ... 41
2.3 Windows 10 的基本概念 ... 42
2.3.1 桌面图标、"开始"按钮、回收站与任务栏 ... 42
2.3.2 窗口与对话框 ... 47
2.3.3 磁盘 ... 50
2.3.4 剪贴板 ... 51
2.3.5 Windows 10 的帮助系统 ... 52
2.4 Windows 10 的基本操作 ... 53
2.4.1 键盘及鼠标的使用 ... 53
2.4.2 菜单及其使用 ... 54
2.4.3 启动、切换和退出程序 ... 55
2.4.4 窗口的操作方法 ... 57
2.5 Windows 10 的文件管理 ... 58
2.5.1 文件与文件目录 ... 58

2.5.2 Windows 文件资源管理器的启动和窗口组成 …………… 60
2.5.3 创建新文件夹和新的空文件 …………… 61
2.5.4 选定文件或文件夹 …………… 62
2.5.5 重命名文件或文件夹 …………… 63
2.5.6 复制和移动文件或文件夹 …………… 63
2.5.7 删除和恢复被删除的文件或文件夹 …………… 64
2.5.8 搜索文件或文件夹 …………… 65
2.5.9 更改文件或文件夹的属性 …………… 65
2.5.10 创建文件的快捷方式 …………… 66
2.5.11 压缩、解压缩文件或文件夹 …………… 67
2.6 Windows 10 的系统设置及管理 …………… 67
2.6.1 Windows 10 控制面板 …………… 67
2.6.2 个性化设置 …………… 68
2.6.3 时钟、语言和区域设置 …………… 72
2.6.4 输入法的设置 …………… 72
2.6.5 程序的卸载或更改 …………… 74
2.6.6 磁盘管理 …………… 75
2.6.7 查看系统信息 …………… 76
2.6.8 系统安全 …………… 77
2.7 Windows 自带的常用工具 …………… 78
2.7.1 记事本 …………… 79
2.7.2 写字板 …………… 79
2.7.3 画图 …………… 80
2.7.4 截图工具 …………… 81
2.7.5 计算器 …………… 82
本章小结 …………… 83
习题 …………… 83
参考答案 …………… 88

第 3 章 计算机网络基础知识 …………… 89
3.1 计算机网络及其性能指标 …………… 89
3.1.1 计算机网络的基础知识 …………… 89
3.1.2 计算机网络的工作原理 …………… 90
3.1.3 计算机网络的性能指标 …………… 91
3.1.4 计算机网络常见概念 …………… 92
3.2 因特网及其接入方式 …………… 94
3.2.1 因特网的基础知识 …………… 95
3.2.2 接入因特网的方式 …………… 97

3.2.3 创建连接 …………… 100
3.3 IE 浏览器的设置与使用 …………… 102
3.3.1 IE 浏览器的设置 …………… 103
3.3.2 IE 浏览器的使用 …………… 105
3.4 搜索引擎的设置与使用 …………… 107
本章小结 …………… 107
习题 …………… 108
参考答案 …………… 113

第 4 章 多媒体技术及应用 …………… 114
4.1 多媒体技术的基本概念 …………… 114
4.1.1 媒体 …………… 114
4.1.2 多媒体 …………… 115
4.1.3 多媒体数据特点 …………… 115
4.1.4 多媒体技术及其特性 …………… 115
4.2 媒体的分类 …………… 116
4.2.1 文本（Text） …………… 116
4.2.2 图形（Graphic） …………… 116
4.2.3 图像（Image） …………… 117
4.2.4 音频（Audio） …………… 117
4.2.5 动画（Animation） …………… 118
4.2.6 视频（Motion Video） …………… 118
4.3 多媒体计算机系统的组成 …………… 119
4.3.1 多媒体计算机的硬件组成 …………… 119
4.3.2 多媒体软件的应用 …………… 120
4.3.3 声音文件的播放 …………… 120
4.3.4 声音文件的录制 …………… 121
4.3.5 图像文件的获取 …………… 122
4.3.6 图像文件的浏览 …………… 123
4.3.7 图形文件的制作 …………… 123
4.3.8 视频的播放 …………… 124
本章小结 …………… 124
习题 …………… 124
参考答案 …………… 129

第 5 章 WPS 2019 文档处理 …………… 131
5.1 WPS 2019 工作界面 …………… 131
5.2 文档的基本操作 …………… 132
5.3 文档内容的基本操作 …………… 137
5.3.1 文档内容输入 …………… 137
5.3.2 文档内容编辑 …………… 142

5.3.3 文档内容排版 ………………… 148
5.4 插入文档元素 ………………………… 161
　　5.4.1 表格 ……………………………… 161
　　5.4.2 图片 ……………………………… 170
　　5.4.3 形状 ……………………………… 174
　　5.4.4 SmartArt 图形-智能图形 …… 176
　　5.4.5 图表 ……………………………… 180
　　5.4.6 书签与超级链接 ……………… 183
　　5.4.7 页眉、页脚、页码 …………… 186
　　5.4.8 文本框 …………………………… 190
　　5.4.9 艺术字 …………………………… 192
　　5.4.10 公式 …………………………… 194
　　5.4.11 WPS 2019 图形元素间的叠放
　　　　　层次与组合 …………………… 195
5.5 文档页面布局与设计 ……………… 196
　　5.5.1 文档页面布局 ………………… 196
　　5.5.2 文档页面设计 ………………… 202
5.6 WPS 2019 高级应用 ……………… 205
　　5.6.1 WPS 2019 样式 ……………… 205
　　5.6.2 目录 ……………………………… 208
　　5.6.3 脚注与尾注 …………………… 211
　　5.6.4 邮件合并 ………………………… 212
　　5.6.5 文档模板及应用 ……………… 215
5.7 打印文档 ……………………………… 215
　　5.7.1 打印预览 ………………………… 215
　　5.7.2 打印 ……………………………… 216
本章小结 …………………………………… 217
思考题 ……………………………………… 218
第 6 章 WPS 2019 电子表格 ……… 219
6.1 WPS 2019 电子表格的基本操作 … 219
　　6.1.1 WPS 2019 电子表格术语 …… 223
　　6.1.2 WPS 2019 电子表格数据类型 … 225
6.2 WPS 2019 电子表格工作表的
　　基本操作 …………………………… 228
6.3 WPS 2019 电子表格公式与函数 … 229
　　6.3.1 WPS 2019 电子表格公式的建立 … 229
　　6.3.2 WPS 2019 电子表格的地址引用
　　　　　及 WPS 2019 电子表格函数 … 231
　　6.3.3 工作表格式设置 ……………… 239
　　6.3.4 WPS 2019 电子表格数据库功能 … 244
　　6.3.5 图表制作 ………………………… 250
6.4 页面设置和打印 …………………… 254
本章小结 …………………………………… 257
思考题 ……………………………………… 257

第 7 章 WPS 2019 演示文稿 ……… 259
7.1 WPS 2019 演示文稿的概述 ……… 259
7.2 WPS 2019 的工作窗口与基本概念 … 260
　　7.2.1 WPS 2019 演示文稿的工作窗口 … 260
　　7.2.2 WPS 2019 演示文稿的基本概念 … 262
7.3 制作一个多媒体演示文稿 ………… 262
　　7.3.1 新建演示文稿 ………………… 262
　　7.3.2 编辑演示文稿 ………………… 263
7.4 设置演示文稿的视觉效果 ………… 266
　　7.4.1 幻灯片版式 …………………… 266
　　7.4.2 背景 ……………………………… 267
　　7.4.3 母版 ……………………………… 269
　　7.4.4 主题 ……………………………… 270
7.5 设置演示文稿的动画效果 ………… 271
　　7.5.1 设计幻灯片中对象的动画效果 … 271
　　7.5.2 设计幻灯片间切换的动画效果 … 272
7.6 设置演示文稿的播放效果 ………… 273
　　7.6.1 设置放映方式 ………………… 273
　　7.6.2 演示文稿的打包 ……………… 274
　　7.6.3 排练计时 ………………………… 274
　　7.6.4 隐藏幻灯片 …………………… 275
7.7 演示文稿的其他有关功能 ………… 275
　　7.7.1 演示文稿的压缩 ……………… 275
　　7.7.2 演示文稿的打印 ……………… 276
　　7.7.3 演示文稿的搜索框 …………… 276
　　7.7.4 演示文稿的屏幕录制 ………… 277
　　7.7.5 演示文稿的墨迹书写 ………… 278
本章小结 …………………………………… 278
习题 ………………………………………… 278
参考答案 …………………………………… 284

参考文献 ………………………………… **286**

第 1 章　计算机基础知识

本章主要内容：
- 计算机的发展及特点
- 计算机系统的组成
- 数据的表示及编码
- 信息与信息技术
- 新一代信息技术
- 微型计算机的硬件系统
- 微型计算机的软件系统
- 计算机病毒及防治
- 计算机犯罪
- 道德与相关法律

1.1　计算机的发展及特点

计算机（Computer）是 20 世纪人类的伟大科学技术发明之一，由计算机硬件和计算机软件组成。它是一种能够按事先储存的程序高速处理海量数据并输出储存信息的现代化智能电子设备，它的出现和发展推动了科学技术的迅猛发展，也极大地推动了人类社会的进步与发展。目前，计算机遍及政府部门、学校、企事业单位等场所，成为信息社会中必不可少的工具。

根据计算机的定义，其主要功能如下。

输入：接收由输入设备（如键盘、鼠标等）提供的数据。

处理：对数值、字符等数据进行操作，并按指定的方式进行转换。

输出：将处理结果传送到相关输出设备（如显示器、绘图仪等）。

存储：存储程序和数据并在需要时调用。

综上所述，计算机的作用是接收并存储数据，处理输入数据并按所需格式输出。

计算机具有以下特点。

1. 速度高

由于计算机采用精密的电子器件，并利用先进的计算技术，因此能在几秒内完成数百万甚至数千万次计算。

2. 精度高

例如，计算圆周率 π，在无计算机时，经过上千年的人工计算可以得到小数点后 500 位；而计算机诞生后，利用计算机可以得到小数点后上亿位。只要正确为计算机赋予算法，它的准确度就能达到 100%。

3. 存储容量大

计算机的存储器可以存放计算机的原始数据和运算结果，以及人们事先编好的程序。它可以储存任何类型的数据，如视频、音频、文本等。这种存储记忆能力可以帮助人们保存大量信息，极大地提高了人们的工作效率和信息利用率。

4. 自动化程度高

人们把事先编好的程序输入并存储在计算机中，发出指令后，无需人为干预，计算机即可自动连续地按程序规定的步骤完成指定任务。

1.1.1 计算机的发展阶段

世界上第一台计算机是由美国宾夕法尼亚大学莫克利（Mauchly）和埃克特（Eckert）团队研制成功的，取名为 ENIAC（Electronic Numerical Integrator and Calculator，埃尼阿克），直译名为"电子数值积分器和计算器"，其由 17468 个电子管、6 万个电阻器、1 万个电容器和 6000 个开关组成，占地 170 平方米，重达 30 吨，耗电量为 150 千瓦时，每秒可进行 5000 次加法运算，大大地提高了运算速度。

根据制造计算机的器件不同，计算机的发展通常分为电子管，晶体管，小、中规模集成电路，大规模、超大规模集成电路四个时代，详见表 1-1。

表 1-1 计算机发展的四个时代

器件	第一代 （1946—1958 年）	第二代 （1959—1964 年）	第三代 （1965—1970 年）	第四代 1971 年至今
电子器件	电子管	晶体管	小、中规模集成电路	大规模、超大规模集成电路
主存	磁芯、磁鼓	磁芯、磁鼓	磁芯、磁鼓、半导体存储器	半导体存储器
辅存	磁带、磁鼓	磁带、磁鼓	磁带、磁鼓、磁盘	磁带、磁盘、光盘
处理方式	机器语言、汇编语言	监控程序、批处理作业、高级语言编译	多道程序、实时处理	实时、分时、分布式、网络化
特点	体积大、耗电量多、速度低、价格高	体积减小、耗电量降低、性能提高、有限兼容	体积、功耗、价格、功能等前进一大步，软件逐步完善	体积更小、功耗量更低、可靠性提高、软件技术更趋完善
运算速度	5000～3 万次/秒	几十万至几百万次/秒	几百万至几千万次/秒	几百万至几千亿次/秒

1. 电子管计算机时代（1946—1958 年）

电子管计算机时代奠定了计算机发展的基础，是具有重大意义的时代。电子管计算机体积庞大、耗电量多、运行慢、工作可靠性差、难以使用和维护、造价极高，而且没有操作用系统软件，而是使用机器语言和汇编语言编程，所以主要用于军事和科学研究工作中的科学计算领域。电子管计算机时代的计算机有 EDVAC、IBM-650 等。

2. 晶体管计算机时代（1959—1964 年）

在晶体管计算机时代，出现了第一代没有的监控程序等系统软件，提出了用操作系统管理计算机的概念及高级语言（如 Ada、FORTRAN、COBOL 等）。晶体管计算机时代的计算机有 IBM 1620、CDC 1604 等。

晶体管计算机时代产生的晶体管计算机与第一代相比有很大的改进，计算机的体积减小、重量减轻、耗电量减少、可靠性增强、运算速度提高；而且应用范围从军事和科研领域中单纯的科学计算扩展到数据处理和事务处理。1964 年 8 月，我国 441-B 晶体管计算机调试成功。

3. 小、中规模集成电路计算机时代（1965—1970 年）

小、中规模集成电路计算机的体积、重量、耗电量进一步减小，性能、稳定性和运算速度进一步提高，开始应用于科学计算、数据处理、过程控制等领域；软、硬件都向通用化、标准化、系列化方向发展；出现了分时、实时等操作系统和会话式语言等，为研制更为复杂的软件提供了技术保证。这一代的计算机有 IBM-360 series、PDP（Personal Data Processor）等。

4. 大规模、超大规模集成电路计算机时代（1971 年至今）

大规模、超大规模集成电路计算机时代的计算机应用广泛深入人类社会生活的各个领域，进入了以计算机网络为特征的新时代。随着集成电路集成度的大幅度提高，计算机的体积、重量、功耗量急剧下降，运算速度、可靠性、存储容量等迅速提高。凭借数字化音频和视频技术的突破，逐步形成了集文字、图形、图像、音频、视频、动画等于一体的多媒体计算机系统。最具标志性的是计算机技术与通信技术紧密结合构建的计算机网络。这一代的计算机有 STAR 1000、CRAY-X-MP（Super Computer）、Laptop 等。

未来，新型计算机有光子计算机、量子计算机以及生物计算机等。2020 年 12 月 4 日，中国科学技术大学成功构建 76 个光子的量子计算原型机——"九章"，求解数学算法高斯玻色取样只需 200 秒。2021 年 2 月 8 日，中国科学院量子信息重点实验室发布具有自主知识产权的量子计算机操作系统——"本源司南"。

1.1.2 计算机的分类

计算机的种类很多，按运算能力、运算速度、存储容量及机器体积等可分为微型计算机、个人计算机、小型计算机、大/中型计算机、工作站、服务器、超级计算机等。

1. 微型计算机

微型计算机简称微机，它是以运算器和控制器为核心，加上由大规模集成电路制作的存储器、输入/输出接口和系统总线构成的体积小、结构紧凑、价格低且具有一定功能的计算机。如果把这种计算机制作在一块印刷线路板上，就称为单板机。

2. 个人计算机

个人计算机（Personal Computer，PC）是指一种尺寸、价格和性能适用于个人使用的多用途计算机。台式机、笔记本电脑、平板电脑、超级本等都属于个人计算机。

3. 小型计算机

小型计算机是 20 世纪 60 年代中期发展起来的一类计算机，具有规模较小、结构简单、成本较低、操作简单、易维护、易与外部设备连接等特点。因微型计算机还未广泛推广应用，所以许多工业生产自动化控制和事务处理都采用小型计算机。近期的小型计算机的性能大大提高，主要用于事务处理。

4. 大/中型计算机

大/中型计算机指通用性能好、外部设备负载能力强、处理速度高的一类机器。它有完善的指令系统、丰富的外部设备和功能齐全的软件系统，并允许多个用户同时使用。大/中型计算机主要用于科学计算、数据处理或做网络服务器，主要应用于单位银行、大公司、规模较大的高校和科研院所。

5. 工作站

工作站是介于微型计算机与小型机之间的一种高档微型计算机，其运算速度比微型计算机高，且具有较强的联网功能，主要用于特殊的专业领域（如图像处理、计算机辅助设计等）。它与网络系统中的"工作站"含义不同。网络上"工作站"常用来泛指联网用户的节点，以区别于网络服务器。网络上的工作站常常只是一般的个人计算机。

6. 服务器

服务器是在网络环境下为多用户提供服务的共享设备，一般分为文件服务器、打印服务器、计算服务器和通信服务器等。将服务器连接在网络上，网络用户在通信软件的支持下远程登录，可以共享各种服务。

7. 超级计算机

超级计算机在所有计算机中占地最大、价格最高、功能最强，其浮点运算速度最高达几十至几百 Teraflop（每秒万亿次）。中国国防科技大学研制的"天河二号"超级计算机的浮点运算速度为 33.86 千万亿次/秒，是全球运行速度最高的超级计算机。超级计算机主要应用于战略武器（如核武器和反导弹武器）的设计、空间技术、石油勘探、中长期大范围天气预报以及社会模拟等领域。

1.1.3 计算机的应用及发展趋势

计算机在诞生初期主要用于科学计算，而如今计算机的应用遍及科学技术、工业、交通、财贸、农业、医疗卫生、军事以及人们日常生活等方面。计算机技术的发展与应用正在对人类社会的产业结构、就业结构，乃至家庭生活和教育等产生深远的影响。

1. 计算机的应用领域

计算机正日益改变人们的生活方式及观察世界的方式，并成为人们时刻不能离开的帮手。归结起来，计算机主要有以下应用。

（1）科学计算：也称数值计算，指用于完成科学研究和工程技术中提出的数学问题的计算。它是电子计算机的重要应用领域，世界上第一台计算机就是为科学计算设计的。随着科学技术的发展，各领域中的计算模型日趋复杂，人工计算无法解决复杂的计算问题。科学计算仍应用在工程设计、地震预测、航空航天技术等重要领域。

（2）信息管理：也称"数据处理"或者"事务处理"，是计算机应用广泛的一个领域。它利用计算机记录、整理、加工、存储和传输信息等，通过分析、合并、分类、统计等加工处理形成有用的信息。信息管理广泛应用于企业管理、报表统计、事务处理、情报检索等。

（3）自动控制：也称"过程控制"或者"实时控制"，指利用计算机控制、指挥和协调动态过程。利用计算机及时采集和处理数据，按最新的值迅速地对控制对象进行控制。自动控制在冶金、石油、化工、纺织、水电、机械、航天（如人造卫星、航天飞机、巡航导弹）等工业领域得到了广泛应用。

（4）计算机辅助教学（Computer Assisted Instruction，CAI）：利用计算机系统进行课堂教学，可动态演示实验原理使教学内容形象化。

（5）计算机辅助设计（Computer Aided Design，CAD）：利用计算机系统辅助设计人员进行工程或产品设计以实现最佳设计效果，应用于飞机设计、建筑设计、机械设计、大规模集成电路设计等方面。

（6）计算机辅助制造（Computer Aided Manufacturing，CAM）：利用计算机系统进行产品加工控制，输入信息是零件工艺路线和工程内容，输出信息是刀具运动轨迹。

（7）人工智能（Artificial Intelligence，AI）：用计算机来模仿人类的思维判断等智力活动，如感知、判断、理解、学习、推理、演绎、问题求解等过程。其主要研究领域包括自然语言的生成与理解、智能学习系统、专家系统、虚拟现实技术、智能机器人等。

2. 计算机的发展趋势

与计算机应用领域的不断拓宽适应，计算机的发展趋势从单一化转向多元化。计算机的发展表现为五种趋势：巨型化、微型化、多媒体化、网络化和人工智能化。

（1）巨型化：发展高速、大存储容量和强功能的超级计算机。这既是天文、气象、宇航、核反应等尖端科学技术以及进一步探索新兴科学（如基因工程、生物工程）的需要，又可让计算机具有人脑学习、推理的复杂功能。

（2）微型化：利用高性能的超大规模集成电路研制质量更加可靠、性能更加优良、价格更加低廉、整机更加小巧的微型计算机。大规模、超大规模集成电路的出现使计算机加速微型化。当前微型机的标志是运算部件与控制部件集成，今后将逐步发展到对存储器、通道处理机、高速运算部件、图形卡、声卡的集成，进一步将系统的软件固化，以达到整个微型计算机系统的集成。

（3）多媒体化："以数字技术为核心的图像、声音与计算机、通信等融为一体的信息环境"的总称。传统计算机处理的信息主要是字符和数字。事实上，人们更习惯使用图片、文字、声音、影像等多媒体信息。所以，多媒体技术的实质就是让人们利用计算机以更接近自然的方式交换信息。

（4）网络化：计算机网络就是在一定的地理区域内，将分布在不同地点的不同机型的计算机和专门的外部设备用通信线路互联，组成一个规模大、功能强的网络系统，以实现互通信息、共享资源。网络化可以让人们通过互联网进行沟通、交流（如 QQ、微信等）、信息查阅共享（如百度、谷歌等）、教育资源共享（如远程教育等）等，尤其是无线网络的出现极大地提高了人们使用网络的便捷性。未来，计算机将会进一步向网络化方面发展。

（5）人工智能化：让计算机具有模拟人的感觉和思维过程的能力，形成智能型、超智能型计算机。它是建立在现代化科学基础之上且综合性很强的边缘学科。计算机人工智能化必然是未来的发展趋势。

1.2　计算机系统的组成

一个完整的计算机系统由硬件系统和软件系统两大部分组成，如图 1-1 所示。硬件系统由运算器（Arithmetic Unit）、控制器（Control Unit）、存储器（Memory Unit）、输入设备（Input Device）、输出设备（Output Device）五大部分组成。硬件是实实在在的物体，也是计算机工作的基础。指挥计算机工作的各种程序的集合称为软件系统，软件系统由系统软件和应用软件组成。它是计算机的灵魂，也是控制和操作计算机工作的核心。没有软件的硬件称为裸机，不能使用。没有硬件对软件的物质支持，软件的功能无从谈起。所以，把计算机系统当作一个整体来看，它既包括硬件又包括软件，两者不可分割，只有将硬件和软件结合才能充分发挥电子计算机系统的功能。

```
                          ┌─ 运算器 ──── 算术运算和逻辑运算
                          │
                          ├─ 控制器 ──── 分析指令、协调 I/O 操作和内存访问
               ┌─ 硬件系统 ┼─ 存储器 ──── 存储程序、数据和指令
               │          ├─ 输入设备 ── 输入数据
   计算机系统 ──┤          └─ 输出设备 ── 输出数据
               │
               └─ 软件系统 ┬─ 系统软件 ── 管理和控制系统资源
                          └─ 应用软件 ── 开发系统、创建用户文档等
```

图 1-1　计算机系统的组成

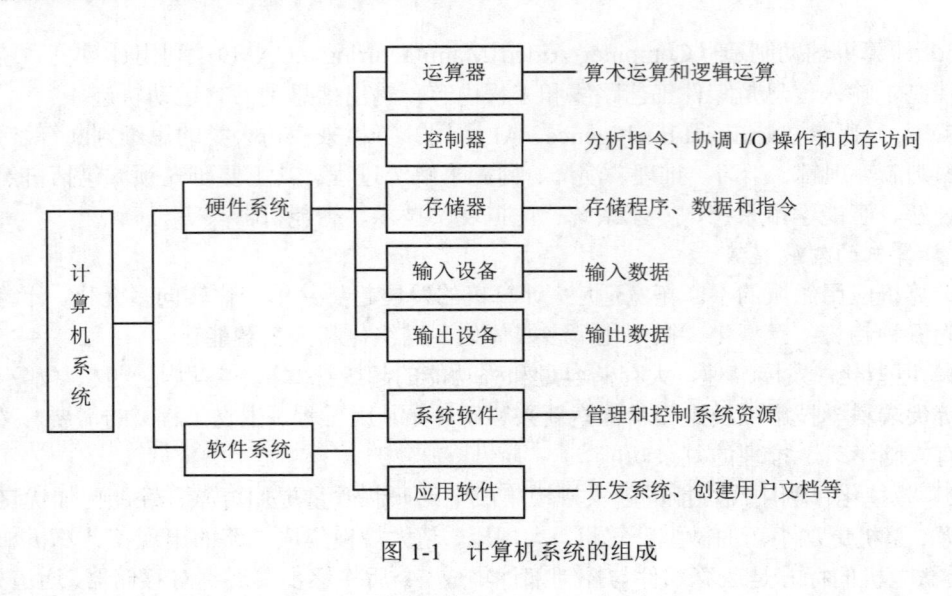

1.2.1　硬件系统

组成计算机的物理实体——计算机硬件（Hardware）：计算机系统中由电子、机械和光电元件组成的物理设备，是计算机工作的物质基础。

虽然计算机的种类很多，其制造技术得到很大的发展，但在基本的硬件结构方面仍沿袭使用冯·诺依曼的体系结构。

计算机五大组成部分如下。

（1）运算器。运算器是计算机的核心部件，其功能是加工、处理数据和信息（主要是对二进制编码进行算术运算和逻辑运算）。运算器主要由一系列寄存器、加法器、移位器和控制电路组成。

（2）控制器。控制器是计算机的神经中枢和指挥中心，其功能是产生各种控制信号以控制计算机各功能部件协调一致地工作。

（3）存储器。存储器是计算机的记忆系统，也是具有记忆能力的部件，其功能是存储以内部形式表示的信息，用来保存数据和程序。

（4）输入设备。输入设备是人与计算机系统交互的工具，它将程序和数据的信息转换成相应的电信号，让计算机能识别和接收，即把程序和数据输入计算机。其功能是将要加工处理的外部信息转换为计算机能够识别和处理的内部形式，以便于处理。常见的输入设备有鼠标、键盘等。

（5）输出设备。输出设备也是人与计算机交互的工具，它将计算机内部信息传递出来，即输出计算机结果。其功能是将信息从计算机的内部形式转换为所要求的形式，以便识别或被其他设备接收。常见输出设备有显示屏、打印机等。

1.2.2　软件系统

软件（software）是整个计算机系统中的重要组成部分。软件是计算机的灵魂，也是计算机程序和相关文档的集合，它包括指挥控制计算机各部分协调工作并完成各种功能的程序和各种数据，是对硬件功能的扩充。

计算机程序：一种指示计算机等具有信息处理能力的装置执行的代码化指令序列。

文档：用自然语言或者形式化语言编写来描述程序的内容、组成、设计、功能规格、开发情况、测试结构、使用方法的文字资料和图表。

文档与程序的关系：在软件概念中，程序和文档是一个软件不可分割的两个方面。文档不同于程序，程序是为了装入机器以控制计算机硬件的动作，实现某种过程，得到某种结果而编制的；而文档是供有关人员阅读的，人们通过文档可以清楚地了解程序的功能、结构、运行环境、使用方法，更方便人们使用、维护软件。

一个性能优良的计算机硬件系统能否发挥其应有的功能，很大程度上取决于所配置的软件是否完善和丰富。软件不仅提高了机器的效率、扩展了硬件功能，还方便了用户使用。软件内容丰富、种类繁多，通常可分为系统软件和应用软件。

（1）系统软件。系统软件指为了对计算机的软硬件资源进行控制和管理，提高计算机系统的使用效率，方便用户使用而开发的通用软件。常用的系统软件有操作系统、程序设计语言以及数据库管理系统等。

（2）应用软件。应用软件指在系统软件下二次开发的、为解决专业问题和实际问题而编制的应用程序或用户程序。用户不能直接对硬件进行操作，而是通过应用软件对计算机进行操作。应用软件也不能直接对硬件进行操作，而是通过系统软件对硬件进行操作。常用的应用软件有处理文字的 Word、处理表格的 Excel、制作演示文稿的 PowerPoint、处理图像的 PhotoShop 等。

1.2.3 计算机系统的层次结构

在一个完整的计算机系统中，硬件和软件是按一定的层次关系组织起来的。最内层是硬件，然后是软件中的操作系统，操作系统的外层为其他软件，最外层是用户程序。所以说，操作系统是直接管理和控制硬件的系统软件，也是系统软件的核心、用户与计算机打交道的桥梁——接口软件。

操作系统向下控制硬件，向上支持其他软件，即所有其他软件都必须在操作系统的支持下运行。也就是说，操作系统最终把用户与物理机器隔开，凡是对计算机的操作一律转换为对操作系统的使用，用户使用计算机变成了使用操作系统。计算机系统按功能分为多级层次结构，就是利于正确理解计算机系统的工作过程，明确软件、硬件在计算机系统中的地位和作用。计算机系统的层次结构如图1-2所示。

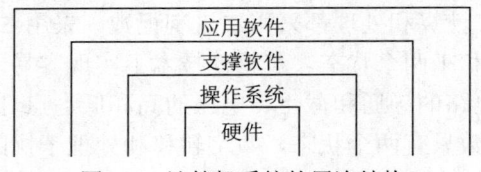

图 1-2　计算机系统的层次结构

1.2.4 计算机的基本工作原理

1945 年，冯·诺依曼提出了采用"二进制"表示数据指令和程序存储的概念，他的三大设计思想如下：

(1) 计算机内部应采用二进制表示指令和数据。
(2) 程序存储，让程序指挥计算机自动完成各种工作。
(3) 计算机硬件由运算器、控制器、存储器、输入设备和输出设备五大部件组成。

该方案简化了计算机结构，提高了计算机自动化程度和运算速度，该思想被称为程序存储原理，依照该原理设计的计算机称作冯·诺依曼型计算机。其工作原理可概括为程序存储、程序控制。计算机硬件系统的基本结构如图1-3所示。

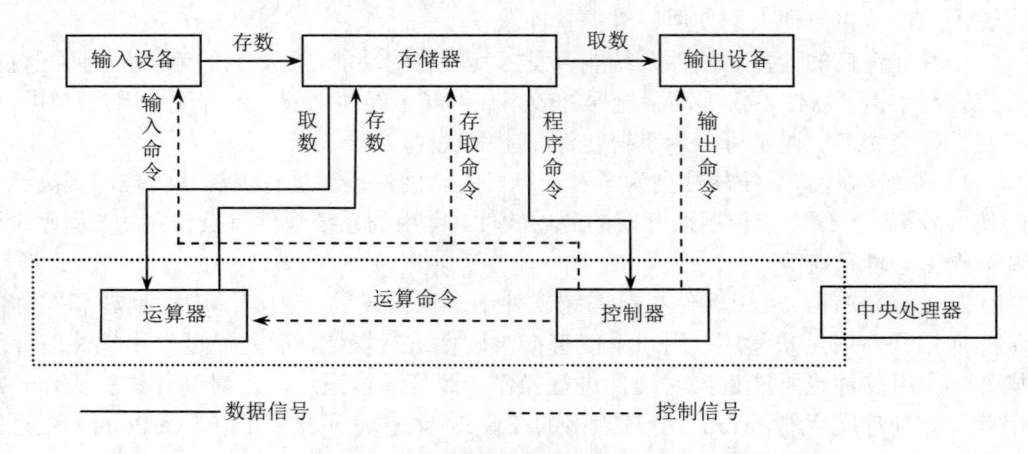

图1-3 计算机硬件系统的基本结构

1.3 数据的表示及编码

数据是指可以被计算机加工、处理的对象，如文字、声音、图形、影像等。它可以分为数值数据和非数值数据两大类。数值数据就是我们平时常见的数值，如555、12345等；非数值数据包括字母、数字、汉字、特殊符号、控制字符、图形、图像、音频和视频等。

1.3.1 数据的表示

在冯·诺依曼型计算机中，所有信息（包括数据和指令）都采用二进制编码，即无论是数值型（numeric）数据还是非数值型（non-numeric）数据，都必须转换成二进制数编码形式。

在二进制系统中只有两个数：0和1。在电子元件中，0和1的两种状态最容易实现。在计算机内部，数据的存储、计算和处理都采用二进制记数。采用二进制表示数据有以下优点。

(1) 可行性。只有0和1两个状态，在物理技术上实现容易，因为具有这两种稳定状态的物理元器件很多，如门电路的导通和截止、电压的高和低、点灯的开与关等。

(2) 可靠性。二进制数只有两个状态，数字转移和处理干扰的能力强，计算机工作（鉴别信息）的可靠性高。

(3) 简易性。二进制数运算简单、运算法少，如二进制乘法只有4条规则，而十进制的乘法口诀有55条公式。这使计算机运算器物理器件的设计大大简化，控制也随之简化。

(4) 逻辑性。二进制数只有0和1两个数码，正好与逻辑代数中的"假"和"真"相对应，这就是在计算机中使用二进制的逻辑性。

虽然计算机内部均采用二进制数表示数据信息，但计算机与外部交往仍然采用人们熟悉和便于阅读的形式，如十进制数据、文字显示等。可通过计算机系统的硬件和软件实现它们之间的转换。

1.3.2 数据在计算机中的存储方式

数据有数值型数据和非数值型数据两类，在计算机中都是采用二进制的形式进行存储、运算、处理和传输。一串二进制数既可表示数量值，又可表示字符、汉字等。一串二进制数代表的数据不同，含义也不同。那么，处理数据时，如何在计算机的存储设备中存储这些数据呢？

1. 数据单位

位（bit，b）：计算机存储设备的最小单位，表示二进制中的一位，由二进制数"0"或"1"组成。

字节（Byte，B）：计算机处理数据的基本单位。一个字节由 8 个二进制位组成，即 1Byte=8bit。在计算机中存储、处理信息至少需要一个字节。例如，一个英文字母占用 1 个字节、一个汉字占用 2 个字节等。

字（Word）：计算机处理数据时，一次存取、处理和传输的数据长度。一个字通常由一个或多个字节构成，用来存放一条指令或一个数据。

字长：一个字包含的二进制位数。不同的计算机，字长是不同的，常用的字长有 32 位和 64 位等。例如，如果一台计算机用 64 个二进制位表示一个字，就称该机是 64 位计算机。字长是衡量计算机性能的一个重要标志。字长值越大，速度越高、精度越高、性能越好。位、字节与字长的关系如图 1-4 所示。

注意：字与字长的区别，字是单位，而字长是指标，指标需要用单位衡量。就像生活中重量与公斤的关系，公斤是单位，重量是指标，重量需要用公斤衡量。

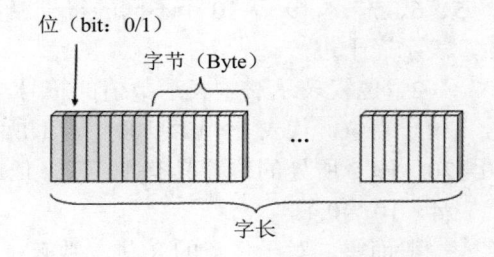

图 1-4 位、字节与字长的关系

2. 存储设备

信息存储在存储设备（如软盘、硬盘、光盘等）中，所有存储设备的最小单位都是"位"，存储信息的单位是字节。

（1）存储单元。存储单元指一个数据的总长度。它的特点是，只有向存储单元传送新数据，该存储单元的内容才有新值代替旧值，否则永远保持原有数据。在计算机中，当一个数据作为一个整体存入或取出时，将其存放在由一个或多个字节组成的一个存储单元中。

（2）存储容量。存储容量指某个存储设备所能容纳的二进制信息量的总和。存储容量用字节数表示，常用的表示存储容量的单位还有千字节（KB）、兆字节（MB）、吉字节（GB）、皮字节（PB）等，它们之间存在下列换算关系。

1KB=1024B，"KB"读作"千字节"。
1MB=1024KB，"MB"读作"兆字节"。
1GB=1024MB，"GB"读作"吉字节"。
1PB=1024GB，"PB"读作"皮字节"。

（3）编址与地址。为了有效管理存储设备，区别存储设备中的存储单元，需要为存储单元编号。对计算机存储单元编号的过程称为"编址"，其是以字节为单位进行的，而存储单元的编号称为"地址"。地址号与存储单元具有一对一的关系，CPU通过单元地址访问存储单元中的信息。

1.3.3 数制

数制也称计数制，是用一组固定的符号和统一的规则表示数值的方法。任何一个数制都包含数码、基数、数位、位数、位权和计数单位六个基本概念。不同数制间可以进行进制转换。计算机中常见的数制有二进制数制、八进制数制和十六进制数制，最熟悉的是十进制数制。

数码：用于表示数值的数字符号。如十进制有10个数码——0~9。

基数：数码数。如十进制的基数为10。

数位：数中数码所占位置。如十进制整数123，3的数位是个位，2的数位是十位。

位数：数中数位的个数。如十进制整数110有3个位数。

位权：某数位上的1表示的数值。如十进制整数123，3的位权是1，2的位权是10，1的位权是100；又如十进制整数37586.29可用。

$(12345.67)_{10}=1×10^4+2×10^3+3×10^2+4×10^1+5×10^0+6×10^{-1}+7×10^{-2}$ 形式表示。

计数单位：数值中对位权的称谓。如十进制整数123，3的位权是1，计数单位为个，2的位权是10，计数单位为十，1的位权是100计数单位为百。

无论是哪种数制，其计数及运算都有共同的规律和特点。

（1）逢N进一。N是指数制中所需数字字符数，称为基数。如十进制数用0、1、2、3、4、5、6、7、8、9等10个不同的符号表示数值，这个10就是数字字符数，也是十进制的基数，表示逢十进一。

（2）位权表示法。表示数值的符号与它在数中所处的位置有关。如十进制数123.4，符号1位于百位，代表$1×10^2=100$，即1所处的位置具有10^2权（位权）；2位于十位，代表$2×10^1=20$，即2所处的位置具有10^1权；依此类推，3代表$3×10^0=3$，4位于小数点后第一位，代表$4×10^{-1}=0.4$。

一般而言，对于任意的R进制数有：

$a_{n-1}a_{n-2}…a_1a_0.a_{-1}…a_{-m}$（其中$n$为整数位数，$m$为小数位数）

可以表示为以下形式：

$a_{n-1}×R^{n-1}+a_{n-2}×R^{n-2}+…+a_1×R^1+a_0×R^0+a_{-1}×R^{-1}+…+a_{-m}×R^{-m}$　（其中R为基数）

1. 常用数制

在计算机中，常用数制有十进制、二进制、八进制、十六进制，一般在数字后面用特定字母表示该数对应的进制。常用数制的特点见表1-2。

表1-2　常用数制的特点

数制	基数	数字符号	进位规则
十进制	10	0,1,2,3,4,5,6,7,8,9	逢十进一
二进制	2	0,1	逢二进一
八进制	8	0,1,2,3,4,5,6,7	逢八进一
十六进制	16	0,1,2,3,4,5,6,7,8,9,A,B,C,D,E,F	逢十六进一

常用字母后缀或括号加下角标的方法区分不同的数制。

（1）字母后缀。

二进制：用 B（Binary）表示。

八进制：用 O（Octonary）表示。为了避免与数字 0 混淆，常用 Q 代替字母 O。

十进制：用 D（Decimal）表示。十进制数的后缀一般可以省略。

十六进制：用 H（Hexadecimal）表示。

例如：10101B、123O（或 123Q）、168（或 168D）、1C7H。

（2）括号加下角标。例如：$(10101)_2$、$(234)_8$、$(168)_{10}$、$(1C7)_{16}$ 分别表示二进制数、八进制数、十进制数、十六进制数。

2. 数制间的转换

将数由一种数制转换成另一种数制称为数制转换。在使用计算机处理数据时，首先把输入的非二进制数转换成计算机能接收的二进制数；计算机运行结束后，再把二进制数转换为人们习惯使用的十进制数输出。这两个转换过程完全由计算机系统自动完成，不需要人工参与。

3. 常用数制的对应关系

常用数制的对应关系见表 1-3。

表 1-3 常用数制的对应关系

十进制	二进制	八进制	十六进制
0	0	0	0
1	1	1	1
2	10	2	2
3	11	3	3
4	100	4	4
5	101	5	5
6	110	6	6
7	111	7	7
8	1000	10	8
9	1001	11	9
10	1010	12	A
11	1011	13	B
12	1100	14	C
13	1101	15	D
14	1110	16	E
15	1111	17	F
16	10000	20	10
…	…	…	…

1.3.4 编码

编码是信息从一种形式转换成另一种形式的过程。因为计算机只能识别 1 和 0，所以能被计算机加以处理的数字、字母、符号等都要以二进制数码的组合形式表示，这些规定的形式就是数据的编码。在计算机中，要为每个字符指定一个确定的编码，作为识别与使用这些字符的依据，它们只有按规定好的二进制码表示，计算机才能处理。

对于不同机器、不同类型的数据，其编码方式是不同的，编码方法也不同。为了便于表示、交换、存储或加工处理信息，在计算机系统中通常采用统一的编码方式，从而制定了编码的国家标准或国际标准，如 ASCII 码和国标码等。

1. ASCII 码

ASCII 码（American Standard Code for Information Interchange，美国标准信息交换码）也称美标。其在计算机界，尤其是在微型计算机中得到了广泛使用。ASCII 码已被世界公认，并在全世界范围内通用。

标准的 ASCII 码采用七位二进制位编码，共可表示 $2^7=128$ 个字符，见表 1-4。前 32 个码和最后一个码通常是计算机系统专用的，代表一个不可见的控制字符。数字字符 0～9 的 ASCII 码是连续的，从 30H～39H（H 表示是十六进制数）；大写字母 A～Z 和小写英文字母 a～z 的 ASCII 码也是连续的，分别从 41H 到 5AH 和从 61H 到 7AH。因此，知道一个字母或数字的 ASCII 码后，很容易推算出其他字母和数字的编码。

表 1-4 7 位 ASCII 码表

ASCII 值		0	1	2	3	4	5	6	7
		000	001	010	011	100	101	110	111
0	0000	NUL	DEL	SP	0	@	P	`	p
1	0001	SOH	DC1	!	1	A	Q	a	q
2	0010	STX	DC2	"	2	B	R	b	r
3	0011	ETX	DC3	#	3	C	S	c	s
4	0100	EOT	DC4	$	4	D	T	d	t
5	0101	ENQ	NAK	%	5	E	U	e	u
6	0110	ACK	SYN	&	6	F	V	f	v
7	0111	BEL	ETB	'	7	G	W	g	w
8	1000	BS	CAN	(	8	H	X	h	x
9	1001	HT	EM	)	9	I	Y	i	y
A	1010	LF	SUB	*	:	J	Z	j	z
B	1011	VT	ESC	+	;	K	[	k	{
C	1100	FF	FS	,	<	L	\	l	|
D	1101	CR	GS	-	=	M	]	m	}
E	1110	SO	RS	.	>	N	^	n	~
F	1111	SI	US	/	?	O	_	o	DEL

例如：大写字母 A 的 ASCII 码为 1000001，即 ASC(A)=65；小写字母 a 的 ASCII 码为 1100001，即 ASC(a)=97。可推得 ASCII(B)=66，ASC(b)=98。

由于 ASCII 码采用 7 位二进制位编码，而计算机中常以 8 个二进制位（一个字节）为单位存储信息，因此将 ASCII 码的最高位取 0。

A= | 0 | 1 | 0 | 0 | 0 | 0 | 0 | 1 |

2．国标码

计算机处理汉字所用的编码标准是 GB/T 2312—1980《信息交换用汉字编码字符集　基本集》，简称国标码。国标码的主要用途是作为汉字信息交换码。

国标码与 ASCII 码属同一制式，可以认为它是扩展的 ASCII 码。在 7 位 ASCII 码中可以表示 128 个信息，其中字符代码有 94 个。国标码以 94 个字符代码为基础，其中任何两个代码都可组成一个汉字交换码，即由两个字节表示一个汉字字符。第一个字节称为"区"，第二个字节称为"位"。这样，该字符集共有 94 个区，每个区都有 94 个位，最多可以组成 94×94=8836 个字。

国标码本身也是一种汉字输入码，由区号和位号共 4 位十进制数组成，通常称为区位码输入法。例如，汉字"啊"的区位码是"1601"，即在 16 区的第 01 位。

区位码的最大特点就是没有重码，虽然不是一种常用的输入方式，但对于其他输入方法难以找到的汉字，采用区位码可以很容易地找到，但需要一张区位码表与之对应。

例如，汉字"丰"的区位码是"2365"。

由于汉字具有特殊性，计算机处理汉字信息时，汉字的输入、存储、处理及输出过程中使用的汉字代码不相同，因此处理汉字时需要经过汉字输入码、汉字机内码和汉字字形码的转换。

输入码：输入汉字。键盘上无汉字，不能直接与键盘上的键位对应，需要一种方法实现汉字的输入。

机内码：在计算机中存储汉字。为了便于汉字的查找、处理、传输以及通用性，需要统一的方式来表示汉字。

字形码：输出汉字。汉字多、字型变化复杂，为了便于输出，需要用对应的字库存储汉字的字型。

1.4　信息与信息技术

人类社会已经从以资源经济为主的农业社会和以资本经济为主的工业社会发展到今天以信息资源的利用占主导地位的知识经济的信息社会。如今，能源、材料与信息成为社会发展的三大支柱。

在信息社会中，了解信息的概念、特征及重要作用，了解信息技术及其发展和计算机在信息技术中的重要地位，掌握计算机文化的内涵是十分重要的。

1.4.1　信息及其特征

信息与物质和能源相同，都是人们赖以生存与发展的重要资源。人类通过信息认识各种事物，借助信息的交流建立人与人之间的联系，互相协作，从而推动社会发展。

1. 信息

广义地说，信息就是人类一切生存活动及自然存在所传达的信号和消息。信息是以数据为载体描述和表示的客观现象。

数据是信息的载体、信息的表示形式、形成信息的基础，也是信息的组成部分。如果没有数据，就没有信息。信息是数据表达的含义，是人们通过对数据的分析与理解得到的。数据只有经过处理、建立相互关系并具有明确的意义后才形成信息。例如，"100"是一个数据，但是如果这是某学生的考试成绩，那么"100"成为信息，它反映了该学生的学习情况；又如，我们可以把各班级学生的考试成绩数据输入计算机，通过处理得到各班级的平均分、总分等，成为反映各班级学习状况的有用信息。要使数据提升为信息，需要对其进行采集与选择、组织与排序、压缩与提炼、归类与导航；而将信息提升为知识，还需要根据用户的实际需求对信息内容进行提炼、比较、挖掘、分析、概括、判断和推论。

2. 信息的主要特征

信息的主要特征如下。

（1）社会性。信息只有经过人类加工、取舍、组合，并通过一定的形式表现出来才真正具有使用价值。因此，真正意义上的信息离不开社会。

（2）传载性。信息本身只是一些抽象符号，只有借助媒介载体才能看见信息。信息必须借助语言、文字、声音、图像、磁盘等物质形式的媒介传递才能表现出来，被人接收。信息在空间中的传递称为通信，信息在时间上的传递称为存储。信息源发出信息后，其自身的信息没有减少。

（3）不灭性。信息的载体可能在使用中被磨损而逐渐失效，但信息本身并不因此而消失，它可以被大量复制、长期保存、重复使用。

（4）共享性。信息作为一种资源，不同个体或群体在同一时间或不同时间可以共享，这是信息与物质的显著区别。信息可共享的特点，使信息资源能够发挥最大效用。

（5）时效性。信息是对事物存在方式和运动状态的反映，如果不能反映事物的最新变化状态，它的效用就会降低。即信息时间越长，价值越低。

（6）能动性。信息的产生、存在、流通依赖物质和能量，没有物质和能量就没有信息。但信息在与物质、能量的关系中具有巨大的能动作用，可以控制或支配物质和能量的流动，并对改变其价值产生影响。

（7）可处理性。信息是可以被加工处理的。它可以压缩、存储、有序化，也可以转换形态。在流通使用过程中，经过综合、分析等处理，原有信息可以更有效地服务于不同的人群或不同的领域。例如，"学生信息表"包括以下内容：学生的基本情况，如学号、姓名、性别、专业院系、出生日期、民族、家庭住址、联系方式等；学生简历，如主要学习经历、身体状态，如身高、体重、爱好等。这些信息经过选择、分析、统计可被档案室、学生处、教务处、医务室等部门使用。

1.4.2 信息技术

信息技术包括信息感测技术、信息通信技术、信息处理技术。

1. 信息感测技术

信息感测技术包括传感技术和测量技术。科学家研制出许多应用现代感测技术的装置，不仅能替代人的感觉器官捕获信息，而且能捕获人的感觉器官不能感知的信息。同时，采用现代感测技术捕获的信息常常是精确的数字化数据，便于电子计算机处理。

2. 信息通信技术

信息通信技术是研究信息的获取、传输、处理、存储、显示和广泛利用的新兴科技领域。它涉及遥控、遥测技术。随着 5G 的兴起，信息通信技术将得到一定的发展。

3. 信息处理技术

计算机是信息处理机，它是人脑功能的延伸，能帮助人更好地存储信息、检索信息、加工信息和再生信息。信息处理技术是指用计算机技术处理信息，计算机运行速度极高，能自动处理大量信息并具有很高的精确度。

1.4.3 信息社会

信息社会是以信息技术为技术基础，以信息经济为主导经济，以信息产业为主导产业，以信息文化改变人类教育、生活和工作方式以及价值观念的新型社会形态。

1. 信息产业

信息产业是建立在信息科学和高、精、尖技术基础上的产业。信息产业的主要技术如下。

（1）多媒体技术，包括多媒体视频、液晶等高清晰度显示技术等。

（2）数据存储和处理技术，包括超巨型和超微型计算机技术、语言识别和神经网络等智能计算机技术等。

（3）传输技术，包括光纤和卫星等通信技术、数字声像技术、传感器技术等。

2. 信息经济

信息经济（或称 IT 经济）就是在充分知识化的社会中以信息智力资源的占有、投入和配置，知识产品的生产、分配（传播）和消费（使用）为重要因素的经济。与工业社会的经济相比，其本质不同是信息和知识本身是知识经济中的一种最积极、最重要的投入要素。

1.4.4 信息素养以及大学生信息素养的基本要求

传统的检索技能包含很多实用的、经典的文献资料查找方法。计算机、网络的发展使得这种能力与当代信息技术结合，成为信息时代每个人都需要具备的基本素养，这引起了世界各国教育界的高度重视。

1. 信息素养

信息素养是人判断确定需要信息的时间，并且能够对信息进行检索、评价和有效利用的能力。信息素养主要由信息知识、信息能力、信息意识与信息伦理道德三部分组成。

（1）信息知识：一切与信息有关的理论、知识和方法。信息知识是信息素养的重要组成部分，一般包括以下四个方面。

1）传统文化素养，包括读、写、算的能力。信息素养是传统文化素养的延伸和拓展。在信息时代，只有具备快速阅读的能力才能在成千上万的信息中有效地获取有价值的信息。

2）信息的基本知识，包括信息的理论知识，对信息化的性质、信息化社会及其对人类影响的理解，信息的方法（如信息分析综合法、系统整体优化法等）与原则。

3）现代信息技术知识，包括信息技术的原理（如计算机原理、网络原理等），信息技术的发展史等。

4）外语，要了解国外的信息，就要相互沟通；要表达我们的思想观念，就应掌握一两门外语，以适应国际文化交流的需要。

（2）信息能力：人们有效利用信息设备和信息资源获取信息、加工处理信息以及获取并创造新信息的能力。这是终身学习的能力，即信息时代重要的生存能力。它主要包括以下四个方面。

1）信息工具的使用能力，包括使用文字处理工具（Word 文档等）、浏览器（Microsoft Edge 等）和搜索引擎工具（百度等）、网页制作工具（DreamWeaver 等）、电子邮件（E-mail 等）等。

2）获取识别信息的能力，即根据自己特定的目的和要求，从外界信息载体中获取自己所需有用信息的能力。随着信息技术的广泛应用，信息的发布、修改越来越容易，在传递的信息中有许多片面的、不实的、虚假的信息。在这种情况下，必须对搜集到的信息进行批判性的思考。对信息的判断、识别非常重要。

3）加工处理信息的能力，即通过适当的整理、鉴别、筛选、重组来读取搜集信息中隐含的、有意义的信息的能力。

4）创造、传递新信息的能力，即基于自己的认识、思考创造信息的能力。发表一篇论文、撰写一份报告、构思一篇小说、拍摄一部电影等都是基于自己的认识、思考而创造的新信息。

（3）信息意识与信息伦理道德：信息意识是指人对信息判断能力和洞察力，是人们从信息的角度理解、感受和评价自然界和社会的现象、行为等。信息的滥用、虚假信息和各种信息"垃圾"的泛滥、计算机病毒的肆虐、网络信息的共享与版权等问题，都对人的道德水平、文明程度提出了新的要求。作为信息社会中的现代人，应有信息责任感，抵制信息污染，自觉遵守信息伦理道德和法规，规范自身信息行为，主动参与理想信息社会的创建。

2. 大学生信息素养的基本要求

信息素养不仅是一定阶段的目标，而且是每个社会成员终身追求的目标，是信息时代每个社会成员的基本生存能力。作为信息时代的大学生，应该从以下六个方面不断提高自己的信息素养。

（1）学习、培养和提高信息文化环境中公民的道德、情感、法律意识与社会责任。

（2）熟练、批判性地评价信息的能力（正确与错误、有用与没用）。

（3）有效地吸收、存储和快速提取信息的能力。

（4）运用多媒体形式表达信息、创造性地使用信息的能力。

（5）将以上驾驭信息的能力转化为自主、高效地学习与交流的能力。

（6）高效获取信息的能力。

在大学生活中，学生不仅需要掌握计算机网络知识，更重要的是使用计算机网络知识作为学习资源获取、信息交流、信息表达的工具，掌握更多专业知识与技能。学会自主学习，学会在交流与协作中向不同专业背景的人学习，学会运用现代教育技术高效地学习，学会在研究和创造中学习，这些学习能力是在信息社会的基本生存能力。

1.5 新一代信息技术

新一代信息技术产业是国务院确定的七个战略性新兴产业之一，被普遍认为是引领未来经济、科技和社会发展的重要力量，国务院要求对其加大财税金融等扶持政策力度。

1.5.1 物联网

物联网是新一轮产业革命的重要方向和推动力量，对培育新的经济增长点、推动产业结构转型升级、提升社会管理和公共服务的效率和水平有重要意义。物联网通过智能感知、射频识别技术与普适计算、广泛应用于网络融合中，它是继计算机、互联网之后世界信息产业发展的"第三次浪潮"。

1. 物联网定义

物联网（the Internet of things）就是物与物相连的互联网，包含两层意思：其一，物联网的核心和基础仍是互联网，物联网是在互联网的基础上延伸和扩展的网络；其二，其用户端延伸和扩展到所有物品与物品之间，从而进行信息交换和通信。即在互联网、移动通信网等通信网络的基础上，针对不同应用领域的需求，利用具有感知、通信与计算能力的智能物体自动获取物理世界的信息，将所有能够独立寻址的物理对象互联，实现全面感知、可靠传输、智能处理，构建人与物、物与物互联的智能信息服务系统。

国际电信联盟（International Telecommunication Union，ITU）发布的 ITU 互联网报告对物联网做了如下定义：通过二维码识读设备、射频识别（Radio Frequency Identification，RFID）装置、红外感应器、全球定位系统和激光扫描器等信息传感设备，按约定的协议，把物品与互联网相联进行信息交换和通信，以实现智能化识别、定位、跟踪、监控和管理的一种网络。

2. 关键技术

在物联网应用中有三项关键技术：传感器技术、RFID 标签、嵌入式系统技术。

（1）传感器技术。传感器技术是计算机应用中的关键技术。到目前为止绝大部分计算机处理的都是数字信号。自从有计算机以来，就需要传感器把模拟信号转换成计算机能处理的数字信号。

（2）RFID 标签。RFID 标签是一种传感器技术。RFID 标签技术是融合了无线射频技术和嵌入式技术的综合技术，RFID 在自动识别、物品物流管理等方面有着广阔的应用前景。

（3）嵌入式系统技术。嵌入式系统技术是集计算机软硬件、传感器技术、集成电路技术、电子应用技术于一体的复杂技术。以嵌入式系统为特征的智能终端产品随处可见；小到人们身边的智能手机，大到航空航天领域的卫星系统。嵌入式系统正在改变人们的生活，推动工业生产以及国防工业的发展。

3. 物联网的应用

物联网用途广泛，遍及智能物流、智能交通、智能安防、智能能源、智能医疗、智能建筑、智能制造、智能家居、智能零售、智能农业等领域。

将传感器或 RFID 标签嵌入电网、建筑物、桥梁、公路、铁路、隧道、汽车、手机、家电以及我们周围的环境和物体，并且将这些物体互联成网，形成物联网，实现信息世界和物理世界的融合，推动人类对客观世界具有更透彻的感知能力、更全面的认知能力、更智慧的处理能力。

1.5.2 云计算

云计算（Cloud Computing，CC）是一种基于互联网的计算方式，也是分布式计算的一种。通过云计算，共享的软硬件资源和信息可以按需求提供给计算机和其他设备。云的实质就是网络，云计算就是一种提供资源的网络。

1. 云计算的概念

可以将云计算理解为网络上有足够强大的计算机提供的服务，这种服务既有免费又有按使用量付费的。它基于互联网网络并且资源池化，从而按需服务，是安全、可靠、资源可控的。

美国国家标准与技术研究院定义：云计算是一种按使用量付费的模式，这种模式提供可用的、便捷的、按需的网络访问，进入可配置的计算资源共享池（资源包括网络、服务器、存储、应用软件、服务），这些资源能够被快速提供，只需投入很少的管理工作或与服务供应商进行很少的交互。

2. 云计算的特点

云计算是通过使计算分布在大量的分布式计算机上，而非本地计算机或远程服务器中，企业数据中心的运行将与互联网更相似。企业能够将资源切换到需要的应用上，根据需求访问计算机和存储系统。它意味着计算能力也可以作为一种商品流通，就像煤气、水电一样，取用方便、费用低廉。最大的不同在于，它是通过互联网传输的。云计算的特点如下。

（1）超大规模。"云"具有相当大的规模，Google 云计算已经拥有 100 多万台服务器，阿里云、腾讯云、微软等的"云"均拥有几十万台服务器。企业私有云一般拥有数百上千台服务器。"云"能赋予用户前所未有的计算能力。

（2）虚拟化。云计算支持用户在任意位置、使用终端获取应用服务。所请求的资源来自"云"，而不是固定有形的实体。只需要一台笔记本或者一个手机，就可以通过网络服务实现我们需要的一切，甚至包括超级计算这样的任务。

（3）可靠性。"云"使用数据多副本容错、计算节点同构可互换等措施来保障服务的高可靠性，使用云计算比使用本地计算机可靠。

（4）通用性。云计算不针对特定的应用，同一个"云"可以同时支撑不同的应用，在"云"的支撑下可以构造千变万化的应用。

（5）可扩展性。"云"的规模可以动态伸缩，满足应用和用户规模增长的需要。

（6）按需服务。"云"是一个庞大的资源池，"云"可以像自来水、电、煤气一样计费，按需购买。

（7）廉价。由于"云"具有特殊容错措施，因此可以采用极其廉价的节点构成"云"。"云"的通用性使资源的利用率与传统系统相比大幅度提升，"云"的自动化集中式管理使大量企业无需负担日益高昂的数据中心管理成本，用户可以充分享受"云"的低成本优势，经常只要花费几百美元、几天时间就能完成以前需要数万美元、数月时间完成的任务。

3. 云计算的应用

（1）云音乐。随着用户的需求，用来听音乐的设备容量越来越大。无论是手机还是其他数码设备，存储都是一个问题。云音乐的出现解决了该问题。我们可以不用下载音乐文件就享受到我们想要听的音乐，云计算服务提供商的"云"（如网易云等）为我们承担了存储任务。

（2）个人网盘。与日常使用的网盘不同，直接在云计算服务商处购买的个人网盘服务具有极强的私密性和安全性。个人网盘就像一个远程保险箱，只有你自己能打开他，云服务商连钥匙带箱子一起给你，它也没有打开保险箱的权限。这对需要存储高机密数据的用户来说十分重要，如百度云网盘等。

（3）地图导航。基于云计算技术的 GPS 带给了我们地图、路况等复杂信息，这些信息储存在服务提供商的"云"中，只需在手机上按一个键，就可以很快地找到我们所要找的地方。如高德地图等。

（4）在线办公。在任何一个有互联网的地方都可以同步办公所需办公文件（如 Word 文档等）。即使同事之间的团队协作也可以通过基于云计算技术的服务实现。未来，随着移动设备的发展以及云计算技术在移动设备上的应用，办公室的概念将会逐渐消失。

（5）云游戏。许多游戏大作都需要比较高的配置才能流畅运行，导致很多游戏爱好者不能有良好的游戏体验，云计算的发展为用户解决了该问题。

（6）云存储。个人数据的重要性越来越突出，以往为了使个人数据不受灾害的影响，移动硬盘成为每个人手中的必备工具。但云计算的出现改变了该格局。通过云计算服务提供商提供的云存储技术，只需要一个账户和密码以及远远低于移动硬盘的价格，就可以在任何有互联网的地方使用比移动硬盘更加快捷、方便的服务。随着云存储技术的发展，移动硬盘也将逐渐退出存储的"舞台"。

1.5.3 大数据

大数据（Big data）又称海量数据，指的是涉及的数据规模巨大到无法通过人工，在一定时间内通过软件工具达到截取、管理、处理、并整理成为人类所能解读的信息。

移动互联网，尤其是社交网络，电子商务与移动通信将人类社会带入一个以 PB（1024TB）为度量单位的数据信息新时代。物联网、云计算、移动互联网、平板电脑、手机等传感器都是爆炸性增长数据的来源。

1. 大数据的定义

大数据是指无法在一定时间内用常规软件工具抓取、管理和处理其内容的数据集合。大数据技术是指从各种数据中快速获得有价值信息的能力。适用于大数据的技术包括大规模并行处理（MPP）数据库、数据挖掘电网、分布式文件系统、分布式数据库、云计算平台、互联网和可扩展的存储系统。

大数据技术的战略意义不在于掌握庞大的数据信息，而在于对这些含有意义的数据进行专业化处理。换言之，如果把大数据比作一种产业，那么这种产业实现盈利的关键在于提高对数据的"加工能力"，通过"加工"实现数据的"增值"。

2. 大数据的特征

大数据有四个基本特征：数据体量巨大、数据类型多样、处理速度快、价值密度低。

（1）数据体量巨大。大数据相较于传统数据最大的区别就是海量的数据规模，这种规模大到"在获取、存储、管理、分析方面大大超出了传统数据库软件工具能力范围的数据集合"。百度资料表明，其新首页导航每天需要提供的数据超过 1.5PB（1PB=1024TB），如果将这些数据打印出来就会超过 5000 亿张 A4 纸。有资料证实，到目前为止，人类生产的所有印刷材料的数据量仅为 200PB。

（2）数据类型多样。有多种途径来源的关系型数据和非关系型数据。数据类型不仅是文本形式，还有图片、视频、音频、地理位置信息等数据，个性化数据占绝大多数。

（3）处理速度快。在大数据时代，大数据的交换和传播主要是通过互联网和云计算等方式实现的，其生产和传播数据的速度非常快。如上亿条数据的分析必须在几秒内完成。数据的输入、处理与丢弃几乎无延迟。数据处理遵循"1 秒定律"，可从各种数据中快速获得高价值的信息。

（4）价值密度低。价值性体现出的是大数据运用的真实意义。其价值具有稀缺性、不确定性和多样性。采用大数据技术，可以在稻草堆中找到你所需要的东西，即使是一枚小小的缝衣针也可以找到，揭示了大数据技术的一个重要特点——价值的稀疏性，如几个小时的视频在不断监控过程中，可能有用的数据仅有一两秒。

3. 大数据的应用

大数据的应用包括医疗行业、能源行业、通信行业、零售业、RFID、传感设备网络、天文学、大气学、生物学、社会数据分析、互联网文件处理、制作互联网搜索引擎索引、通信记录明细、社交网络、照片图像和图像封存、大规模的电子商务等。

对大数据进行分析可以使零售商实时掌握市场动态并迅速作出应对；可以为商家制定更加精准、有效的营销策略，提供决策支持；可以帮助企业为消费者提供更加及时、个性化的服务；在医疗领域，可提高诊断准确性和药物有效性；在公共事业领域，可发挥促进经济发展、维护社会稳定等作用。

1.6 微型计算机的硬件系统

人们平时所说的"电脑"的准确称谓是微型计算机，简称微机，它是应用最广泛的一种计算机。其主要特点是体积小、功能强、造价低，受到广大用户的青睐。构成一个完整的计算机系统必须要有硬件和软件两部分，微机也是如此。硬件是微型计算机的"躯体"，软件是微型计算机的"灵魂"，二者缺一不可。

虽然微型计算机体积小，但具有许多复杂的功能和很强的性能，在系统组成上几乎与大型电子计算机系统没什么区别。一台微型计算机的硬件系统由运算器、控制器、存储器、输入设备和输出设备五个部分组成。根据微型计算机的特点，通常将硬件分为主机和外部设备两部分，如图 1-5 所示。

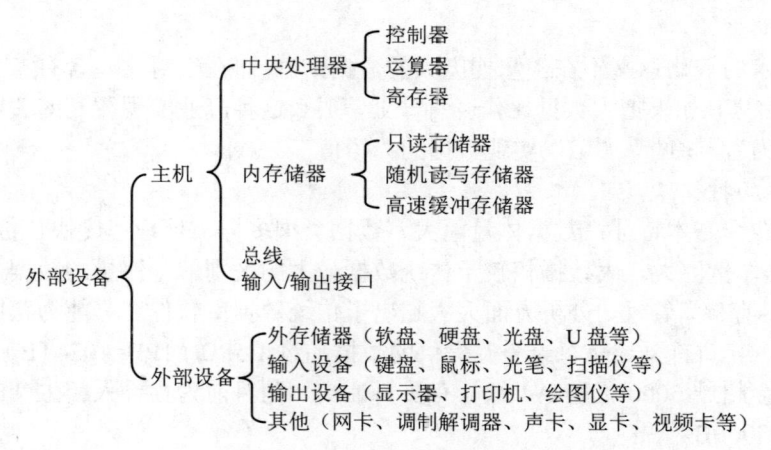

```
                      ┌─ 控制器
          ┌─ 中央处理器 ┤─ 运算器
          │           └─ 寄存器
          │
          │           ┌─ 只读存储器
     ┌─ 主机 ─ 内存储器 ┤─ 随机读写存储器
     │    │           └─ 高速缓冲存储器
     │    │
外部设备┤    ├─ 总线
     │    └─ 输入/输出接口
     │
     │      ┌─ 外存储器（软盘、硬盘、光盘、U盘等）
     │      │─ 输入设备（键盘、鼠标、光笔、扫描仪等）
     └─ 外部设备 ─┤─ 输出设备（显示器、打印机、绘图仪等）
            └─ 其他（网卡、调制解调器、声卡、显卡、视频卡等）
```

图 1-5 微型计算机的基本组成

1.6.1 主机系统

微型计算机的基本配置有主机箱、键盘、鼠标、显示器等。主机箱内还有硬盘、软盘驱动器、光盘驱动器、电源以及微型计算机的核心部件——主板。微型计算机的主要功能部件如下。

1. 主板

主板是微型计算机中的重要"交通枢纽"。主板也称系统板，是微型计算机中各部件工作的平台，它把微型计算机的各部件紧密连接在一起，各部件通过主板传输数据。它工作的稳定性影响整机工作的稳定性，是硬件系统集中管理的核心载体。主板上布满了电子元件、插槽、接口等。它为 CPU、内存和各种功能卡提供安装插座（槽）；为磁存储设备、光存储设备、打印机和扫描仪等输入/输出（I/O）设备提供接口。主板的主要结构如图 1-6 所示。

图 1-6　主板的主要结构

主板主要由以下部件构成。

（1）CPU 插座：用于固定连接 CPU 芯片。

（2）内存条与插槽：随着内存扩展板的标准化，主板为内存预留了专用插槽，只要插入与主板插槽匹配的内存条，就可实现扩充内存。

（3）总线：总线即信号线的集合，它是计算机各部件之间传送数据、地址和控制信息的公共通路。

（4）功能插卡和扩展槽：系统主板上有一系列扩展槽，用来连接插卡（如显示卡、声卡、网卡等）。

（5）输入/输出接口：CPU 与外部设备之间交换信息的连接电路，一般做成电路插卡的形式，常把它们称为适配卡，如网卡及声卡等。主板上还设置了连接硬盘、软盘驱动器以及连接鼠标器、打印机、移动存储设备等外部设备的接口。

（6）基本输入/输出系统 BIOS 及 CMOS：BIOS 是一组固化到计算机内主板上一个 ROM 芯片上的程序，负责设置和管理基本 I/O 系统。CMOS 是一种存储 BIOS 所使用的系统配置的存储器，分为存储口令跟存储启动信息。当计算机断电时，其内容由一个电池供电予以保存。用户可以利用 CMOS 设置微型计算机的基本参数。

2. 微处理器（CPU）

微处理器是微型计算机的核心部件，也是计算机系统的大脑，支配整个计算机系统工作，其品质直接决定了计算机系统的性能。其主要性能指标有字长和主频。字长越长，CPU 处理数据的能力越强。主频是微处理器内部时钟晶体振荡频率，也是协调同步各部件行动的基准，主频率越高，CPU 运算速度越高。常用的微处理器有 Intel 酷睿 i7，如图 1-7 所示。

3. 内存储器

微型计算机的主存储器是以"内存条"的形式出现的，如图 1-8 所示。内存条的容量有多种，如 8GB、16GB 等。内存储器用来暂时存储 CPU 正在使用的指令和数据，它与 CPU 的关系最为密切。

内存储器的主要技术指标是存储容量。存储器的容量是指存储器中所包含的字节数。一般来说，存储器的容量越大，所能存放的程序和数据越多，计算机的解题能力越强。

图 1-7　Intel 酷睿 i7　　　　　图 1-8　内存条

内存储器可分为随机存储器、只读存储器。

（1）随机存储器（Random Access Memory，RAM）：既能读数据又能写数据的存储器，是计算机工作的存储区，一切要执行的程序和数据都要装入该存储器。其主要特点：存储器中的数据可以反复使用；只有向存储器写入新数据时存储器中的内容才更新；一旦机器关闭，数据就消失。

（2）只读存储器（Read Only Memory，ROM）：不能改变内容的存储器，即只读数据不写数据的存储器，设计者编制好的一些程序固化在里面。其主要特点：计算机断电后存储器中的数据仍然存在。

4. 高速缓冲存储器

高速缓冲存储器简称 Cache，它的作用是提高 CPU 与 RAM 之间的数据交换速率。Cache 的容量越大，计算机的总体性能越好。现代微型计算机中的 Cache 一般分为两级，一级高速缓存容量一般为 32～256KB，二级高速缓存容量一般为 512KB～3MB。

5. 外存储器

外存储器一般用来存储需要长期保存的程序和信息。存储在外存储器上的信息只有先调入内存才能被 CPU 利用，不能直接被 CPU 访问。相比于内存，外存存储容量比较大，速度比较低。常用的外存储器有以下几种。

（1）软盘存储器。软盘存储器包括软盘驱动器、软盘及软盘适配器。软盘是涂有磁性材料的塑料片，它具有体积小、携带方便、能与硬盘传递信息、价格低等优点，相比硬盘传输速率低、容量小。软盘的存储容量由面数、磁道数、扇区数、扇区字节数决定。

软盘的存储容量=面数×磁道数×扇区数×扇区字节数。例如，一个 1.44MB 的软盘，格式化后有 80 个磁道，每个磁道都有 18 个扇区，两面都可以存储数据。软盘的容量 80×18× 2×512＝1440KB≈1.44MB。

（2）硬盘存储器。硬盘存储器（图 1-9）是主要的外存储器。硬盘驱动器采用温切斯特技术（又称温盘），即把磁头、磁盘都密封在一个容器内，与外界环境隔绝。其优点：存储容量大、存取速度高、可靠性高、存储成本低等。为了便于标识和存储，通常将硬盘赋予标号 C，即熟知的 C 盘。当硬盘用于其他用途时，可以对其进行逻辑分区，按顺序赋予标号 C，D，E，…。

（3）光盘存储器。光盘存储器是利用光学原理存取信息的存储器。它利用激光照射来记录信息，具有高容量、高速度、工作稳定可靠、耐用性强等特点。

（4）移动存储器。移动存储器是易操作和方便携带的存储产品。随着网络技术、多媒体技术的飞速发展以及计算机间交换、共享数据的需要，人们对容量的要求越来越高。此类产品主要有 U 盘、移动硬盘等。

1）U 盘。U 盘是一种基于 USB 接口的无需驱动器的微型高容量移动存储设备，如图 1-10 所示，其特点主要有体积小、质量轻、容量大、不需要驱动器、无外接电源、使用简单、即插即用、存取速度快、可靠性高、抗震、防潮、携带方便等。U 盘是移动办公及文件交换的理想存储产品。

图 1-9　硬盘存储器　　　　　　　　　图 1-10　U 盘

2）移动硬盘。移动硬盘采用 USB 接口方式，具有不需要驱动器、无外接电源、使用简单、即插即用、容量大、存取速度高、可靠性高等特点。

1.6.2　输入/输出设备

输入/输出设备是计算机系统中的主机与外部进行信息交换的设备。例如鼠标、键盘和显示器是标准常用的输入/输出设备。常见的外部设备如下。

1. 输入设备

输入设备是指向计算机输入数据和信息的设备，按不同的功能可以分为字符输入设备（键盘），图形输入设备（鼠标、光笔、手写输入板），图像输入设备（摄像机、扫描仪、传真机），模拟输入设备（语音、模数转换）。目前广泛使用的是键盘和鼠标。

（1）键盘。键盘是计算机中最常用的输入设备。通过键盘，可以将英文字母、数字、标点符号等输入计算机，从而向计算机发出命令、输入数据等。

键盘由主键盘区、数字小键盘区、功能键区、编辑键区四部分组成。

- 主键盘区：与普通英文打字机的键盘类似，可以直接输入英文字符。遇有上下两档符号键位时，通过换档键（Shift）切换。
- 数字小键盘区：位于键盘右侧，主要便于右手输入数据、左手翻动单据的数据录入员使用。可通过数字锁定键（Num Lock）切换数字和编辑键。
- 功能键区：在键盘上方，有 F1～F12 共 12 个功能键，它们在不同的软件中有不同的功能作用。
- 编辑键区：位于主键盘与数字小键盘的中间，主要用于光标定位和编辑操作。

（2）鼠标。鼠标是利用本身的平面移动控制显示屏幕上光标移动位置，并向主机输送用户所选信号的一种手持式指点设备。它广泛用于图形用户界面的使用环境中，可以实现良好的人机交互。

（3）其他输入设备。其他输入设备有用于声音输入的麦克风、录音机等设备，用于图像输入的摄像机、扫描仪等设备。

2．输出设备

输出设备主要作用是把计算机处理的数据等内部信息转换成人们习惯接收的信息形式（如字符、图像、数字、声音等）或以其他机器能接收的形式输出。输出设备的种类很多，其中常用的有显示器、打印机。

（1）显示器：显示器也称监视器，它将电信号转换成可以直接观察到的字符、图形或图像，用于显示计算机输出的数据。它由监视器（Monitor）和显示控制适配器（Adapter，又称显示卡或显卡）两部分组成。目前计算机多采用液晶（LCD）显示器。

LCD 显示器的主要性能技术指标有：

1）像素：发光"点"，是组成图像的最小单位。

2）分辨率：屏幕上像素的数目，比如 640×480 分辨率是指在水平方向上有 640 个像素，在垂直方向上有 480 个像素。分辨率越高，显示的字符图像越清晰。每种显示器均有多种分辨率模式，能达到较高分辨率的显示器的性能较好。

3）点距。点距表示每个像素之间的相对位置，常见的点距规格有 0.31mm、0.28mm、0.25mm 等。显示器点距越小，在高分辨率下越容易得到清晰的显示效果。

实际上，显示器的显示效果在很大程度上取决于显卡。显卡又称显示器适配卡，它是体现计算机显示效果的关键设备。早期的显示卡只具有把显示器同主机连接起来的作用，而如今它还能起到处理图形数据、加速图形显示等作用，故有时也称其为图形适配器或图形加速器。

（2）打印机。打印机是一种计算机输出设备，它能以计算机内储存的数据按照文字或图形的方式输出到纸张或者透明胶片上。打印机的种类和型号很多，一般按成字的方式分为击打式（impact printer）和非击打式（nonimpact printer）两种。非击打式打印机是靠电磁作用实现打印的，它没有机械动作，分辨率高，打印速度高，有喷墨、激光、热敏、静电等方式的打印机。

1）点阵打印机。点阵打印机就是常见的针式打印机，如图 1-11（a）所示。点阵打印机的字符是以点阵的形式构成的。字符是由数根钢针打印出来的，钢针越细，点阵越大，点越多，像素越多，分辨率越高，打印字符就越清晰、越美观。特点：打印速度低（大约每秒能输出 80 个字符），噪声大，但由于便宜、耐用、可打印多种类型纸张等，普遍应用在打印发票、报表等方面。

2）喷墨打印机。喷墨打印机使用喷墨代替针打，靠墨水通过精制的喷头喷射到纸面上而形成输出的字符或图形，如图 1-11（b）所示。喷墨打印机价格低、体积小、无噪声、打印质量高；但对纸张要求高、墨水的消耗量大。

3）激光打印机。激光打印机利用激光技术和电子照相技术，使字符或图像印在纸上，如图 1-11（c）所示。激光打印机的特点：分辨率高、速度高，打印出的图形清晰、美观，打印时无噪声；但价格高，对纸张要求高。

（a）点阵打印机　　　　　　（b）喷墨打印机　　　　　（c）激光打印机

图 1-11　打印机

（3）其他输出设备。其他输出设备有投影仪、绘图仪、音箱、VCD 机等多媒体输出设备。

1.6.3　微型计算机的主要性能指标

微型计算机的主要性能指标有字长、运算速度、主频、内存容量、外设配置、软件配置等。

1. 字长

字长是指一台计算机 CPU 一次所能处理的数据的位数。微型计算机的字长直接影响精度、功能和速度。字长越大，能表示的数值范围就越大，计算结果的有效位数越多，能表示的信息越多，机器的功能越强。常用的是 64 位字长的微型计算机。

2. 运算速度

运算速度是指计算机每秒钟所能执行的指令条数，一般以 MIPS（Million of Instructions Per Second，每秒百万条指令）为单位。由于不同类型的指令执行时间不同，因而运算速度的计算方法不同。

3. 主频

主频即计算机 CPU 的时钟频率，它在很大程度上决定了计算机的运算速度。一般时钟频率越高，运算速度越高。主频的单位一般是 MHz（兆赫兹）或 GHz（吉赫兹）。

4. 内存容量

内存容量是指内存储器中能够存储信息的总字节数，即通常所说的内存条，一般以 GB 为单位。内存容量反映了内存储器存储数据的能力。微型计算机的内存容量有 4GB、8GB、16GB 等。

5. 外设配置

外设是指计算机的输入/输出设备以及外存储器，如键盘、鼠标、显示器、打印机、扫描仪、磁盘驱动器等。

6. 软件配置

软件是计算机系统必不可少的组成部分。软件配置包括操作系统、计算机程序设计语言、数据库管理系统、网络通信软件、汉字软件及其他应用软件等。

1.7　微型计算机的软件系统

软件内容丰富、种类繁多，通常可将分为系统软件和应用软件两类，如图 1-12 所示，这些软件都是用程序设计语言编写的程序。

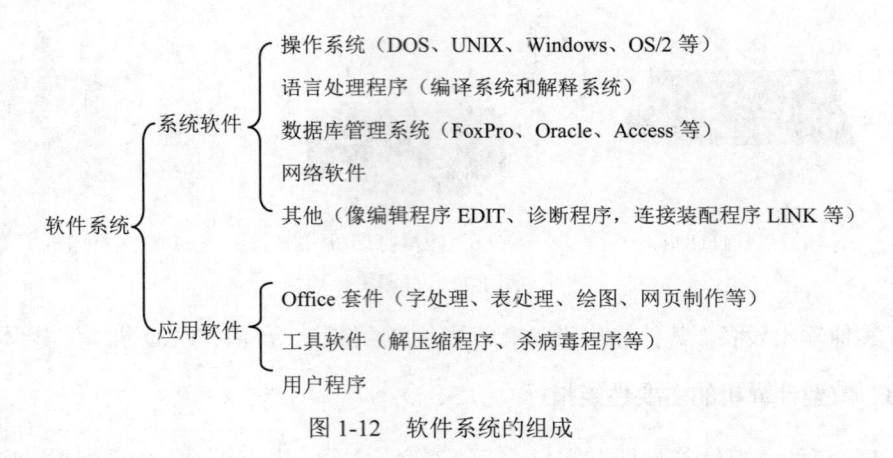

```
                        ┌ 操作系统（DOS、UNIX、Windows、OS/2 等）
                        │ 语言处理程序（编译系统和解释系统）
               ┌ 系统软件┤ 数据库管理系统（FoxPro、Oracle、Access 等）
               │        │ 网络软件
               │        └ 其他（像编辑程序 EDIT、诊断程序，连接装配程序 LINK 等）
      软件系统 ┤
               │        ┌ Office 套件（字处理、表处理、绘图、网页制作等）
               └ 应用软件┤ 工具软件（解压缩程序、杀病毒程序等）
                        └ 用户程序
```

图 1-12 软件系统的组成

1.7.1 系统软件

系统软件是指管理、控制和维护计算机系统资源（包括硬件资源与软件资源）的程序集合，是计算机正常运行不可缺少的。系统软件一般由计算机生产厂家或软件开发人员研制。常用的系统软件有操作系统、语言处理程序和数据库管理系统等。

1. 操作系统

操作系统（Operating System，OS）是底层系统软件，任何其他软件只有在操作系统的支持下才能运行，它用于管理和控制计算机硬件及软件资源，是用户与计算机之间通信的桥梁。用户通过操作系统提供的命令访问计算机。

微型计算机上常用的操作系统有 DOS、Windows XP、Windows 2010、UNIX、Netware、Windows NT Serve 等。

2. 语言处理程序

程序是计算机语言的具体体现，也是用某种程序设计语言（C++程序设计语言等）按问题的要求编写而成的。计算机不能直接识别和执行用高级语言编写的程序，它要先将高级语言编写的程序通过语言处理程序翻译成计算机能识别和执行的二进制机器指令再执行。

3. 数据库管理系统

数据库管理系统的作用就是管理数据库，具有建立、编辑、维护和访问数据库功能，并提供数据独立、完整和安全的保障。按数据模型的不同，数据库管理系统可分为层次型数据库管理系统、网状型数据库管理系统和关系型数据库管理系统三种。Oracle、SQL Server、Access 都是常见的关系型数据库管理系统。

1.7.2 应用软件

应用软件是计算机生产厂家或软件公司为解决某个实际问题而专门研制支持某应用领域的应用程序，如文字处理软件、电子表格软件、多媒体制作软件、其他专用软件。

1. 文字处理软件

文字处理软件是专门用于文字处理的应用软件，具有文字的输入、编辑、格式处理，页面布置，图形插入，表格编辑等功能。人们可以在其提供的环境下轻松处理文章、著作，如 Word 文档等。

2. 电子表格软件

电子表格软件是用计算机快速、动态地对建立的表格进行统计、汇总的软件，具有函数和公式演算能力、灵活多样的绘制统计图表的能力、存取数据库中数据的能力等。常用的电子表格软件有 Excel 等。

3. 多媒体制作软件

多媒体制作软件是录制、播放、编辑声音和图像等多媒体信息的一组应用程序，如专门用作平面图像处理的应用软件 Photoshop、计算机设计绘图软件 AutoCAD、三维动画软件 3DS MAX、设计网页的软件 Authorware 和 DreamWeaver、动画制作软件 Flash 等。

4. 其他专用软件

其他专用软件有辅助财务管理、仓库管理系统、人事档案管理系统、设备管理系统等管理信息系统软件，以及大型工程设计、建筑装潢设计、服装裁剪、网络服务工具等应用软件，用户无须学习计算机编程也能直接使用这些应用程序，从而得心应手地解决问题。

1.8 计算机病毒及防治

计算机病毒的原理是一组人为设计的程序隐藏在计算机系统中，通过自我复制传播，满足一定条件即被激活，从而给计算机系统造成一定损害甚至严重破坏。因为这种程序的活动方式与生物学中的病毒相似，所以称为计算机"病毒"。计算机病毒不仅是计算机学术问题，还是一个严重的社会问题。

1.8.1 计算机病毒及特点

1. 计算机病毒

《中华人民共和国计算机信息系统安全保护条例》对计算机病毒的定义："编制或者在计算机程序中插入的破坏计算机功能或者毁坏数据，影响计算机使用，并能自我复制的一组计算机指令或者程序代码。"

2. 计算机病毒的来源

计算机病毒主要有软件公司及用户为保护自己的软件被非法复制而故意在软件中注入病毒；从事计算机工作的人员和业余爱好者为恶作剧制造的病毒；用于研究或有益目的而设计的程序，由于某种原因失去控制而产生了相反效果。

3. 计算机病毒的特点

（1）寄生性：计算机病毒必须寄生在一个合法的计算机程序中（如系统的引导程序、可执行程序等）。

（2）潜伏性：计算机病毒可以长时间地潜伏在文件中，满足传染条件时，病毒可能在系统传染且不触发破坏，因而不易被人发现。而当在某条件下激活了它的破坏机制时，其破坏性是相当强大的。

（3）触发性：当满足某种触发条件和遇到某种触发机制（包括一定的日期、时间，特殊的标识符号、文件的使用次数等）时，病毒发作。

（4）传染性：传染性是计算机病毒的最基本的特征。病毒可以从一个程序传染到另一个程序，从一台计算机传染到另一台计算机，甚至从一个计算机网络传染到另一个计算机网络。

同时，被传染的计算机程序、计算机、计算机网络将成为计算机病毒的新的传染源。随着计算机网络日益发达，计算机病毒的传播更为迅速，破坏性更强。

（5）破坏性：计算机病毒可以在计算机系统之间广泛传染复制，占用系统资源，破坏计算机及网络的各种资源和工作环境，甚至使其陷入瘫痪，造成个人、企业甚至整个国家信息资源和经济的重大损失。破坏性体现了病毒设计者的真正意图。

1.8.2 计算机病毒的危害及防治

计算机病毒的危害有以下几方面。

（1）删除磁盘上的可执行文件或数据文件。如删除磁盘上的系统文件，使系统无法启动。
（2）破坏文件分配表（FAT），使文件名与文件内容失去联系，造成数据丢失。
（3）改变系统的正常运行进程，降低系统的运行速度。
（4）在系统中繁殖，占用存储空间，影响内存中常驻程序的执行，不能存储正常数据。
（5）对磁盘进行非法格式化，破坏磁盘的原始信息。
（6）非法加密或解密用户的特殊文件。

1. 计算机感染病毒后的常见症状

了解计算机感染病毒后的症状有助于及时发现病毒。常见的症状如下。

（1）平时运行正常的计算机突然经常性无缘无故地死机。
（2）系统运行速度明显降低。原来能正常运行的程序现在无法运行或运行速度明显降低，经常出现异常死机或重新启动甚至不能启动。
（3）自动链接到一些陌生的网站，自动发送电子邮件，弹出一些毫不相干的信息等。
（4）文件名称、扩展名、日期等属性被更改，文件长度加大，文件内容改变，文件被加密，文件打不开，文件被删除，甚至硬盘被格式化等。莫名其妙地出现许多来历不明的隐藏文件或者其他文件。可执行文件运行后神秘消失，或者出现新的文件。某些应用程序被屏蔽，不能运行。
（5）以前能正常运行的软件经常发生内存不足的错误。
（6）磁盘上的空间突然减小，经常无故读/写磁盘，或磁盘驱动器"丢失"等。

当系统出现上述现象时，使用计算机病毒清除工具（如安全管家等）进行检查和消毒。

2. 杀毒软件

杀毒软件也称反病毒软件，它是消除计算机病毒、特洛伊木马和恶意软件，保护计算机安全的软件的总称，可以对资源进行实时的监控以阻止外来侵袭。杀毒软件通常集成病毒监控、识别、扫描和清除等功能。杀毒软件的任务是实时监控和扫描磁盘，其监控方式因软件而异。大部分杀毒软件（如瑞星）还具有防火墙功能。

常用的杀毒软件有迈克菲、瑞星、金山毒霸等，具体信息可在相关网站中查询。由于计算机病毒种类繁多，且新病毒不断出现，病毒对杀毒软件来说永远是超前的，因此清除病毒的工作具有被动性。切断病毒的传播途径，防止病毒的入侵比清除病毒重要。

3. 计算机病毒的防治

对待计算机病毒如同对待生物学的病毒一样，应提倡"预防为主，防治结合"的方针。一般来说，可以采取如下预防措施。

（1）不使用来历不明的软件，不从不明网站下载软件。

（2）定期备份所有系统软件和重要软件的数据。
（3）发现计算机系统有异常现象，应及时采取检测和消毒措施。
（4）经常更新清除病毒软件的版本，定时扫描病毒。

1.9 计算机犯罪

随着信息化时代的到来，社会信息化程度的日趋深化以及社会各行各业计算机应用的广泛普及，计算机犯罪越来越猖獗。计算机犯罪的目的多样化、作案手段更加隐蔽复杂、危害领域不断扩大，对国家安全、社会稳定、经济建设以及个人合法权益构成了严重威胁。面对这一严峻形势，为有效地防止计算机犯罪，且在一定程度上确保计算机信息系统安全运行，不仅要从技术上采取安全措施，还要在行政管理方面采取安全手段。

1.9.1 计算机犯罪的概念

到目前为止，国际上对计算机犯罪问题尚未形成统一的认识，世界各国对计算机犯罪有不同的定义。有人把计算机犯罪叫作智能犯罪或科技犯罪，但这些均不确切，因为计算机犯罪包含的内容既有最原始的、传统的破坏行为，又有高智慧型的破坏行为。

1.9.2 计算机犯罪的基本类型

计算机犯罪的基本类型如下。
（1）非法截获信息、窃取各种情报。随着社会的日益信息化，计算机网络系统中的知识、财富、机密情报的大量信息成为犯罪分子的重要目标。
（2）复制与传播计算机病毒、黄色影像制品。犯罪分子可以利用高技术手段极为容易地制造、复制、传播错误的、对社会有害的信息。
（3）利用计算机技术伪造篡改信息、进行诈骗及其他非法活动。犯罪分子利用电子技术伪造政府文件、护照、证件、货币、信用卡、股票、商标等。
（4）借助现代通信技术进行内外勾结、遥控走私、贩毒、恐怖及其他非法活动。

1.9.3 计算机犯罪的主要特点

（1）犯罪行为人的社会形象具有一定的欺骗性。与传统的犯罪不同，计算机犯罪的行为人大多是受过一定的教育和技术训练、具有相当技能的专业工作人员，而且大多数具有一定的社会经济地位。犯罪行为人作案后大多无罪恶感，甚至还有一种智力优越的满足感。由于计算机犯罪手段是隐蔽的、非暴力的，犯罪行为人又有相当的专业技能，他们在社会公众面前的形象不像传统罪犯那样可憎，因而具有一定的欺骗性。
（2）犯罪行为隐蔽且风险小，便于实施，难以发现。利用计算机信息技术犯罪不受时间和地点的限制，犯罪行为的实施地和犯罪后果的出现地可以是分离的，甚至可以相隔十万八千里，而且这类作案时间短、过程简单，可以单独行动，不需要借助武力，不会遇到反抗。由于这类犯罪没有特定的表现场所和客观表现形态，有目击者的可能性很小，而且即使有作案痕迹，也可被轻易销毁，因此发现和侦破都十分困难。
（3）社会危害性巨大。由于高技术本身具有高效率、高度控制能力的特点以及它们在社会各领域的作用越来越大，因此高技术犯罪的社会危害性往往要超出其他类型犯罪。

1.10 道德与相关法律

在计算机及网络给人类带来极大便利的同时，不可避免地引发一系列新的社会问题。因此，有必要建立和调整相应的社会行为道德法规及相应的法律制度，从法律和伦理两个方面约束人们在计算机使用过程中的行为。

1.10.1 道德规范

在计算机使用过程中，我们应该养成以下良好的道德规范。
（1）不利用计算机网络盗窃国家机密，盗取他人密码，传播、复制色情内容等。
（2）不破坏他人的计算机系统资源。
（3）不制造和传播计算机病毒。
（4）不盗取他人的软件资源。

1.10.2 法律法规

多年来，我国政府和有关部门制定了多部相关法律法规。
（1）《计算机软件保护条例》中明确规定：未经软件著作权人的同意私自复制其软件的行为为是侵权行为，侵权人要承担相应的民事责任。
（2）《中华人民共和国计算机信息系统安全保护条例》中明确了计算机信息系统的含义，计算机信息系统安全的范围以及有关单位的法律责任、义务，违犯者所受的处罚规定等。
（3）《中华人民共和国刑法（2020修正）》中对计算机犯罪作出以下三条规定：第二百八十五条规定"非法侵入计算机信息系统罪"；第二百八十六条规定"破坏计算机信息系统罪"；第二百八十七条规定"以计算机为工具的犯罪"。
（4）《计算机信息网络国际联网安全保护管理办法》中第一章第六条规定"任何单位和个人不得从事危害计算机信息网络安全的活动"，同时规定了入围单位的安全保护责任、安全监督办法、违犯者应承担的法律责任和处罚办法等。
（5）《计算机病毒防治保护管理办法》中第五条规定"任何单位和个人不得制作计算机病毒"。第六条规定任何单位和个人不得有传播计算机病毒的行为，否则将受到相应的处罚；还规定了计算机信息系统的使用单位在计算机病毒防治工作中应尽的职责、对病毒防治产品的规定、违反后的处罚办法等。

本 章 小 结

本章主要介绍了计算机基础的相关知识，包含计算机的发展及特点、计算机的组成、数据的表示及编码、信息与信息技术、微型计算机的硬件系统、微型计算机的软件系统、计算机病毒及防治、计算机犯罪与道德与相关法律等知识。若要深入学习计算机基础知识，则还需要查阅相关书籍。

习 题

一、单项选择题

1. 冯·诺依曼结构计算机工作原理的核心是存储程序和（　　）。
   A．顺序存储　　　B．程序控制　　　C．集中存储　　　D．运算存储分离
2. 世界上第一台计算机的名称是（　　）。
   A．ENIAC　　　B．APPLE　　　C．东方红　　　D．神威
3. 第一代电子计算机的主要组成元器件是（　　）。
   A．电子管　　　　　　　　　　B．晶体管
   C．小、中规模集成电路　　　　D．大规模、超大规模集成电路
4. 第二代电子计算机的主要组成元器件是（　　）。
   A．电子管　　　　　　　　　　B．晶体管
   C．小、中规模集成电路　　　　D．大规模、超大规模集成电路
5. 第三代电子计算机的主要组成元器件是（　　）。
   A．电、中子管　　　　　　　　B．晶体管
   C．小规模集成电路　　　　　　D．大规模、超大规模集成电路
6. 第四代电子计算机的主要组成元器件是（　　）。
   A．电子管　　　　　　　　　　B．晶体管
   C．小、中规模集成电路　　　　D．大规模、超大规模集成电路
7. 根据软件的功能和特点，计算机软件一般可分为（　　）。
   A．系统软件和非系统软件　　　B．系统软件和应用软件
   C．应用软件和非应用软件　　　D．系统软件和管理软件
8. 下列存储器中读写速度最高的是（　　）。
   A．RAM　　　B．Cache　　　C．硬盘　　　D．软盘
9. CPU 的中文译名是（　　）。
   A．中央处理器　　　　　　　　B．主（内）存储器
   C．控制器　　　　　　　　　　D．128 位机
10. 可将总线分为三类：数据总线、控制总线和（　　）总线。
    A．内部　　　B．I/O　　　C．地址　　　D．系统
11. 操作系统的主要功能是（　　）。
    A．实现软、硬件转换　　　　　B．管理计算机的软、硬件资源
    C．把源程序转换为目标程序　　D．进行数据处理
12. 为解决各类应用问题而编写的程序（如学生成绩管理系统）称为（　　）。
    A．系统软件　　　B．应用软件　　　C．支撑软件　　　D．服务性程序
13. 计算机唯一能够直接识别和执行的语言是（　　）。
    A．汇编语言　　　　　　　　　B．机器语言
    C．自然语言　　　　　　　　　D．高级语言

14. 字节是计算机（　　）的基本单位。
    A．计算容量　　　B．存储容量　　　C．输入数据　　　D．读入数据
15. 十进制数 168 转换成二进制数为（　　）。
    A．10101000B　　B．01010100B　　C．10101010B　　D．10101011B
16. 下列数中，最小数是（　　）。
    A．$(101000)_2$　　B．$(42)_{10}$　　C．$(2A)_{16}$　　D．$(26)_8$
17. 下列部件中，能够直接通过总线与 CPU 连接的是（　　）。
    A．键盘　　　　　B．硬盘　　　　　C．内存　　　　　D．显示器
18. 鼠标分为机械式和（　　）。
    A．触点式　　　　B．触摸式　　　　C．量子式　　　　D．光电式
19. 未在使用计算时时进行存盘操作，若突然电源中断，则计算机（　　）将全部消失，即使再次通电后也不会恢复。
    A．ROM 和 RAM 中的信息　　　B．ROM 中的信息
    C．已存盘的数据和程序　　　　D．RAM 中的信息
20. 下列设备中，既能向主机输入数据又能接收由主机输出数据的是（　　）。
    A．CD-ROM　　　B．显示器　　　　C．硬盘　　　　　D．键盘
21. 按照汉字"输入→处理→输出打印"的处理流程，不同阶段使用的汉字编码分别对应为（　　）。
    A．国标码→交换码→字形码　　　B．输入码→国标码→机内码
    C．输入码→机内码→字形码　　　D．拼音码→交换码→字形码
22. ASCII 编码用（　　）个二进制位表示一个字符。
    A．2　　　　　　B．8　　　　　　C．10　　　　　　D．16
23. 微型计算机的性能主要由（　　）决定。
    A．显示器　　　　B．CPU　　　　　C．内存条　　　　D．硬盘
24. 386 计算机和 486 计算机称为 32 位计算机，这是指（　　）。
    A．每个字节含 32 位二进制数
    B．可一次并行处理 32 位二进制数
    C．内存的每个存储单元为 32 位二进制数
    D．只能运行用 32 位指令编写的程序
25. 在描述显示输出性能时，CGA、VGA、LCD 等指的是（　　）。
    A．计算机的型号　　　　　　　　B．键盘的型号
    C．鼠标的型号　　　　　　　　　D．显示器型号
26. 国标码（GB/T 2312—1980）依据使用频度，把汉字分成（　　）。
    A．简化字和繁体字　　　　　　　B．一级汉字、二级汉字、三级汉字
    C．常用汉字和图形符号　　　　　D．一级汉字、二级汉字
27. 先用编译程序编译 C 语言编写的程序，再经过（　　）能得到可执行程序。
    A．汇编　　　　　B．解释　　　　　C．连接　　　　　D．运行
28. 在计算机辅助系统中，CAI 是指（　　）。
    A．计算机辅助制造　　　　　　　B．计算机辅助设计

C. 计算机辅助教学　　　　　　　D. 计算机辅助测试
29. （　）是一种计算机程序编写语言。
　　　A. DOS　　　　B. C　　　　C. Windows　　　　D. Excel
30. 在计算机辅助系统中，CAD是指（　）。
　　　A. 计算机辅助制造　　　　　　　B. 计算机辅助设计
　　　C. 计算机辅助教学　　　　　　　D. 计算机辅助测试
31. 下列设备中，（　）是最常用的输出设备。
　　　A. 鼠标器　　　B. 键盘　　　C. 显示器　　　D. 打印机
32. 常用的CD-ROM光盘是（　）的。
　　　A. 只读　　　　B. 读写　　　C. 可擦　　　　D. 可写
33. 在计算机系统中，通常用文件的扩展名表示（　）。
　　　A. 文件的内容　　　　　　　　　B. 文件的版本
　　　C. 文件的类型　　　　　　　　　D. 文件的建立时间
34. 文件存储在（　）。
　　　A. 内存中的数据集合
　　　B. 外存中的一组相关信息的集合
　　　C. 存储介质上的一组相关信息的集合
　　　D. 打印纸上一批数据集合
35. 控制键（　）的功能是转换大小写。
　　　A. Alt　　　　B. Shift　　　C. Num Lock　　　D. Caps Lock
36. 每片磁盘的信息存储在很多个不同直径的同心圆上，这些同心圆称为（　）。
　　　A. 扇区　　　　B. 磁道　　　C. 磁柱　　　　D. 以上都不对
37. 决定显示器分辨率的主要因素是（　）。
　　　A. 显示器的尺寸　　　　　　　　B. 显示器适配器
　　　C. 显示器的种类　　　　　　　　D. 操作系统
38. 硬盘工作时，应特别注意避免（　）。
　　　A. 强烈振动　　　　　　　　　　B. 噪声
　　　C. 光线直射　　　　　　　　　　D. 环境卫生不好
39. 微型计算机的总体性能可以用CPU的字长、运算速度、时钟频率和（　）描述。
　　　A. 存储器容量　　B. 内存容量　　C. 联网能力　　D. 多媒体信息处理能力
40. 微型计算机的硬盘是一种（　）。
　　　A. 主机的一部分　　　　　　　　B. 主存储器
　　　C. 内部存储器　　　　　　　　　D. 外部存储器
41. 计算机病毒是指（　）。
　　　A. 错误的计算机程序　　　　　　B. 编译不正确的计算机程序
　　　C. 已被破坏的计算机程序　　　　D. 以危害系统为目的的、特制的计算机程序
42. 计算机病毒主要会造成（　）。
　　　A. 主板破坏　　　　　　　　　　B. CPU损坏
　　　C. 内存损坏　　　　　　　　　　D. 程序和数据破坏

43．目前使用的防病毒软件的主要作用是（　　）。
　　　A．查出已感染的病毒　　　　　　B．查出并清除病毒
　　　C．清除已感染的病毒　　　　　　D．查出已知病毒，清除部分病毒
44．下列不属于计算机病毒特征的是（　　）。
　　　A．潜伏性　　　B．可激活性　　　C．传播性　　　D．免疫性
45．防病毒软件（　　）所有病毒。
　　　A．是有时间性的，不能消除　　　B．是一种专门工具，可以消除
　　　C．有的功能很强，可以消除　　　D．有的功能很弱，不能消除
46．为预防计算机病毒的侵入，应从（　　）方面采取措施。
　　　A．管理　　　B．技术　　　C．硬件　　　D．管理和技术
47．下面关于计算机病毒描述正确的有（　　）。
　　　A．只要计算机系统的工作不正常，就是被病毒感染了
　　　B．只要计算机系统能够使用，就说明没有被病毒感染
　　　C．对磁盘写保护，可以预防计算机病毒
　　　D．计算机病毒不会来自网络
48．在计算机领域中，通常用 MIPS 描述计算机的（　　）。
　　　A．运算速度　　　B．可靠性　　　C．可运行性　　　D．可扩充性
49．Windows 10 是一种（　　）。
　　　A．应用软件　　　B．诊断程序　　　C．工具软件　　　D．系统软件
50．个人计算机指的是（　　）。
　　　A．大型计算机　　B．中型计算机　　C．小型计算机　　D．微型计算机

二、填空题

1．已知某进制数运算 2×3=10，则 4×5=＿＿＿＿＿＿＿。
2．一般说来，一台计算机指令的集合称为它的＿＿＿＿＿＿＿。
3．已知小写英文字母"m"的十六进制 ASCII 码值是 6D，则小写英文字母"c"的十六进制 ASCII 码值是＿＿＿＿＿＿＿。
4．每个汉字的机内码都占用＿＿＿＿＿＿＿个字节，每个字节的最高位都是＿＿＿＿＿＿＿，以处理信息时与 ASCII 码区别开。
5．在计算机系统软件中，最关键、最核心的软件是＿＿＿＿＿＿＿。
6．运行在微型计算上的 Windows 系统是一个＿＿＿＿＿＿＿磁盘操作系统。
7．一个字节由＿＿＿＿＿＿＿个二进制位组成，它能表示的最大二进制数为＿＿＿＿＿＿＿，即（＿＿＿＿＿＿＿）$_{10}$。
8．只有对用高级语言编写的源程序进行翻译处理，计算机才能执行。翻译处理一般有＿＿＿＿＿＿＿和＿＿＿＿＿＿＿两种方式。
9．计算机的内存储器与外存储器相比，＿＿＿＿＿＿＿速度较高，而＿＿＿＿＿＿＿容量较大。另外，＿＿＿＿＿＿＿才能被 CPU 直接访问。
10．"64 位微型计算机"中的 64 位指的是＿＿＿＿＿＿＿。
11．存储容量通常以 KB 为单位，1KB 表示＿＿＿＿＿＿＿个字节。

12. 地址总线为 32 位的微型计算机，可直接访问的最大存储空间为_____。
13. 十六进制数 AEH 转换成十进制无符号数是_____。
14. Visual Basic 语言是一种高级程序设计语言，其中 Visual 的意思是_____。
15. ROM 的含义是_____。在计算机中，它是_____的一部分。
16. 微型计算机系统中存取速度最高的存储器是_____，通常它的配置容量很小。
17. 在计算机显示器参数中，参数 640×480、1024×768 等表示_____。
18. 操作系统是一种系统软件，它是_____之间交互的接口。
19. 在微型计算机系统中，打印机是常用的_____设备，键盘是常用的_____设备。
20. 磁盘中的程序是以_____的方式存储的。
21. 用汇编语言编写程序与用高级语言编写程序相比，其优势在于_____。
22. 用鼠标选定一个对象的操作，通常是用鼠标_____该对象。
23. 计算机病毒具有很强的再生能力和扩散能力（如自身复制等），称为病毒的_____性。
24. 计算机病毒主要通过网络、盗版光碟和_____传播。
25. 二进制数 1011011 转换成十六进制数为_____，转换成十进制数为_____。
26. 已知字符 K 的 ASCII 码的十六进制数是 4BH，则 ASCII 码的十六进制数 48H 对应的字符应为_____。
27. 病毒产生的原因是_____。
28. 微型计算机使用的键盘中，将_____控制键和其他字符键组合，可以输入键盘的上档字符。
29. 在微型计算机中，U 盘通过_____与系统硬件相连。
30. 微型计算机使用的主要逻辑部件是_____。
31. 微型计算机中 CPU 与其他部件之间通过_____传输数据。
32. 正常的开机顺序是先开_____，再开_____。
33. 为在计算机中正确表示有符号数，通常规定最高位为符号位。当最高位为_____时，表示该数为正。
34. 一个字节所能表示的最大无符号十进制整数为_____。
35. 某学校的教务管理系统属于_____软件。
36. CGA、EGA、VGA 是_____性能的标准。
37. 使用拼音输入法输入汉字，一个汉字的汉语拼音就是该汉字的_____。
38. 输入汉字时，键盘应该处于_____状态。
39. 任何单位和个人，制作和传播计算机病毒都属于_____。
40. 格式化磁盘对盘上原有信息的影响是_____。

参 考 答 案

一、单项选择题

1～10	B	A	A	B	C	D	B	B	A	C
11～20	B	B	D	B	A	D	C	D	D	C

21～30	C	B	B	B	D	D	C	C	B	B
31～40	C	A	C	B	D	B	A	B	D	D
41～50	D	D	D	D	A	D	C	A	D	D

二、填空题

1. 32
2. 机器语言
3. 77
4. 2，1
5. 操作系统
6. 单用户、多任务
7. 8，11111111B，255
8. 编译，解释
9. 内存，外存，内存
10. 机器的字长
11. 1024
12. 2^{32}B
13. 174
14. 可视化
15. 只读存储器，内存
16. Cache
17. 显示器的分辨率
18. 人与计算机
19. 输出，输入
20. 文件
21. 代码执行效率高
22. 单击
23. 传播性
24. 可移动存储器器
25. 5B，91
26. H
27. 人为制造
28. Shift
29. USB 接口
30. 大规模和超大规模集成电路
31. 数据总线
32. 外设，主机
33. 0
34. 255
35. 应用
36. 显卡
37. 输入码
38. 小写字母
39. 违法行为
40. 清除所有信息

第 2 章　Windows 10 操作系统

本章主要内容：
- 操作系统的发展历史
- Windows 10 的启动与退出
- Windows 10 的基本概念
- Windows 10 的基本操作
- Windows 10 的文件管理
- Windows 10 的系统设置及管理
- Windows 自带的常用工具

计算机系统由硬件和软件两部分组成，操作系统（Operating System，OS）是配置在计算机硬件上的第一层软件，也是对硬件系统的首次扩充。操作系统在计算机系统中占据特别重要的地位，而汇编程序、编译程序、连接程序、装配程序和数据库管理系统等系统软件，以及大量支撑软件和应用软件，都依赖操作系统的支持。操作系统是现代计算机系统中必须配置的系统软件。

2.1 操作系统的发展历史

Microsoft Windows 是为个人计算机和服务器（Server）用户设计的操作系统，有时也称"视窗操作系统"，它的第一个版本 MS-DOS 于 1985 年由微软公司发行，并最终获得了世界个人计算机操作系统软件的垄断地位。本节将介绍几种常用的操作系统及其发展历史。

2.1.1 MS-DOS

MS-DOS 是微软公司在 Windows 之前开发的操作系统，在 Windows 95 以前，DOS 是个人计算机兼容计算机的基本配备，而 MS-DOS 是普遍使用的个人计算机兼容 DOS。MS-DOS 一般使用操作命令行接受用户的指令，但在后期的 MS-DOS 版本中，DOS 程序也可以通过调用相应的 DOS 中断来进入图形模式，即 DOS 下的图形接口程序。

2.1.2 Windows

1. Windows x.0

1985 年微软公司发行 Windows 1.0，它是微软公司第一次对个人计算机操作平台进行用户图形接口的尝试。1987 年 10 月，Windows 版本号升级到 2.0。Windows x.0 是基于 MS-DOS 的操作系统。

2. Windows 3.x

Windows 3.x 家族发行于 1990—1994 年，Windows 3.x 也是基于 MS-DOS 的操作系统，对

用户接口进行了重要改善，也对 80286 计算机和 80386 计算机的内存管理技术进行了改进。Version 3.1 版添加了对声音输入/输出的基本多媒体的支持、一个 CD 音频播放器、对桌面印刷出版非常有用的 TrueType 字体。

3. Windows 95

1995 年，微软公司推出了 Windows 95，在此之前的 Windows 都是由 DOS 引导的，也就是说，它们还不是一个完全独立的系统。而 Windows 95 合二为一，是一个完全独立的系统，并在很多方面取得进一步改进，还集成了网络功能和即插即用功能，是一个全新的 32 位操作系统。

4. Windows NT

1996 年 4 月，微软公司发布 Windows NT 4.0，这是 NT 系列的一个里程碑。该系统面向工作站、网络服务器和大型计算机，与通信服务紧密集成，提供文件和打印服务，能运行客户机/服务器（Client/Server）应用程序，内置了因特网/企业内部网（Internet/Intranet）功能。

5. Windows 98

1998 年，微软公司推出了 Windows 95 的改进版——Windows 98。Windows 98 的最大特点是把微软公司的 Internet 浏览器技术整合到 Windows 95 中，使得访问因特网资源就像访问本地硬盘资源一样方便，从而更好地满足了人们越来越多的访问因特网资源的需要。其改进版本 Windows 98 SE 发行于 1999 年 6 月。

6. Windows 2000

Windows 2000，刚开始被称为 Windows NT 5.0，发行于 2000 年，中文版于 2000 年 3 月上市，它是 Windows NT 系列的 32 位网络操作系统。Windows 2000 有专业版（Professional）、服务器版（Server）、高级服务器版（Advanced Server）和数据中心版（Datacenter Server）四个版本。

7. Windows ME

2000 年 9 月，微软公司发行了 Windows ME（Windows Millennium Edition）。它被公认为微软最失败的操作系统，与其他 Windows 系统相比，Windows ME 只延续了 1 年便被 Windows XP 取代。

8. Windows XP

2001 年 8 月，微软公司发布了 Windows XP。它是一款视窗操作系统，零售版于 2001 年 10 月 25 日上市。微软公司最初发行了专业版（Professional Edition）与家庭版（Home Edition）两个版本，后来发行了媒体中心版（Media Center Edition）和平板电脑版（Tablet PC Editon）等。Windows XP 是把所有用户要求集成一个操作系统的尝试，它是一个 Windows NT 系列操作系统。

9. Windows Server 2003

2003 年 4 月，微软公司正式发布服务器操作系统 Windows Server 2003，它增加了新的安全和配置功能。Windows Server 2003 有 Web 版、标准版、企业版及数据中心版等。Windows Server 2003 R2 于 2005 年 12 月发布。

10. Windows Vista

Windows Vista 是微软公司推出的一款视窗操作系统，微软公司在 2005 年 7 月正式公布了该名字，之前操作系统开发代号为 Longhorn。2006 年 11 月，Windows Vista 开发完成并正式进入批量生产，此后的两个月仅向 MSDN 用户、计算机软硬件制造商和企业客户提供。2007年 1 月，Windows Vista 正式对普通用户出售，同时可以从微软的网站下载，此后便爆出该系统兼容性存在很大问题，而即将到来的 Windows 7 预示着 Vista 的使用寿命缩短。

11. Windows Server 2008

2008 年 2 月，微软公司发布新一代服务器操作系统 Windows Server 2008。Windows Server 2008 是迄今为止最灵活、最稳定的 Windows Server 操作系统，它加入了包括服务器核心（Server Core）、PowerShell 和部署服务（Windows Deployment Services）等新功能，并加强了网络和群集技术。Windows Server 2008 R2 版于 2009 年 1 月进入 Beta 测试阶段。

12. Windows 7

2009 年 10 月，微软公司推出 Windows 7 操作系统。对此，人们可能产生以下疑问，为什么称为 Windows 7？微软公司的官方解释是"7"代表 Windows 的第 7 个版本。根据微软的计算法则，他们从 Windows NT 4.0 算起，将 XP 和 2000 视为 Windows 的第 5 个版本，将 Vista 视为第 6 个版本，从而新版 Windows 自然就是"Windows 7"。Windows 7 包含 Windows 7 Starter（初级版）、Windows 7 Home Basic（家庭普通版）、Windows 7 Home Premium（家庭高级版）、Windows 7 Professional（专业版）、Windows 7 Enterprise（企业版）以及 Windows7 Ultimate（旗舰版）六个版本。

13. Windows 8

Windows 8 是微软公司于 2012 年 10 月 25 日推出的 Windows 系列系统。Windows 8 支持个人计算机（X86 构架）及平板计算机（X86 构架或 ARM 构架）。Windows 8 大幅度改变了以往的操作逻辑，提供更佳的屏幕触控支持。新系统画面与操作方式变化极大，采用全新的 Metro 风格用户界面，应用程序、快捷方式等能以动态方块的样式呈现在屏幕上，用户可自行融入常用的浏览器、社交网络、游戏和操作界面。

14. Windows 10

Windows 10 是微软公司于 2015 年发布的操作系统，有家庭版、专业版、企业版和教育版（Education）。它除具有图形用户界面操作系统的多任务、即插即用、多用户账户等特点外，与以往版本的操作系统不同，还是一款跨平台的操作系统，能够同时运行在台式机、平板电脑和智能手机等平台，为用户带来统一的操作体验。Windows 10 系统的功能和性能不断提高，在用户的个性化设置、与用户的互动、用户的操作界面、计算机的安全性、多媒体视听娱乐优化等方面都有很大改进，并通过 Microsoft 账号带给用户云服务及跨平台概念等全新体验。

2.1.3 UNIX

UNIX 是在操作系统发展历史上具有重要地位的一种多用户多任务操作系统。它是 20 世纪 70 年代初期由阿尔卡特朗讯贝尔实验室（Alcate-Lucent Bell Labs）用 C 语言开发的，首先在许多美国大学中得到推广，然后在教育科研领域中得到了广泛应用。20 世纪 80 年代以后，UNIX 作为成熟的多任务分时操作系统以及非常丰富的工具软件平台，被许多计算机生产厂家采用，其推出的中档以上计算机都配备了基于 UNIX 的操作系统，如 Sun 公司的 SOLARIES、IBM 公司的 AIX 操作系统等。

2.1.4 Linux

Linux 是一个与 UNIX 完全兼容的开源操作系统，但它的内核全部重新编写，并向全世界免费公开所有源代码。Linux 由芬兰人 Linux Torvalds 首创，由于具有结构清晰、功能简洁等特点，许多编程高手和业余计算机专家不断为它增加新的功能，因此成为一个稳定可靠、功能完善、性能卓越的操作系统。Linux 获得了许多计算机公司（如 IBM、HP 和金山公司等）的支持，许多公司也相继推出 Linux 操作系统的应用软件。

2.2 Windows 10 的启动与退出

2.2.1 Windows 10 的启动

（1）依次打开外设电源开关和主机电源开关，计算机开机自检。

（2）通过自检后，进入图 2-1 所示的 Windows 10 登录界面（若用户设置了多个用户账户，则可选择多个用户）。

图 2-1 Windows 10 登录界面

（3）选择需要登录的用户名，然后在用户名下方的文本框中提示输入登录密码，按 Enter 键或者单击文本框右侧的按钮，即可开始加载个人设置，进入图 2-2 所示的 Windows 10 系统桌面。

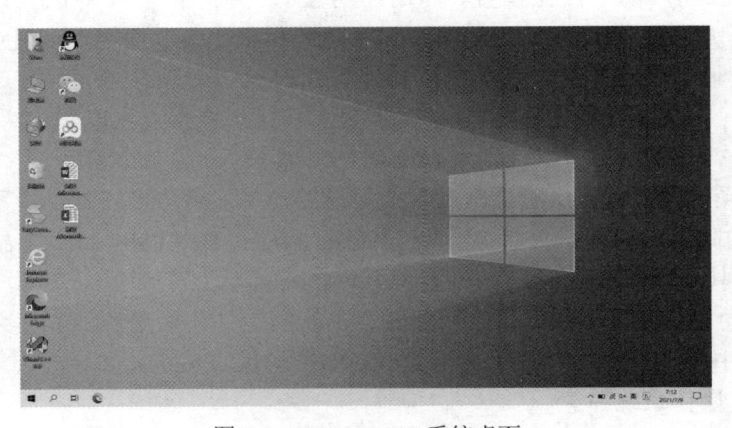

图 2-2 Windows 10 系统桌面

2.2.2　Windows 10 的退出

计算机系统的退出与家用电器不同，为了延长计算机的使用寿命，用户要学会正确退出系统的方法。常见的关机方法有两种：使用系统关机和手动关机。前面介绍了正确启动 Windows 10 的操作步骤，下面学习正确退出 Windows 10 的操作步骤。

1. 使用系统退出

使用完计算机后，需要退出 Windows 10 操作系统并关闭计算机，其正确操作步骤如下。

（1）关闭当前正在运行的程序，然后单击屏幕左下角的"开始"按钮，弹出图 2-3 所示的"开始"菜单。

图 2-3　"开始"菜单

（2）单击"电源"→"关机"选项，系统自动保存相关信息，如果用户忘记关闭软件，则会弹出相关警告信息。

（3）正常退出系统后，主机电源自动关闭，指示灯熄灭代表成功关机，然后关闭显示器即可。除此之外，退出系统还包括睡眠、重启、注销、锁定操作。分别单击图 2-3 中的"电源"按钮或"用户"按钮后，弹出图 2-4（a）所示的"电源"菜单和图 2-4（b）所示的"用户"菜单，选择相应的选项，也可完成不同程度上的系统退出。

1）睡眠。选择"睡眠"选项后，计算机能够以最小能耗处于锁定状态，当需要恢复到计算机的原始状态时，只需按键盘上的任意键即可。

2）重启。选择"重启"选项后，系统自动保存相关信息，然后将计算机重新启动并进入"用户登录界面"，再次登录即可。

3）注销。注销计算机是指关闭当前正在使用的所有程序，但不会关闭计算机。因为

Windows 10 操作系统支持多用户共同使用一台计算机上的操作系统。当用户需要退出操作系统或切换账户时，可以通过"注销"选项快速切换到用户登录界面。在进行该操作时，用户需要关闭当前运行程序，保存打开的文件，否则会丢失数据。

（a）"电源"菜单　　　　　　　　　　　（b）"用户"菜单

图 2-4　"电源"菜单和"用户"菜单

4）锁定。当用户需暂时离开计算机但还在进行某些操作又不方便停止，也不希望其他人查看自己机器里的信息时，可以选择"锁定"选项锁定计算机，返回用户登录界面。再次使用时，只有重新输入用户密码才能开启计算机进行操作。

2．手动退出

用户在使用计算机的过程中，可能会出现蓝屏、花屏和死机等现象。此时用户不能通过"开始"菜单退出系统，而需要按住主机机箱上的电源按钮几秒关闭主机，然后关闭显示器的电源开关即可完成手动关机操作。

2.3　Windows 10 的基本概念

2.3.1　桌面图标、"开始"按钮、回收站与任务栏

进入 Windows 10 后，首先映入眼帘的是图 2-2 所示的系统桌面。桌面是打开计算机并登录 Windows 10 后看到的主屏幕区域，就像实际桌面一样，它是工作的平面，也可以理解为窗口、图标或对话框等工作项所在的屏幕背景。

1．桌面图标

桌面图标由一个形象的小图片和说明文字组成，初始化的 Windows 10 桌面给人清新明亮、简洁的感觉。系统安装成功后，桌面上出现"此电脑""回收站"等图标。在使用过程中，用户可以根据需要常用的应用程序的快捷方式、经常要访问的文件或文件夹的快捷方式放置到桌面，通过访问其快捷方式，达到快速访问应用程序、文件或文件夹本身的目的。

2．"开始"按钮

"开始"按钮是运行 Windows 10 应用程序的入口，也是执行程序最常用的方式。"开始"按钮位于桌面的左下角。单击"开始"按钮或按键盘上的 Windows 按键可以打开图 2-5 所示的"开始"菜单。Windows 10 的"开始"菜单很人性化地照顾到平板电脑用户，用户可以在"开始"菜单中选择相应的选项，轻松、快捷地访问计算机上的所有应用。

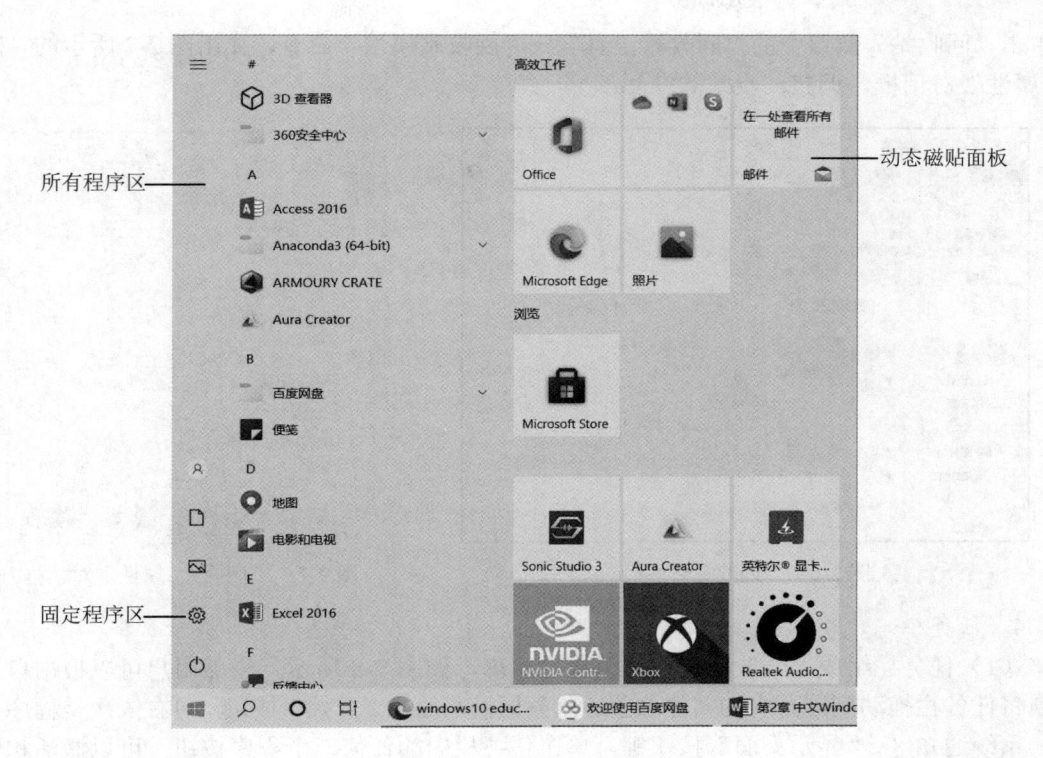

图 2-5 "开始"菜单

"开始"菜单由所有程序区、固定程序区和动态磁贴面板组成。

（1）所有程序区：可显示系统中安装的所有程序，并以程序名首字母分类排序，用户还可以设置将"最近添加"和"最常用"的程序自动显示在此列表中。

（2）固定程序区：有"用户""图片""文档""设置""电源"按钮，用户也可以设置将其他常用项目显示在此。单击"用户"按钮可更改账户设置、锁定当前账户和注销当前账户。单击"设置"按钮可设置 Windows 的系统、账户、设备、时间等。

（3）动态磁贴面板：包含应用程序对应的磁贴，每个磁贴都既有图片又有文字，还是动态的，当应用程序有更新时，可以通过这些磁贴直接反映出来，而无须运行它们。

Windows 10 中的几乎所有操作都可以通过"开始"菜单实现。用户还可以设置"开始"菜单的样式，使"开始"菜单符合自己的使用习惯。

3．回收站

回收站是硬盘上的一块存储空间，往往先将被删除的对象放入回收站，但并没有真正地删除。"回收站"窗口如图 2-6 所示。将所选文件删除到回收站中是一种不完全的删除，当需要恢复该删除文件时，可以单击"回收站"窗口的"回收站工具"→"还原选定的项目"命令按钮，将其恢复成正常的文件，并存放到原来的位置；当确定不再需要该删除文件时，可以单击"回收站"窗口的"主页"→"删除"→"永久删除"命令，将其真正从回收站中删除（不可再恢复）；还可单击"回收站"窗口的"回收站工具"→"清空回收站"命令，删除回收站中的全部文件和文件夹。

可以调整回收站的空间。右击"回收站"图标，在弹出的快捷菜单中选择"属性"选项，或单击"回收站"窗口中的"回收站工具"→"回收站属性"命令,弹出图 2-7 所示的"回收站 属性"对话框,调整回收站的空间。

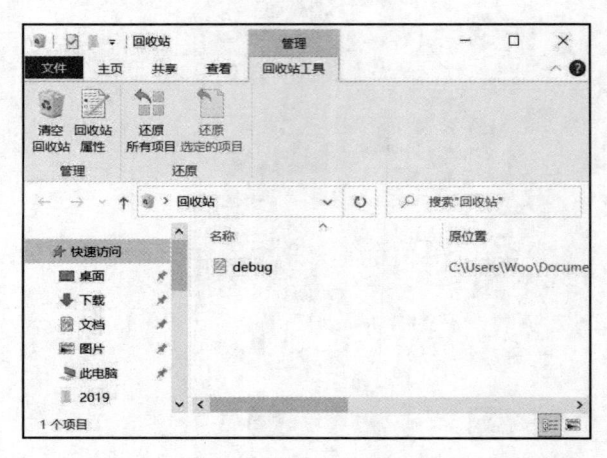

图 2-6 "回收站"窗口   图 2-7 "回收站 属性"对话框

4. 任务栏

(1)任务栏组成。一般任务栏位于屏幕底部,如图 2-8 所示,当然用户可以根据自己的习惯将任务栏拖动到屏幕中的其他位置。任务栏最左边是"开始"按钮,向右依次是程序按钮区、系统通知区、"显示桌面"按钮等。单击任务栏中的任何一个程序按钮,可以激活相应的程序或切换到不同的任务。

"开始"按钮　　程序按钮区　　　　　　　　　　　系统通知区　"显示桌面"按钮

图 2-8 任务栏

1)"开始"按钮。位于任务栏的最左边,单击该按钮可以弹出"开始"菜单,用户可以从"开始"菜单中启动应用程序或选择所需的菜单命令。

2)程序按钮区。用户可以将自己经常访问的程序的快捷方式放入该区(如将桌面上的"Word 2016"快捷方式,拖动到该区即可)。当用户想要删除该区中的选项时,可右击对应的图标,在弹出的快捷菜单中选择"从任务栏取消固定"命令即可。

另外,该区显示当前所有运行中的应用程序和所有打开的文件夹窗口所对应的图标。为了使任务栏节省更多空间,相同应用程序打开的所有文件只对应一个图标。为了方便用户快速定位打开的目标文件或文件夹,Windows 10 提供了两个强大的功能:实时预览功能和跳跃菜单功能。

实时预览功能:可以快速地定位已经打开的目标文件或文件夹。用鼠标指向任务栏中打开程序所对应的图标,可以预览打开的多个界面,如图 2-9 所示,单击预览的界面,即可切换到该文件或文件夹。

跳跃菜单功能:右击"程序按钮区"中的图标,弹出图 2-10 所示的"跳跃"菜单。使用"跳跃"菜单可以访问最近被指定程序打开的若干文件。不同图标对应的"跳跃"菜单略有不同。

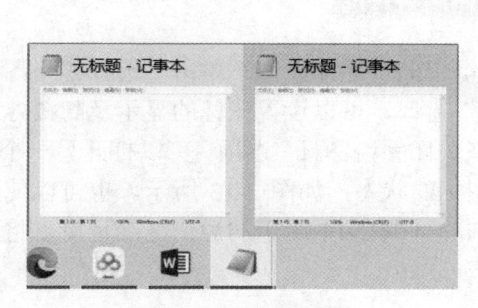

图 2-9 实时预览功能

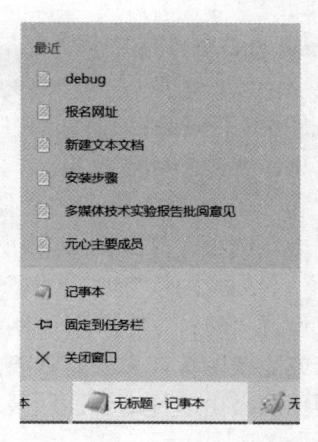

图 2-10 "跳跃"菜单

3) 系统通知区。系统通知区用于显示语言栏、时钟、音量及一些告知特定程序和计算机设置状态的图标,单击系统通知区中的 ⌒ 图标,会出现常驻内存的项目。

4) "显示桌面"按钮。可以在当前打开窗口与桌面之间进行切换,当单击该按钮时可显示桌面。

(2) 任务栏设置。

1) 调整任务栏大小和位置。调整任务栏的大小:将鼠标移到任务栏的边线,当鼠标指针变成↕形状时,按住鼠标左键不放,拖动鼠标到合适大小即可。

调整任务栏位置:在任务栏空白处右击,在弹出的快捷菜单中选择"任务栏设置"选项,弹出图 2-11 所示的"任务栏"对话框,在"任务栏位置在屏幕上的位置"下拉列表框中选择所需选项;也可直接使用鼠标拖动,即将鼠标移动到任务栏的空白位置,按住鼠标左键并拖动任务栏到屏幕的上方、左侧或右侧,将其移动到相应位置。

2) 设置任务栏外观。在图 2-11 的"任务栏"对话框中可以设置是否锁定任务栏、是否自动隐藏任务栏、是否使用小图标以及任务栏按钮显示方式等。

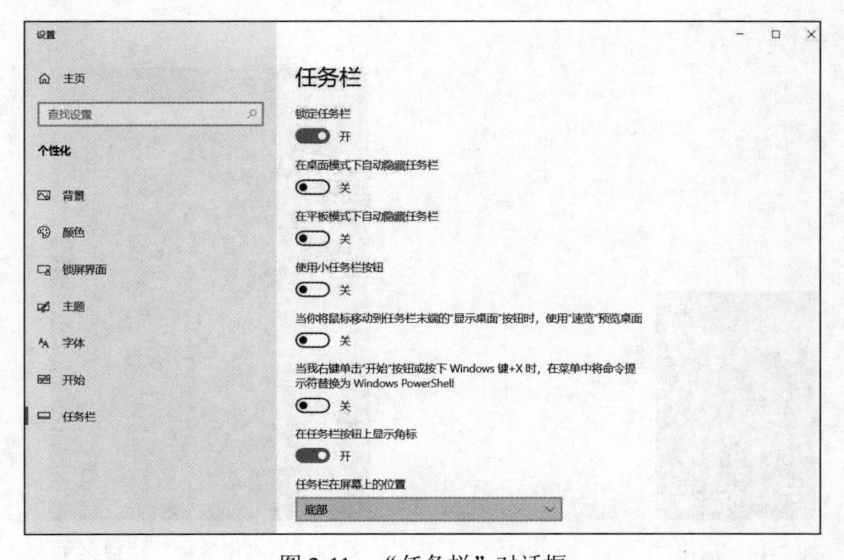

图 2-11 "任务栏"对话框

3）设置任务栏通知区。任务栏的"系统通知区"用于显示应用程序的图标。这些图标提供有关接收电子邮件更新、网络连接等事项的状态和通知。初始时，"系统通知区"有一些图标，安装新程序时有时会自动将此程序的图标添加到通知区域，用户可以根据自己的需求决定哪些图标可见、哪些图标隐藏等。

操作方法：在图 2-11 所示的"任务栏"对话框中的"通知区域"单击"选择哪些图标显示在任务栏上"选项，打开图 2-12 所示的"设置"窗口，可以设置图标的显示及隐藏方式。在"任务栏"对话框中的"通知区域"单击"打开或关闭系统图标"选项，可以打开另一个"设置"窗口，设置"时钟""音量""网络"等系统图标的状态，如图 2-13 所示。也可以使用鼠标设置显示或隐藏图标，方法是将要隐藏的图标拖动到图 2-14 所示的溢出区；也可以将任意多个隐藏图标从溢出区拖动到通知区。

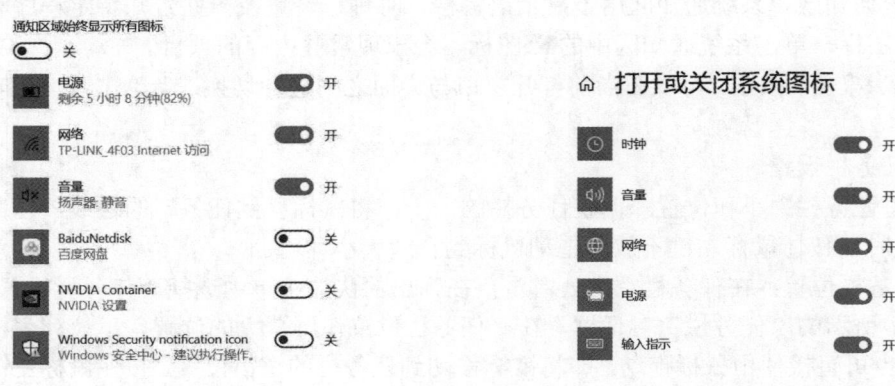

图 2-12 任务栏"设置"窗口　　　　图 2-13 系统图标"设置"窗口

4）添加显示工具栏。可在任务栏中添加显示其他工具栏。右击任务栏的空白区，弹出图 2-15 所示的快捷菜单，选择相应的选项，设置任务栏中是否显示地址工具栏、链接工具栏、桌面等。

图 2-14 溢出区　　　　图 2-15 "任务栏"快捷菜单

提示：当选择"锁定任务栏"时，无法改变任务栏的大小和位置。

2.3.2 窗口与对话框

因为 Windows 采用多窗口技术，所以使用 Windows 操作系统时可以看到很多窗口，对这些窗口的理解和操作也是 Windows 的基本要求。窗口是在运行程序时屏幕上显示信息的一块矩形区域。Windows 10 中的每个程序都具有一个或多个窗口以显示信息，用户可以在窗口中查看文件夹、文件或图标等。图 2-16 所示为窗口的组成。

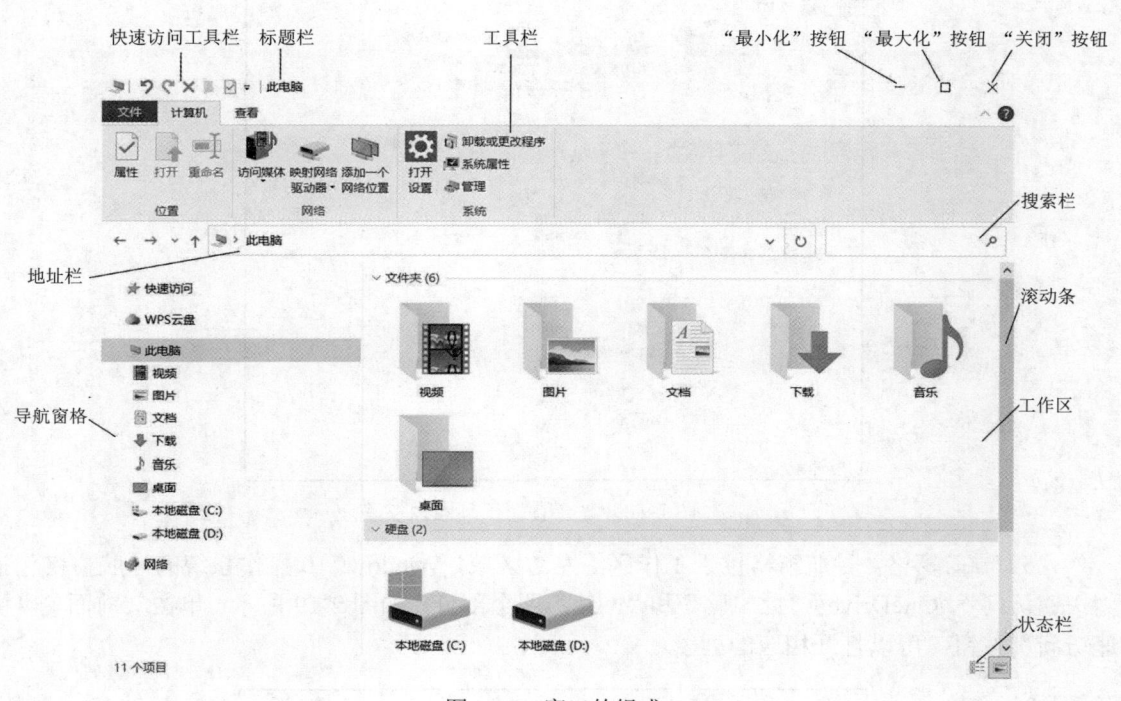

图 2-16　窗口的组成

1. 窗口的组成

（1）标题栏。标题栏位于窗口顶部，用于显示窗口标题，拖动标题栏可以改变窗口位置。在标题栏的右侧有三个按钮，即"最小化"按钮、"最大化"（或"还原"）按钮和"关闭"按钮。最大化状态可以使一个窗口占据整个屏幕，窗口处于该状态时不显示窗口边框；最小化状态以 Windows 图标按钮的形式显在任务栏上；单击"关闭"按钮可以关闭整个窗口。在最大化的情况下，中间的按钮为"还原"按钮，在还原状态下（既不是最大化又不是最小化状态，该状态下中间的按钮为"最大化"按钮）可以使用鼠标调节窗口的大小。

单击窗口左上角或按"Alt+空格键"组合键，显示图 2-17 所示的窗口控制菜单。在窗口控制菜单中选择相应的选项，可以使窗口处于恢复状态、最大化状态、最小化状态或关闭状态。另外，选择"移动"选项，可以使用键盘的方向键在屏幕上移动窗口，将窗口移动到适当的位置后按 Enter 键完成操作；选择"大小"选项，

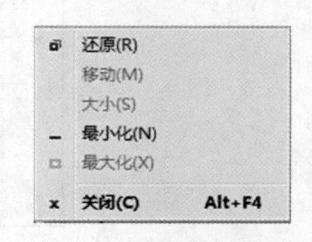

图 2-17　窗口控制菜单

可以使用键盘的方向键调节窗口的大小。

（2）地址栏。地址栏显示当前窗口文件在系统中的位置。其左侧包括"返回""前进""最近浏览""向上一级"按钮，用于打开最近浏览过的窗口。

（3）搜索栏。搜索栏用于快速搜索计算机中的文件。

（4）工具栏。工具栏会根据窗口中显示或选择的对象同步变化，以便用户进行快速操作。例如单击"查看"按钮，弹出图2-18所示的工具面板，可以进行需要的管理操作。

图 2-18　"查看"工具面板

（5）导航窗格。导航窗格位于工作区的左边区域，Windows 10 操作系统的导航窗格包括"快速访问""OneDrive""此电脑"和"网络"四个部分，如图 2-19 所示。单击其前面的"快速访问"按钮，可以打开相应的列表。

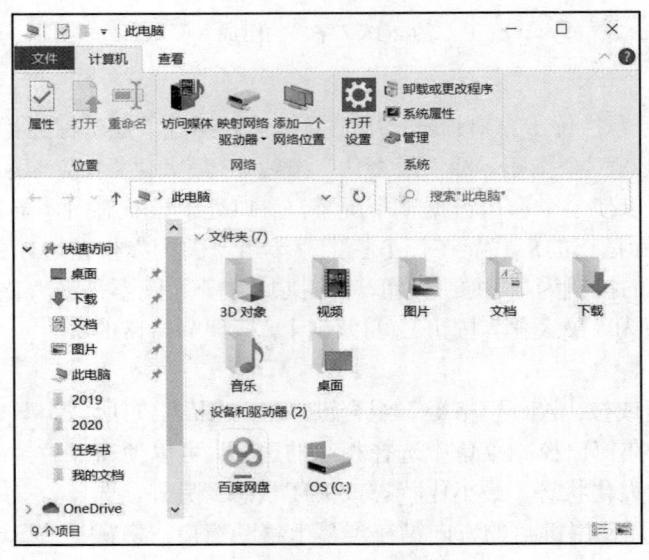

图 2-19　导航窗格

（6）滚动条。Windows 10 窗口中一般有垂直滚动条和水平滚动条。使用鼠标拖动水平方向的滚动滑块，可以在水平方向移动窗口，以便显示窗口水平方向容纳不下的部分；使用鼠标拖动竖直方向的滚动滑块，可以在竖直方向移动窗口，以便显示窗口竖直方向容纳不下的部分。

（7）工作区。工作区用于显示当前窗口中存放的文件和文件夹内容。

（8）状态栏。状态栏用于显示计算机的配置信息或当前窗口中选择对象的信息。

2. 对话框

在 Windows 10 中执行许多命令时，打开一个用于对该命令或操作对象进行下一步设置的对话框，用户可以在其中选择选项或输入参数。选择不同的命令，打开的对话框内容不同，但包含的设置参数类型类似。图 2-20 和图 2-21 都是 Windows 10 的对话框。

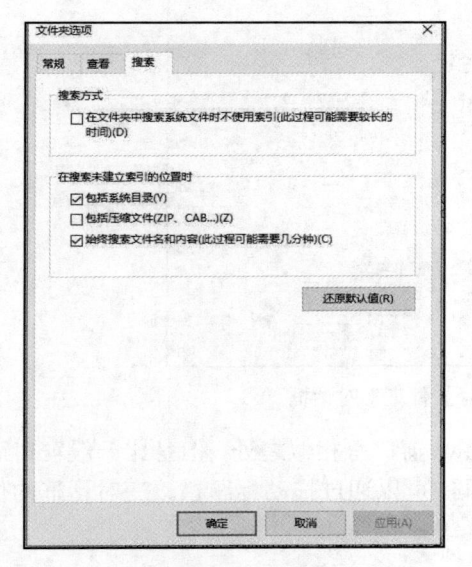

图 2-20　"文件夹选项-搜索"对话框　　　　图 2-21　"文件夹选项-常规"对话框

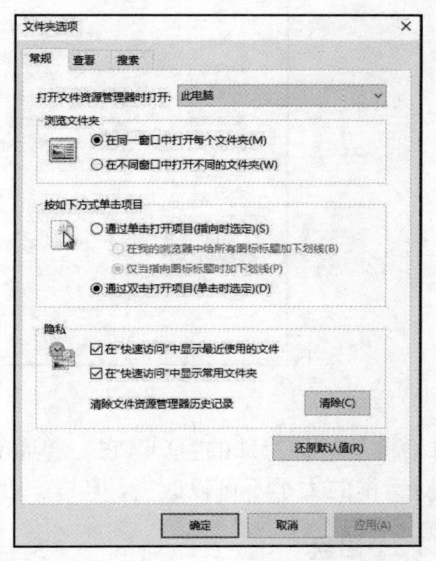

对话框中的基本构成元素如下。

（1）复选框。复选框一般用一个空心的方框表示给出单一选项或一组相关选项。它有两种状态，处于非选中状态时为■，处于选中状态时为☑。复选框可以一次选择一项、多项，或一组全部选中，也可不选。复选框如图 2-20 所示。

（2）单选项。单选项是用一个圆圈表示的，它同样有两种状态，处于选中状态时为◉，处于非选中状态时为○。在单选项组中，只能在多个选项中选择一个选项，也就是说，当有一个单选项处于选中状态时，其他同组单选项都处于非选中状态。单选项如图 2-21 所示。

（3）微调按钮。用户设置某些项目参数时使用微调按钮，可以直接输入参数，也可以通过微调按钮改变参数。

（4）列表框。在一个列表框中显示多个选项，可以根据需要选择其中的一项。

（5）下拉列表框。下拉列表框是由一个列表框和一个向下箭头按钮组成的。单击向下箭头按钮，将打开显示多个选项的列表框。

（6）命令按钮。单击命令按钮，可以直接执行命令按钮上显示的命令，如图 2-21 中的"确定"和"取消"按钮。

（7）选项卡。在有些复杂的对话框中，在有限的空间内不能显示所有内容，此时使用多个选项卡，每个选项卡代表一个主题，不同的主题设置可以在不同的选项卡中完成，如图 2-20 中的"常规""查看""搜索"选项卡。

（8）文本框。用户在文本框中输入信息。如在任务栏上右击，在弹出的快捷菜单中选择"工具栏"→"新建工具栏"选项，弹出图 2-22 所示的"新工具栏-选择文件夹"对话框，其中"文件夹"部分为文本框。

图 2-22　"新工具栏-选择文件夹"对话框

对话框是一种特殊的窗口，它与普通的 Windows 窗口有相似之处，但是比一般窗口简洁、直观。对话框的大小不可以改变，但与一般窗口相同，可以通过拖动标题栏改变对话框的位置。

2.3.3　磁盘

双击桌面上的"此电脑"图标，打开图 2-23 所示的"此电脑"窗口（在"文件资源管理器"窗口的左窗格中选择"此电脑"也可打开）。

1. 驱动器

驱动器是用于存取数据和寻找磁盘信息的硬件。在 Windows 系统中，每个驱动器都使用一个特定的字母加冒号标识，俗称盘符（如 C:、D:）。一般情况下驱动器 A:、B:为软驱（已淘汰）；驱动器 C:通常是计算机中的硬盘，如果计算机中外挂多个硬盘或一个硬盘划分出多个分区，那么系统自动将把它们标识为 D:、E:、F:等；如果计算机有光驱，则一般用最后一个驱动器标识。

2. 查看磁盘信息

从"此电脑"窗口可以看出，使用"此电脑"窗口和"文件资源管理器"能以图标的形式查看计算机中的所有文件、文件夹和驱动器等。

（1）通过"此电脑"窗口打开文件。双击桌面上的"此电脑"图标，打开"此电脑"窗口，双击文件所在的驱动器或硬盘，如果要浏览的文件存储在驱动器或硬盘的根目录下，则双击文件图标；如果要浏览的文件存储在驱动器或硬盘的根目录下的一个文件夹中，则先双击文件夹将文件夹打开，再双击文件图标打开要使用的文件。

（2）排列"此电脑"窗口中图标的显示方式和排列顺序。在"此电脑"窗口中，用户可以通过"查看"工具，根据实际的需要选择项目图标的显示和排列方式。

3．查看磁盘属性

在图 2-23 中的 C:盘上右击，在弹出的快捷菜单中选择"属性"选项，弹出"OS（C:）属性"对话框，如图 2-24 所示。在"属性"对话框的各个选项卡中，可以进行查看磁盘类型、文件系统、已用空间、可用空间和总容量，修改磁盘卷标，查错、碎片整理，设置共享和磁盘配额等操作。

图 2-23　"此电脑"窗口　　　　　　图 2-24　"OS（C:）属性"对话框

2.3.4　剪贴板

剪贴板是 Windows 10 中的一个非常有用的编辑工具，它是一个在 Windows 10 程序和文件之间传递信息的临时存储区。剪贴板不但可以存储正文，而且可以存储图像、声音等信息。通过剪贴板可以将文件的正文、图像和声音粘贴在一起，形成一个图文声并茂、有声有色的文档。剪贴板的使用步骤是首先将信息复制到剪贴板这个临时存储区；然后在目标应用程序中将插入点定位在需要放置信息的位置；最后在应用程序中执行"编辑"→"粘贴"命令，将剪贴板中的信息传送到目标应用程序中。

1．将信息复制到剪贴板

将信息复制到剪贴板，根据复制对象的不同，操作方法略有不同。

（1）将选定信息复制到剪贴板。选定要复制的信息，使之突出显示。选定的信息既可以是文本，又可以是文件或文件夹等。选定文本的方法是先移动插入点到第一个字符处，再用鼠标拖动到最后一个字符，或按住 Shift 键用方向键移动光标到最后一个字符，选定的信息突出显示。选定文件或文件夹等其他对象的方法将在后面章节介绍。

执行"编辑"→"剪切"或"编辑"→"复制"命令。"剪切"命令用于将选定的信息复制到剪贴板中，同时在原文件中删除被选定的内容；"复制"命令用于将选定的信息复制到剪贴板中，而原文件中的内容不变。

（2）复制整个屏幕或窗口到剪贴板。在 Windows 10 中，可以把整个屏幕或某个活动窗口复制到剪贴板，具体方法如下。

1）复制整个屏幕：按 PrintScreen 键，整个屏幕将被复制到剪贴板上。

2）复制窗口：先选择活动窗口，再按 Alt＋PrintScreen 组合键。

2．从剪贴板中粘贴信息

将信息复制到剪贴板后，可以将剪贴板中的信息粘贴到目标程序中，操作步骤如下。

（1）确认剪贴板上已有要粘贴的信息。

（2）切换到要粘贴信息的应用程序。

（3）将光标定位到要放置信息的位置。

（4）在应用程序中执行"编辑"→"粘贴"菜单命令。

将信息粘贴到目标应用程序中后，剪贴板中的内容保持不变，因此可以进行多次粘贴操作。既可在同一文件中多处粘贴，又可在不同文件中粘贴。

"复制""剪切""粘贴"命令对应的快捷键分别为 Ctrl＋C、Ctrl＋X、Ctrl＋V。

剪贴板是 Windows 10 的重要工具，也是实现对象的复制、移动等操作的基础，还是内存中交换数据的区域。

2.3.5 Windows 10 的帮助系统

如果用户在 Windows 10 的操作过程中遇到无法处理的问题，就可以使用 Windows 10 的帮助系统。Windows 10 打开帮助和支持的操作方法如下。

方法一：使用 F1 键。F1 键一直是调用 Windows 内置帮助文件的功能键。但是 Windows 10 只继承了部分这种传统，如果在打开的应用程序中按 F1 键，而该应用提供了自己的帮助功能，则会将其打开；反之，Windows 10 会调用用户当前的默认浏览器打开 Bing 搜索页面，以获取 Windows 10 中的帮助信息。

方法二：询问 Cortana。Cortana 是 Windows 10 自带的虚拟助理，它不仅可以帮助用户安排会议、搜索文件，还可以回答用户问题。因此，有问题找 Cortana 也是一个不错的选择。当需要获取帮助信息时，最快捷的方法是询问 Cortana，看它是否可以给出一些回答，如图 2-25 所示。

图 2-25　与 Cortana 交流的面板

方法三：使用入门应用。Windows 10 内置了一个入门应用，可以帮助用户在 Windows 10 中获取帮助。该应用有点像之前版本按 F1 键获取的帮助文档，但在 Windows 10 中是以一个 App 应用的方式提供的，可以获取新系统各方面的帮助信息和配置信息。

2.4 Windows 10 的基本操作

2.4.1 键盘及鼠标的使用

Windows 系统以及各种程序呈现给用户的基本界面都是窗口，几乎所有操作都是在各种窗口中完成的。如果操作时需要询问用户某些信息，则还会显示某种对话框来与用户交互传递信息。可以用键盘操作，也可以用鼠标完成操作。

在 Windows 操作中，键盘不但可以用于输入文字，还可以对窗口、菜单等进行操作。但使用鼠标能够更简易、快速地对窗口、菜单等进行操作，从而充分利用 Windows 的特点。

1. 组合键

Windows 常用以下组合键。

（1）键 1+键 2。表示按住"键 1"不放，再按一下"键 2"。如 Ctrl+Space，按住 Ctrl 键不放，再按一下 Space 键，然后同时释放两个键。

（2）键 1+键 2+键 3。表示同时按住"键 1"和"键 2"不放，再按一下"键 3"。如 Ctrl+Alt+Del，同时按住 Ctrl 键和 Alt 键不放，再按一下 Del 键，然后同时释放三个键。

2. 鼠标操作

在 Windows 操作中，有如下鼠标操作方法。

（1）单击（Click）：将鼠标箭头（光标）移到一个对象上单击鼠标左键，然后释放。这种操作应用最多。以后如不特别指明，单击即指单击鼠标左键。

（2）双击（Double Click）：将鼠标箭头移到一个对象上，快速、连续地单击两次鼠标左键，然后释放。以后如不特别指明，双击即指双击鼠标左键。

（3）右击（Right Click）：将鼠标箭头移到一个对象上，单击鼠标右键，然后释放。右击一般用于调用该对象的快捷菜单，提供操作该对象的常用命令。

（4）拖放（拖到后放开）：将鼠标箭头移到一个对象上，按住鼠标左键，然后移动鼠标箭头到适当位置再释放，该对象就从原来位置移到当前位置。

（5）右拖放（与右键配合拖放）：将鼠标箭头移到一个对象上，按住鼠标右键，然后移动鼠标箭头到适当位置再释放，可以在弹出的快捷菜单中选择相应的选项。

3. 鼠标指针

鼠标指针指示鼠标的位置，移动鼠标，指针随之移动。使用鼠标时，指针能够变换形状以表示不同的含义。常见指针形状参见"控制面板"中"鼠标属性"窗口的"指针"选项卡，其意义如下。

（1）普通选定指针 ：指针为该形状时，可以选定对象，进行单击、双击或拖动操作。

（2）帮助选定指针 ：指针为该形状时，可以单击对象，获得帮助信息。

（3）后台工作指针 ：其形状为一个箭头和一个圆形，表示可以对前台应用程序进行选定操作，而后台应用程序处于忙的状态。

（4）忙状态指针○：其形状为一个圆形，此时不能进行选定操作。

（5）精确选定指针＋：通常用于绘画操作的精确定位，如在"画图"程序中画图。

（6）文本编辑指针Ⅰ：其形状为一个竖线，用于文本编辑，称为插入点。

（7）垂直改变大小指针↕：用于改变窗口的垂直方向距离。

（8）水平改变大小指针↔：用于改变窗口的水平方向距离。

（9）改变对角线大小指针↖或↗：用于改变窗口的对角线大小。

（10）移动指针✥：用于移动窗口或对话框的位置。

（11）禁止指针⊘：表示禁止用户的操作。

2.4.2 菜单及其使用

菜单主要用于存放操作命令，要执行菜单上的命令，只需单击菜单项，然后在弹出的菜单中单击某个命令即可。在 Windows 10 中，常用的菜单类型主要有图 2-26（a）所示的下拉菜单和子菜单及图 2-26（b）所示的快捷菜单。其中，"快捷菜单"是右击一个项目或一个区域时弹出的菜单列表。选择快捷菜单中的相应选项，即可对所选对象实现"打开""删除""复制""发送到""创建快捷方式"等操作。

（a）下拉菜单和子菜单　　　　　　　　　　　　（b）快捷菜单

图 2-26　Windows 10 中的下拉菜单和弹出菜单

1. 菜单中常见的符号标记

在菜单中有以下常见的符号标记。

（1）字母标记：表示该菜单命令的快捷键。

（2）✓标记：当选择的某个菜单命令前出现该标记时，表示选中该菜单命令并应用。

（3）●标记：选择某个菜单命令后，其名称左侧出现该标记，表示选中该菜单命令。选择该命令后，其他相关命令将不再起作用。

（4）▶标记：如果菜单命令后有该标记，则表示选择该菜单命令将弹出相应的子菜单。在弹出的子菜单中，可以选择所需的菜单命令。

（5）…标记：表示执行该菜单命令后打开一个对话框，可以在其中进行相关设置。

2. Windows 10 "开始"菜单的定制

在 Windows 10 操作系统中，用户可以按照自己的意图定制"开始"菜单。Windows 10 提供大量有关"开始"菜单的设置选项开关,可以选择在"开始"菜单上显示的选项。

(1) 自定义显示在"开始"菜单固定程序区域的文件夹。

1) 右击任务栏空白处,在弹出的快捷菜单中选择"任务栏设置"命令,弹出"设置"窗口。

2) 单击"设置"窗口中左侧的"开始"按钮,可以对"开始"菜单进行个性化定制。

(2) 设置磁贴。

1) 选择"开始"→"Windows 附件"→"画图"选项,然后右击,从弹出的快捷菜单中选择"固定到'开始'屏幕"选项,可以看到将"画图"添加到"动态磁贴面板",如图 2-27 所示。当用户不再使用"动态磁贴面板"中的程序时,可以将其删除。如删除刚添加的"画图"程序:在"动态磁贴面板"中右击"画图"选项,在弹出的快捷菜单中选择"从'开始'屏幕取消固定"命令。

2) 在动态磁贴面板中,可以用鼠标拖动来调整磁贴的位置,右击磁贴,在弹出的快捷菜单中选择"调整大小"选项,可以调整磁贴大小,如图 2-28 所示。

图 2-27 磁贴设置

图 2-28 调整磁贴大小

2.4.3 启动、切换和退出程序

管理程序的启动、运行和退出是操作系统的主要功能。程序通常以文件的形式存储在外存储器上。

1. 启动程序

Windows 10 提供多种运行程序的方法,常用的有双击桌面上的程序图标;从"开始"菜单中选择"程序命令"选项启动程序;在资源管理器中双击要运行的程序的文件名启动程序;等等。

(1) 从桌面运行程序。从桌面运行程序时,所要运行的程序的图标必须显示在桌面上。双击所要运行的程序图标即可运行该程序。

(2) 从"开始"菜单运行程序。单击"开始"按钮,在弹出的"开始"菜单中选择运行程序所在的选项。如在开始菜单中启动记事本程序,单击"开始"按钮,选择"Windows 附件"→"记事本"选项,打开记事本程序。

(3) 从"此电脑"运行程序。双击桌面上的"此电脑"图标,弹出"此电脑"窗口,在窗口中找到待运行程序的文件名,双击即可运行该程序。

(4) 从"文件资源管理器"运行程序。在"开始"按钮上右击,在弹出的快捷菜单中选择"文件资源管理器"选项，在弹出的窗口中找到待运行程序的文件名，双击即可运行该程序。

（5）在 DOS 环境下运行程序。执行"开始"→"所有应用"→"Windows 系统"→"命令提示符"命令，弹出图 2-29 所示的"命令提示符"窗口。在 DOS 的提示符下面输入需要运行的程序名，按 Enter 键，即可运行所选程序。DOS 窗口使用完毕后，单击窗口右上角的"关闭"按钮，或在 DOS 提示符下面输入 EXIT（"退出"命令）退出 MS-DOS。

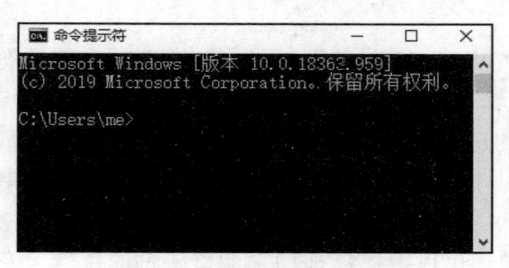

图 2-29 "命令提示符"窗口

Windows 10 还提供了适用于 IT 专业人员、程序员、高级用户的一种命令行外壳程序和脚本环境 Windows PowerShell，执行"开始"→"所有应用"→Windows PowerShell→Windows PowerShell 命令，即可打开该窗口。Windows PowerShell 引入了许多非常有用的新概念，从而进一步扩展了在 Windows 命令提示符中获得的知识和创建的脚本，命令行用户和脚本编写者可以利用.NET 的强大功能。也可以理解为 Windows PowerShell 是 Windows 命令提示符的扩展。

2．切换程序

在 Windows 10 下可以同时运行多个程序，每个程序都有自己单独的窗口，但只有一个窗口是活动窗口，可以接受用户的各种操作。用户可以在多个程序间切换，选择另一个窗口为活动窗口。

（1）任务栏切换。所有打开的窗口都以按钮的形式显示在任务栏上，单击任务栏上所需切换到的程序窗口按钮，可以从当前程序切换到所选程序。

（2）键盘切换。

1）Alt+Tab 键：按住 Alt 键不放，再按 Tab 键可以实现各窗口间的切换。

2）Alt+Esc 键：按住 Alt 键不放，再按 Esc 键可以实现各窗口间的切换。

（3）鼠标切换。单击后面窗口露出来的部分，可以实现窗口切换。

3．退出程序

Windows 10 提供了以下退出程序的方法。

（1）单击程序窗口右上角的"关闭"按钮。

（2）选择"文件"→"退出"命令。

（3）选择控制菜单下的"关闭"命令。

（4）双击"控制菜单"按钮。

（5）右击任务栏上的程序按钮，在弹出的快捷菜单中选择"关闭窗口"命令。

（6）按 Alt+F4 组合键。

（7）通过结束程序任务退出程序：在图 2-30 所示的"任务管理器"窗口中选择待退出的程序，单击"结束任务"按钮，退出所选程序。

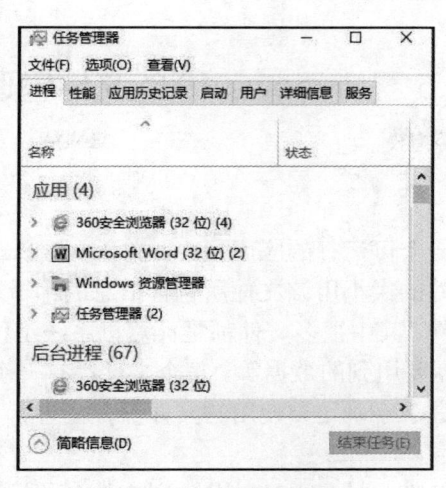

图 2-30 "任务管理器"窗口

2.4.4 窗口的操作方法

1. 打开窗口

在 Windows 10 中，用户启动一个程序、打开一个文件或文件夹时都将打开一个窗口。打开对象窗口的具体方法有如下三种。

（1）双击一个对象，打开对象窗口。

（2）选中对象后按 Enter 键，打开该对象窗口。

（3）在对象图标上右击，在弹出的快捷菜单中选择"打开"命令。

2. 移动窗口

移动窗口的方法是在窗口标题栏上按住鼠标左键不放，直到拖动到适当位置再释放鼠标。其中，将窗口向屏幕最上方拖动到顶部时，窗口最大化显示；向屏幕最左侧拖动时，窗口半屏显示在桌面左侧；向屏幕最右侧拖动时，窗口半屏显示在桌面右侧。

3. 改变窗口大小

除通过"最大化""最小化"和"还原"按钮改变窗口大小外，还可以随意改变窗口大小。当窗口不处于最大化状态下时，改变窗口大小的方法是将鼠标光标移至窗口的外边框或四个角上，当光标变为↕、↔、↖或↗形状时，按住鼠标不放，拖动到窗口变为需要的大小时释放鼠标。

4. 排列窗口

打开多个窗口后，为了使桌面更加整洁，可以对打开的窗口进行层叠、横向和纵向等排列操作。排列窗口的方法是在任务栏空白处右击，弹出图 2-31 所示的快捷菜单，其中用于排列窗口的命令有层叠窗口、堆叠显示窗口和并排显示窗口。

（1）层叠窗口：以层叠的方式排列窗口，单击某个窗口的标题栏即可将该窗口切换为当前窗口。

（2）堆叠显示窗口：以垂直方式同时在屏幕上显示多个窗口。

（3）并排显示窗口：以横向方式同时在屏幕上显示多个窗口。

图 2-31 快捷菜单

2.5　Windows 10 的文件管理

2.5.1　文件与文件目录

一个文件的内容可以是一个可运行的应用程序、文章、图形、一段数字化的声音信号或者任何相关的一批数据等。文件的大小用该文件所包含信息的字节数表示。

外存中总是保存大量文件，其中很多文件都是计算机系统工作时必须使用的，包括系统程序、应用程序及程序工作时需要用到的数据等。每个文件都有一个名字，用户使用时要指定文件的名字，文件系统正是通过名字确定要使用的文件保存位置。

1. 文件名

一个文件的文件名是它的唯一标志，文件名由主文件名和扩展名两部分组成。一般来说，主文件名应该是有意义的字符组合，命名时尽量做到"见名知意"；扩展名经常用来表示文件的类型，一般由系统自动给出，大多由 3 个字符组成，可"见名知类"。

Windows 10 支持长文件名（最多 255 个字符），命名文件时有如下约定。

（1）文件名中不能出现以下 9 个字符：\ / : * ? " < > |。

（2）文件名中的英文字母不区分大小写。

（3）查找和显示时可以使用通配符?和*，其中?代表任一个字符，*代表任意多个字符。如"*.*"代表任意文件，"?b*.exe"代表文件名的第 2 个字符是字母 b 且扩展名是.exe 的文件。

文件的扩展名表示文件的类型，不同类型文件的处理是不同的。常见文件扩展名及其含义见表 2-1。

表 2-1　常用文件扩展名及其含义

文件类型	扩展名	说明
可执行程序	.exe、.com	可执行程序文件
源程序文件	.c、.cpp、.bas、.asm	程序设计语言的源程序文件
目标文件	.obj	源程序文件经编译后产生的目标文件
批处理文件	.bat	将一批系统操作命令存储在一起，供用户连续执行
MS Office 文件	.docx、.xlsx、.pptx	MS Office 中的 Word、Excel、PowerPoint 文档
文本文件	.txt	记事本文件
图像文件	.bmp、.jpg、.gif	图像文件，不同的扩展名表示不同格式的图像文件
流媒体文件	.wmv、.rm、.qt	能通过 Internet 播放的流式媒体文件，不需要下载整个文件即可播放
压缩文件	.zip、.rar	压缩文件
音频文件	.wav、.mp3、.mid	声音文件，不同的扩展名表示不同格式的音频文件
动画文件	.swf	Flash 动画发布文件
网页文件	.html、.asp	一般来说，前者是静态的，后者是动态的

2. 文件目录结构

操作系统的文件系统采用树形（分层）目录结构（图2-32），每个磁盘分区都可建立一个树形文件目录。磁盘依次命名为 A、B、C、D、E 等，其中 A 和 B 指定为软盘驱动器。C 及排在它后面的盘符用于指定硬盘或指定其他性质的逻辑盘，如微型计算机的光盘、连接在网络上或网络服务器上的文件系统或其中某些部分等。

```
C:\KAOSHI
    ├── Windows ─┬── AA
    │            ├── BB
    │            └── CC
    ├── Word
    ├── Excel
    └── PPT
```

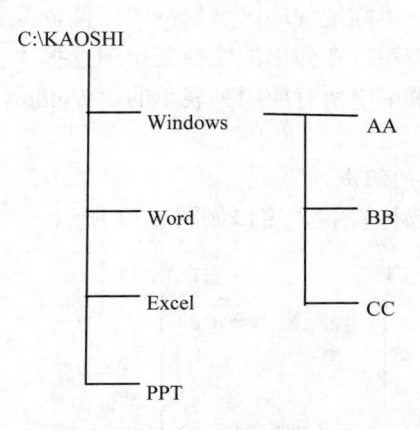

图 2-32 树形目录结构

在树形目录结构中，每个磁盘分区上都有一个唯一的基础目录，称为根目录，其中可以存放一般的文件，也可以存放另一个目录（称为当前目录的子目录）。子目录中存放文件，还可以包含下一级子目录。根目录以外的所有子目录都有自己的名字，以便在进行与目录和文件有关的操作时使用。各外存储器的根目录都可以通过盘的名字（盘符）直接指明。

树形目录结构中的文件可以按照相互关联程度存放在同一子目录或者不同子目录里。一般原则是与某个软件系统或者某个应用工作有关的一批文件存放在同一个子目录里。不同的软件存放在不同的子目录。如果一个软件系统（或一项工作）的有关文件很多，还可能在它的子目录中建立下一级子目录。用户也可以根据需要为自己的文件分门别类地建立子目录。

3. 树形目录结构中的文件访问

采用树形目录结构，计算机中信息的安全性可以得到进一步保护，由名字冲突引起问题的可能性大大降低。例如，两个不同的子目录里可以存放名字相同而内容完全不同的两个文件。

用户要调用某个文件时，除给出文件的名字外，还要指明该文件的路径名。文件的路径名从根目录开始，描述了用于确定一个文件要经过的一系列中间目录，形成了一条找到该文件的路径。

文件路径在形式上由一串目录名拼接而成，各目录名之间用反斜杠（\）符号分隔。文件路径分为绝对路径和相对路径两种。

（1）绝对路径：从根目录开始，依次到该文件之前的名称。

（2）相对路径：从当前目录开始到某个文件之前的名称。

例如：在图 2-32 中，文件 MYFILE.TXT 存放于 C:\Kaoshi\Windows\AA 文件夹中，文件 MYFILE.TXT 的绝对路径是 C:\Kaoshi\Windows\AA\MYFILE.TXT。若当前目录为 BB，则文件 MYFILE.TXT 的相对路径为..\AA\MYFILE.TXT（..表示上一级目录）。

2.5.2 Windows 文件资源管理器的启动和窗口组成

文件资源管理器是 Windows 提供的用于管理文件和文件夹的系统工具，可以帮助用户管理和组织系统中的软、硬件资源，查看资源的使用情况。

1. 打开文件资源管理器

方法一：单击"开始"→"固定程序区域"→"文件资源管理器"图标，如图 2-3 所示。
方法二：右击"开始"按钮，在弹出的快捷菜单中选择"文件资源管理器"命令。
方法三：选择"开始"菜单中所有应用列表里的"Windows 系统"→"文件资源管理器"命令。

2. 文件资源管理器窗口的组成

打开文件资源管理器，选择 C:盘，窗口如图 2-33 所示。

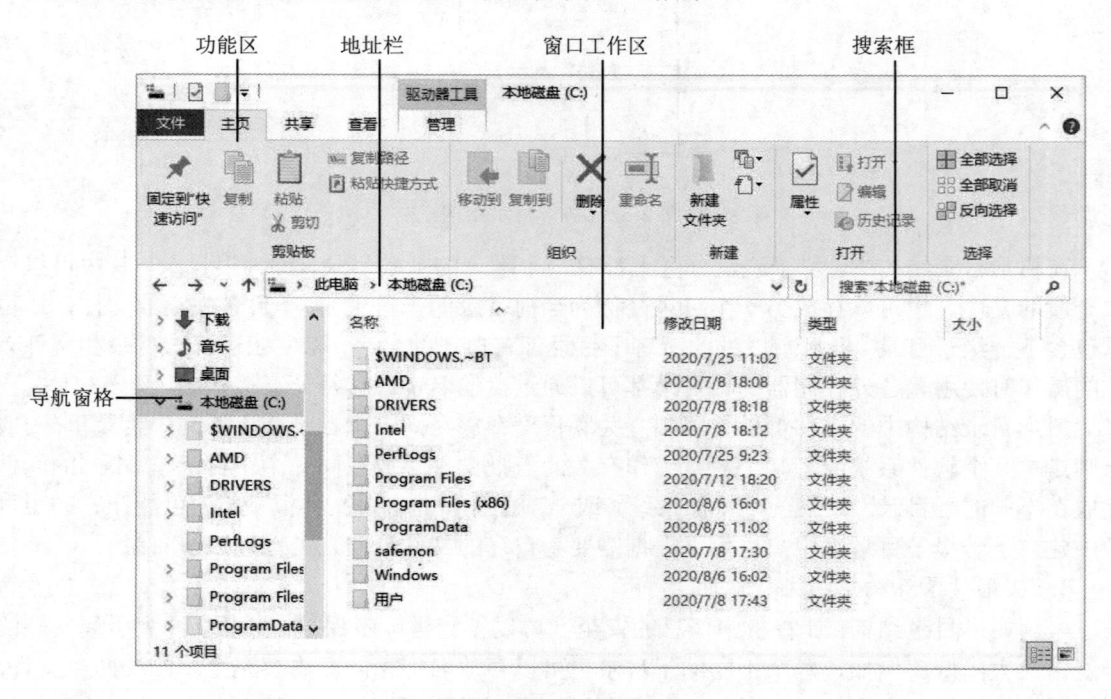

图 2-33 文件资源管理器窗口

（1）地址栏。地址栏中显示当前打开的文件夹路径。每个路径都由不同的按钮连接而成，单击这些按钮，可以在相应的文件夹之间切换。

（2）搜索框。在搜索栏中输入文件名，可以帮助用户在计算机中快速搜索文件或文件夹。

（3）功能区。Windows 10 的文件资源管理器窗口与以往版本相比有较大改变，其采用 Office 的功能区概念，将同类操作放在一个选项卡中，并按照功能划分不同功能区。

（4）窗口工作区。窗口工作区用于显示当前窗口的内容或执行某项操作后显示的内容，当内容较多时，会出现垂直滚动条或（和）水平滚动条。

（5）导航窗格。文件资源管理器窗口中有多种窗格，如导航窗格、预览窗格和详细信息窗格。要打开或关闭不同类型的窗格，可选择"查看"选项卡下"窗格"功能区中的对应命令。

导航窗格中显示以树形目录结构展示的"文件夹"栏,它涵盖当前计算机的所有资源。打开每个文件夹都可以在下面显示它的所有下一级子文件夹。窗口工作区窗格显示的是左侧选中的文件夹中的内容。子文件夹是一个相对的概念,在导航窗格资源列表的树状结构中,从属于上层文件夹的低层文件夹称为上层文件夹的子文件夹。子文件夹自身也可以有自己的更低一级的子文件夹。

将鼠标置于文件资源管理器窗格的分隔条上,当鼠标变成双箭头标记时,按住鼠标左键,左右拖动分隔条,可以改变窗格和窗口的相对大小。

用户打开文件资源管理器时默认显示"快速访问"界面,如图 2-34 所示,在窗口工作区中,上边显示的是"常用文件夹"列表,下边显示的是"最近使用的文件"列表,方便用户快速打开经常操作的文件或文件夹,无须通过磁盘查找文件。

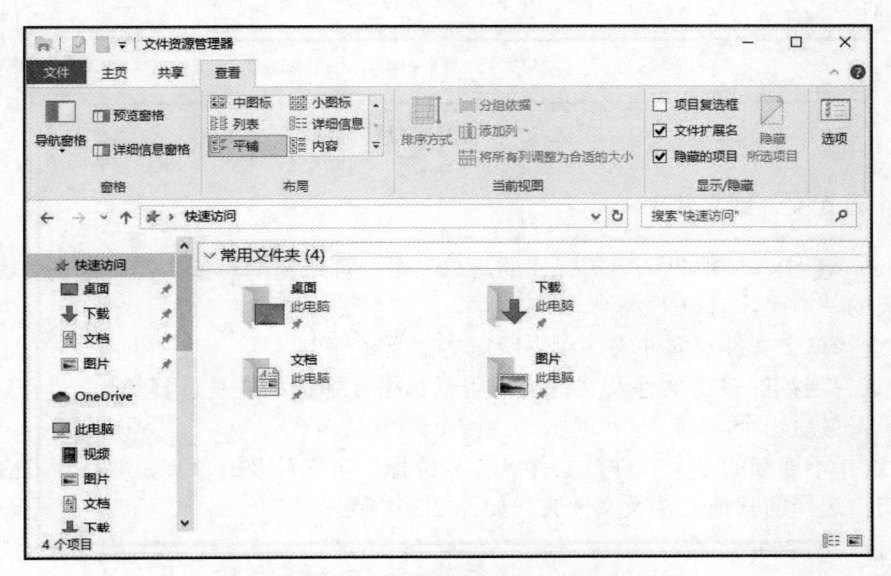

图 2-34 文件资源管理器"快速访问"界面

2.5.3 创建新文件夹和新的空文件

在磁盘中创建文件夹时,尽量按类别实现"分类存放"。创建和保存文件夹的两要素是文件夹名和存放位置。

方法一:通过资源管理器进入需要创建文件及文件夹的磁盘位置窗口,选择"主页"→"新建文件夹"命令新建文件夹,在"新建项目"菜单(图 2-35)中选择要创建的某个文件类型来创建文件。

方法二:在文件夹内容区的空白处右击,在弹出的快捷菜单中选择"新建"→"文件夹"命令或某种类型的文件。

方法三:按 Ctrl+Shift+N 组合键,可在当前磁盘位置创建文件夹。

注意:新建的文件是一个空文件。如果要编辑,则双击该文件,系统调用相应的应用程序将其打开。

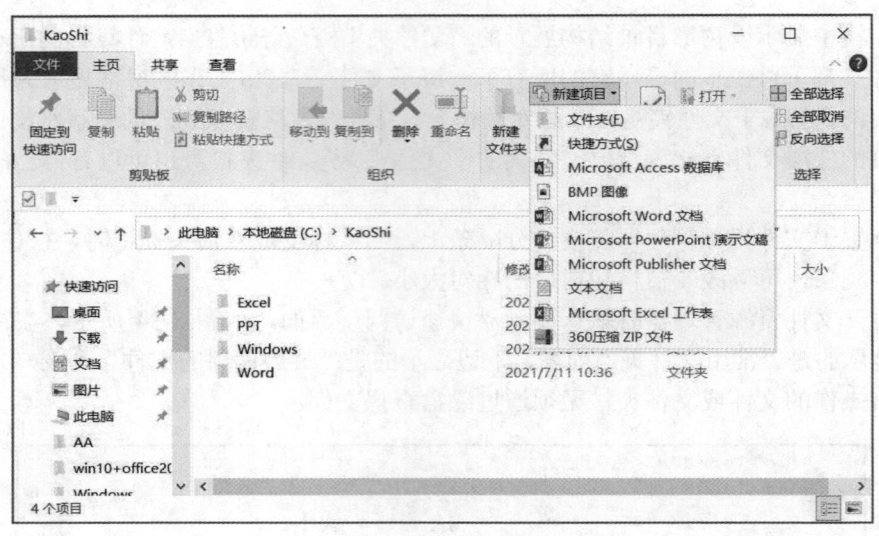

图 2-35 "新建项目"菜单

2.5.4 选定文件或文件夹

在 Windows 中，一般先选定需操作的对象，再处理选定的对象。在文件夹内容区选定文件及文件夹的基本操作有以下六种。

（1）选择单个文件及文件夹。单击所需文件及文件夹。

（2）选择连续的多个文件及文件夹。用鼠标指针拖选；或是选择第一个，再按住 Shift 键不放并单击最后一个。

（3）选择不连续的多个文件及文件夹。先选择一个文件及文件夹，并按住 Ctrl 键不放，再依次单击需选择的其他文件及文件夹，如图 2-36 所示。

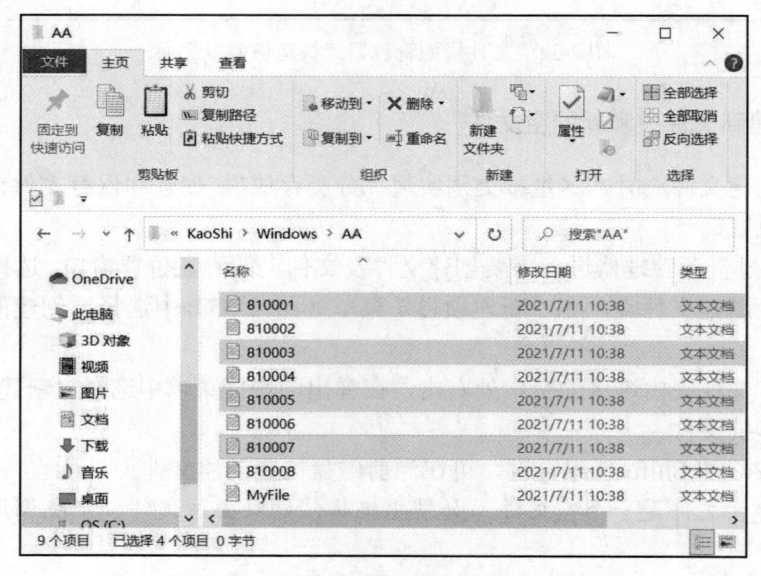

图 2-36 选择不连续的多个文件及文件夹

（4）选择全部文件及文件夹。从文件资源管理器当前文件夹窗口中，单击"主页"选项卡，在"选择"功能区中选择"全部选择"命令，即可全部选定，或按 Ctrl+A 组合键。

（5）反向选择文件及文件夹。选择某些文件后，要选择未被选择的所有文件，可在"主页"选项卡"选择"功能区中选择"反向选择"命令，即可选定其他文件。此项操作用于不需要选择的文件比需要选择的文件少很多的情况，操作快速。

（6）撤销选定。如要在已选定的文件中取消一些项目，则按住 Ctrl 键并单击要取消的项目。如要全部取消，则只需单击窗口上的空白处即可。

2.5.5　重命名文件或文件夹

为文件夹或文件命名时，应该取"见名知义"的名字。

方法一：打开"此电脑"或"资源管理器"窗口，选择要改名的文件或文件夹图标，在窗口"主页"菜单中选择"重命名"命令，则选中对象的名称变成一个文本框。在文本框中输入新文件名，按 Enter 键。

方法二：单击两次文件或文件夹图标名称，出现文本框。

方法三：右击文件或文件夹图标，在弹出的快捷菜单中选择"文件"→"重命名"命令，出现文本框，如图 2-37 所示。

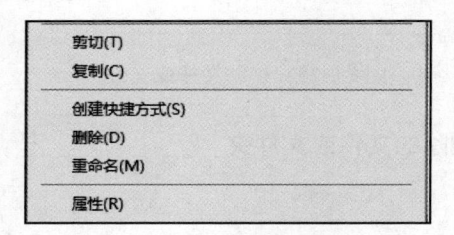

图 2-37　快捷菜单

也可同时选择多个文件统一命名，第一个文件名是输入的新文件名，其余文件名后会有(2)(3)……，以此类推。

提示：对文件重命名时，一般修改主文件名，而不需要改变扩展名，但如果需要改变，则会有确认提示。若当前文件系统不显示常用扩展名，则需要修改文件选项，选择窗口中的"查看"→"文件扩展名"菜单命令。

2.5.6　复制和移动文件或文件夹

1. 复制文件或文件夹

有时为了避免重要文件的数据丢失，要将一个文件从一个磁盘（或文件夹）复制到另一个磁盘（或文件夹）中以备份。复制文件与复制文件夹的方法相同，都有很多种，以下是三种常用的复制方法。

（1）在资源管理器窗口中选定需复制的文件及文件夹对象，在同一磁盘中按 Ctrl 键的同时，用鼠标拖动到目标位置，不同磁盘之间直接用鼠标拖动到目标位置。在拖动过程中，鼠标光标上会多出一个"+"号。

（2）选定需复制的文件及文件夹，选择"主页"→"复制到"命令

（3）使用对象右键菜单的"复制"命令或 Ctrl+C 组合键，到达目的路径窗口后，使用右键菜单的"粘贴"命令或 Ctrl+V 组合键进行复制操作。

2. 移动文件或文件夹

移动操作是将选定的对象从原来的位置移动到新的位置，不可以移动到同一位置。移动完成后，源文件或源文件夹消失。

（1）选定需移动的文件或文件夹对象，在同一磁盘中用鼠标直接拖动到目标位置，在不同磁盘之间按下 Shift 键的同时拖动鼠标。

（2）选定需移动的文件及文件夹，选择"主页"→"移动到"命令，进入目标位置。

（3）单击对象右键菜单的"剪切"命令［图 2-38（a）］或按 Ctrl+X 组合键，到达目的路径窗口后，单击右键菜单的"粘贴"命令［图 2-38（b）］或按 Ctrl+V 组合键实现移动操作。

（a）"剪切"命令　　　　　　　　　　（b）"粘贴"命令

图 2-38　移动文件或文件夹

2.5.7　删除和恢复被删除的文件或文件夹

1. 删除文件或文件夹

应及时删除无用的文件或文件夹，以腾出更多的磁盘空间供其他工作使用。删除文件与删除文件夹的方法相同，都有很多种。

（1）用鼠标将需删除的文件及文件夹拖动到回收站中。

（2）选中目标，按 Delete 键，删除文件。

（3）在需删除图标上右击，在弹出的快捷菜单中选择"删除"命令。

（4）选择"主页"选项卡中"组织"功能区的"删除"命令。

2. 恢复被删除的文件或文件夹

回收站用来收集硬盘中被删除的对象，以保护误删的文件。除将文件及文件夹直接拖入回收站外，采用其他方法时都会要求确认是否删除。如果误删文件，则可以从右键菜单中选择"撤销删除"命令或按 Ctrl+Z 组合键，但这种方法只对本次开机工作中误删的对象有效。对于所删除的文件及文件夹，并没有真正将其从磁盘中删除，而是存入"回收站"。可以在回收站中将其恢复，利用对象的右键菜单中的"还原"或"删除"命令还原或彻底删除对象。

Windows 10 的文件资源管理器"主页"选项卡中"组织"功能区的"删除"命令增加了永久删除选项，可以用来永久删除文件或文件夹。

提示：删除操作是项破坏性操作，执行时需慎重；另外，若在用删除操作的同时按住 Shift 键，或选择对象后按 Shift+Delete 组合键则可以不经回收站而彻底删除文件。另外，在 U 盘中用删除命令会不经回收站直接删除文件，若想恢复文件则需要专用的工具。

为提高计算机的运行速度和增大磁盘可用空间，需要及时清理回收站。也可通过更改回收站属性，自定义回收站的大小。

2.5.8 搜索文件或文件夹

如果计算机中的文件和文件夹过多，则当用户在使用其中某些文件时可能短时间内找不到，此时使用 Windows 10 的搜索功能，可以帮助用户快速搜索到所要使用的文件或文件夹。

在文件资源管理器窗口，可以用搜索功能在当前文件夹中快速查找文件夹或文件，具体方法如下。

（1）搜索前选定要搜索的范围，例如要在 C:盘的"工作"文件夹中搜索，就先在导航窗格中单击"工作"文件夹，当前文件夹的路径就会显示在地址栏中，同时在搜索框中显示出搜索范围。

（2）在搜索框中输入要搜索的关键字，系统自动搜索，并在资源管理器窗口工作区中显示包含此关键字的所有文件或文件夹。

在搜索过程中，文件夹或文件名中的字符可以用"*"或"?"代替。"*"表示任意长度的一串字符串，"?"表示任一个字符。如果要查找扩展名为".txt"的文件，就可以在搜索框中输入"*.txt"。

如果要按种类、大小或修改日期等条件搜索对象，就可以在"搜索工具"选项卡中"优化"功能区里选择按照种类、修改日期、类型或名称等条件搜索，如图 2-39 所示。

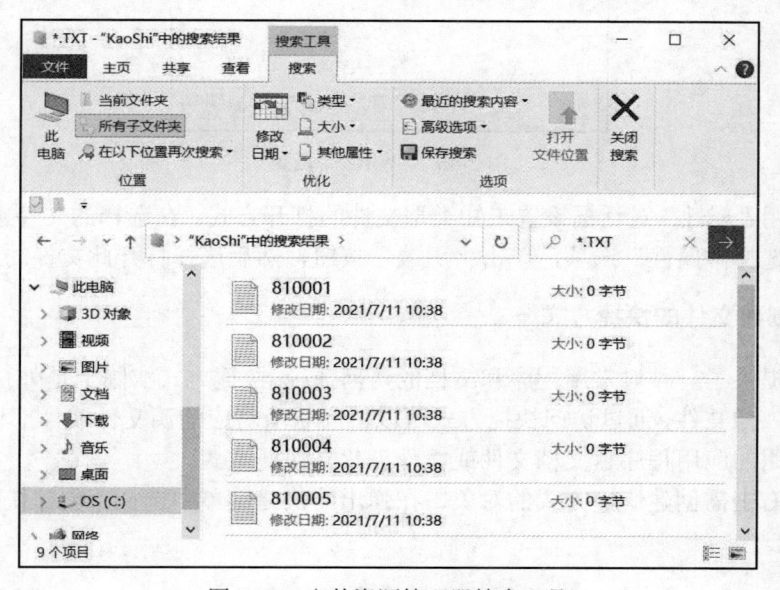

图 2-39　文件资源管理器搜索工具

2.5.9 更改文件或文件夹的属性

文件及文件夹有三种属性：只读、隐藏和存档，可根据需要设置或取消。

（1）"只读"属性：被设置为只读类型的文件只允许读操作，即只能运行，不能被修改和删除。将文件设置为"只读"属性后，可以使文件不被修改和破坏。

(2)"隐藏"属性：设置为隐藏属性的文件的文件名不能在窗口中显示。对隐藏属性的文件，如果不知道文件名，就不能删除该文件，也无法调用该文件。如果希望在资源管理器窗口中看到隐藏文件，则选择窗口中的"查看"→"隐藏的项目"命令。

(3)"存档"属性：一些程序用此选项控制要备份的文件。

操作方法：选定文件或文件夹，选择"查看"→"属性"命令或对象右键菜单中的"属性"命令，设置或取消相关属性，如图 2-40 所示。

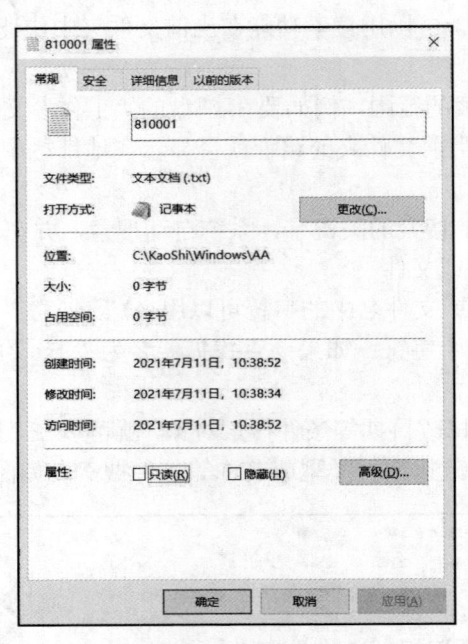

图 2-40　"属性"设置

还可以使用"属性"对话框设置未知类型文件的打开方式。在选择的文件上右击，在弹出的快捷菜单中选择"属性"选项，单击"更改"按钮，然后选择打开此文件的应用程序。

2.5.10　创建文件的快捷方式

快捷方式提供了一种对常用程序和文档的访问捷径。快捷方式实际上是外存中源文件或外部设备的一个映像文件，通过访问快捷方式可以访问它所对应的源文件或外部设备。用户可以根据需要为常用的应用程序、文档文件或文件夹建立快捷方式。

方法一：右击需创建快捷方式的对象，在弹出的快捷菜单中选择"创建快捷方式"命令，如图 2-41 所示。

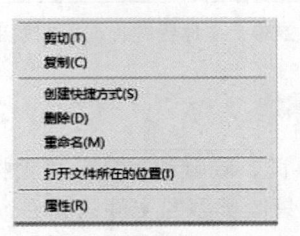

图 2-41　创建快捷方式

方法二：在需创建快捷方式的空白处右击，在弹出的快捷菜单中选择"新建"命令，再选择"快捷方式"，进入"创建快捷方式"向导，如图 2-42 所示。输入目标程序文件的位置，单击"下一步"按钮，再输入快捷方式的名称，即可创建指定对象（包括文件、文件夹、盘符或网址）的快捷方式图标。

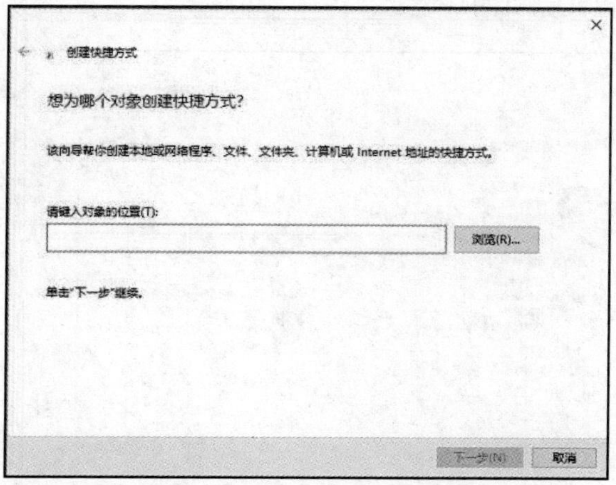

图 2-42 "创建快捷方式"向导

创建好快捷方式后，利用"复制""粘贴"命令或拖动的方式把快捷方式放置在指定位置。

提示：快捷方式代表目标对象，对快捷方式的"打开""打印""查看"等操作实际上是对其目标对象进行操作；而对快捷方式的"移动""复制""删除""重命名"及"发送"等操作是对快捷方式本身的操作，与其指向的目标对象无关。

2.5.11 压缩、解压缩文件或文件夹

文件的无损压缩也称打包，压缩后的文件占据较小的存储空间。压缩包中的文件不能直接打开，要解压缩后使用。专业的压缩和解压缩程序有 WinRAR、WinZip 等，需下载并安装到计算机中。常见的压缩文件格式是有 rar、.zip。

压缩方法：选择需压缩的文件或文件夹，在选定区域右击，在弹出的快捷菜单中选择压缩软件下级命令"添加到某某文件"。

解压缩方法：在压缩文件上右击，在弹出的快捷菜单中选择压缩软件下级命令"解压文件"。或双击压缩文件，在压缩软件窗口下选择"解压到"命令，选择解压位置并确认。

2.6 Windows 10 的系统设置及管理

2.6.1 Windows 10 控制面板

"控制面板"是进行系统设置和设备管理的工具集。使用控制面板，用户可以根据自己的喜好选择其中的项目，对系统的外观、语言、时间等进行设置和管理，还可以进行添加或删除程序、查看硬件设备等操作。

要打开控制面板，可以先打开"开始"菜单，在所有应用列表中找到"Windows 系统"下的"控制面板"，单击即可打开图 2-43 所示的"控制面板"窗口。也可以打开文件资源管理器，在文件资源管理器左边"导航窗格"下方双击打开"控制面板"窗口。在图 2-43 中通过设置"查看方式"为"小图标"，可看到图 2-44 所示的"所有控制面板项"窗口。可以从此窗口中选择对应的命令设置计算机的环境。

图 2-43　"控制面板"窗口

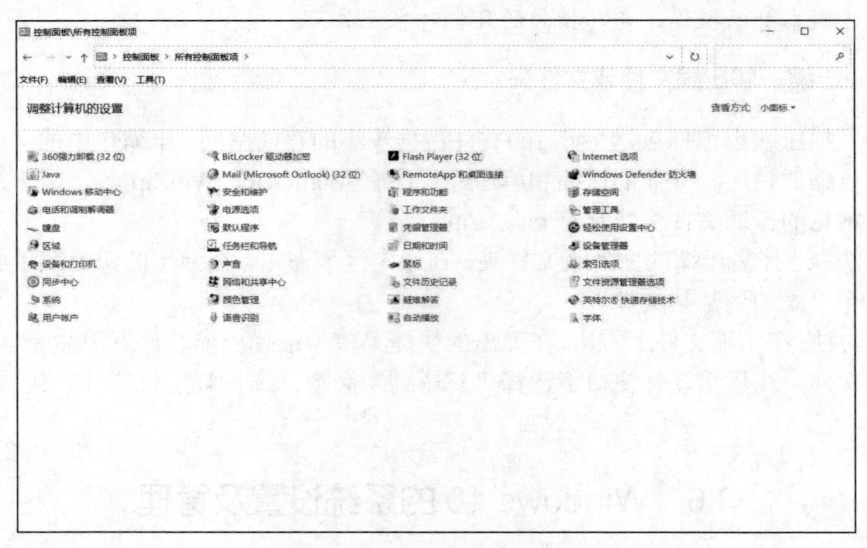

图 2-44　"所有控制面板项"窗口

2.6.2　个性化设置

右击桌面空白处，在弹出的快捷菜单（图 2-45）中选择"个性化"命令，弹出图 2-46 所示的"背景"窗口。在此窗口中，用户可以设置显示环境。

图 2-45 "个性化"快捷菜单

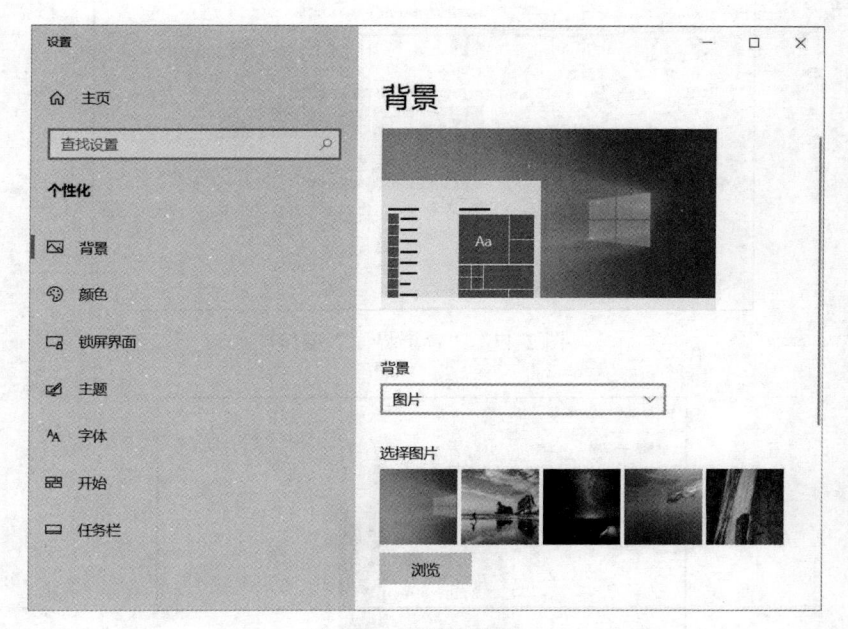

图 2-46 "背景"窗口

1. 自定义桌面背景

桌面背景是指 Windows 桌面上的墙纸。第一次启动时，用户在桌面上看到的图案背景是系统的默认设置。为了使桌面的外观更具有个性，可以在系统提供的多种方案中选择满意的背景，也可以使用自己的图片文件取代 Windows 的预定方案。更改桌面背景的方法如下：在图 2-46 所示的"设置"窗口左侧选择"背景"选项，然后在右侧的"背景"下拉列表中选择"图片"选项，在下方预置图片中选择一张或单击"浏览"按钮，查找硬盘上的图片文件。还可以在此窗口中，通过"选择契合度"调整背景图片显示位置。可以将多张图片以幻灯片放映的形式设置为桌面背景。

2. 设置屏幕保护程序

屏幕保护程序可在用户暂时不工作时屏蔽计算机的屏幕，不但有利于保护计算机的屏幕和节约用电，而且可以防止用户屏幕上的数据被他人看到。设置屏幕保护程序的步骤如下：

（1）在图 2-46 所示的"背景"窗口左侧选择"锁屏界面"选项，弹出"锁屏界面"窗口，如图 2-47 所示，可设置锁屏界面和屏幕超时，单击"屏幕保护程序设置"链接，弹出图 2-48 所示的"屏幕保护程序设置"对话框。

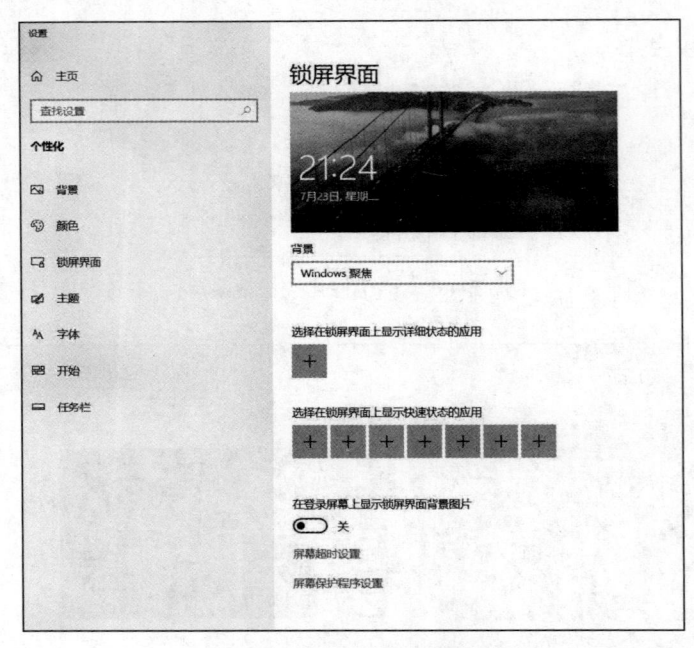

图 2-47　"锁屏界面"窗口

图 2-48　"屏幕保护程序设置"对话框

（2）在"屏幕保护程序"下拉列表框中选择自己喜欢的屏幕保护程序。
（3）如果要预览屏幕保护程序的效果，则单击"预览"按钮。
（4）如果要设置选定屏幕保护程序的参数，则单击"设置"按钮，在弹出的"屏幕保护程序设置"对话框中设置。在单击"设置"按钮对选定的屏幕保护程序进行参数设置时，随着屏幕保护程序的不同，可设定的参数选项也不同。

（5）调整"等待"微调器的值，可设定在系统空闲多长时间后运行屏幕保护程序。

（6）如果要在屏幕保护时防止他人使用计算机，则选中"在恢复时显示登录屏幕"复选框。运行屏幕保护程序后，若想恢复工作状态，则系统将进入登录界面，要求用户输入密码。

（7）设置完成后，单击"确定"按钮。

3. 调整屏幕分辨率

屏幕分辨率是指屏幕支持的像素，如 800 像素×600 像素或 1024 像素×768 像素。现在的监视器大多支持多种分辨率，方便用户选择。在屏幕大小不变的情况下，分辨率决定了屏幕显示内容，分辨率越大，屏幕显示的内容越多。

要调整显示器的分辨率，可以在桌面上空白区域右击，从弹出的快捷菜单中选择"显示设置"命令，弹出图 2-49 所示的"设置"窗口，在"分辨率"下拉列表中选择分辨率。

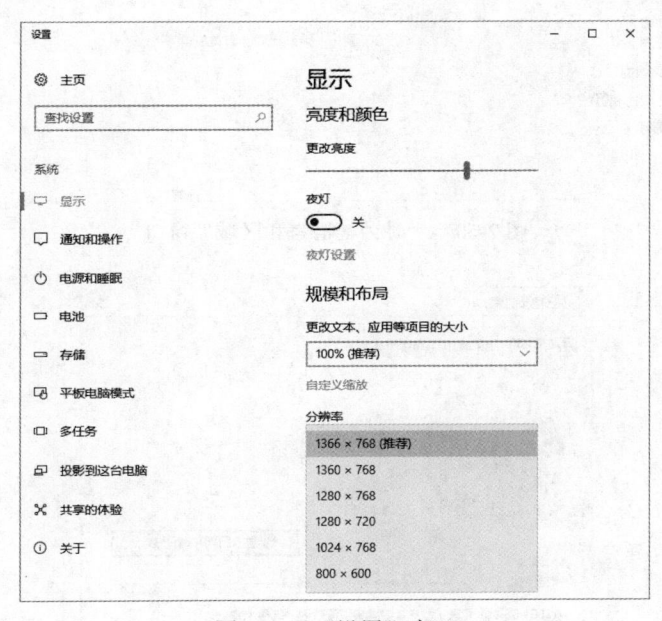

图 2-49　"设置"窗口

4. 设置图标排列和显示方式

窗口中包含多个图标后，可以对图标进行排列，并按一定的显示方式显示图标。

（1）右击窗口空白处，在弹出的快捷菜单中选择"排序方式"→"名称"/"大小"/"项目类型"/"修改日期"选项。

（2）系统桌面图标显示方式可通过右击桌面空白处，在弹出的快捷菜单中选择"查看"→"大图标"/"中等图标"/"小图标"选项，调整桌面图标的尺寸。"自动排列"和"将图标与网格对齐"用于指定图标的排列方式，如果取消"自动排列"，则用户可根据需要随意排列桌面图标。"显示桌面图标"可使用户有一个干净的桌面。

（3）在文件夹中的空白处右击，在弹出的快捷菜单中选择"查看"下的一种控制图标显示方式：超大图标、大图标、中等图标、小图标、列表、详细信息等。

2.6.3 时钟、语言和区域设置

在"控制面板"中单击"时钟、语言和区域"图标,弹出图 2-50 所示的"时钟、语言和区域"窗口,单击"日期和时间"选项,弹出"日期和时间"对话框,如图 2-51 所示,单击"更改日期和时间"按钮,在弹出的对话框中调整系统的日期和时间。单击"更改时区"按钮,弹出"时区设置"对话框,可以设置选择某地区的时区。

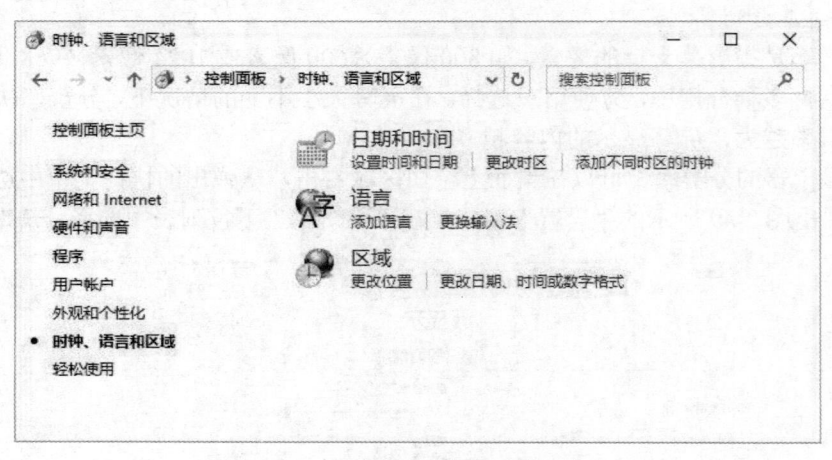

图 2-50 "时钟、语言和区域"窗口

图 2-51 "日期和时间"对话框

2.6.4 输入法的设置

进入输入法设置窗口有以下两种方法。

（1）在控制面板单击"时钟、语言和区域"选项，在弹出的对话框中选择"语言"选项，弹出图 2-52 所示的"语言"窗口，可以添加语言，单击左侧的"高级设置"选项，弹出图 2-53 所示的"高级设置"窗口，可在此窗口中设置默认输入语言等。

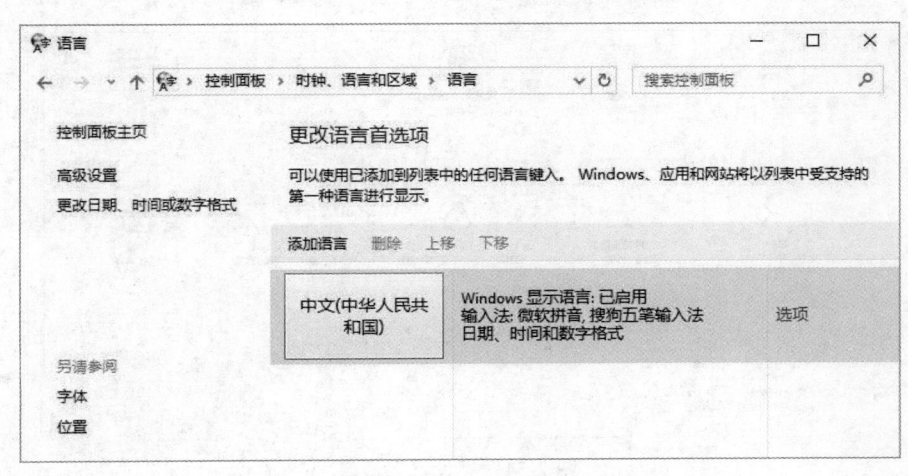

图 2-52　"语言"窗口

图 2-53　"高级设置"窗口

（2）在任务栏中右击输入法图标，选择"设置"命令，弹出图 2-52 所示的"语言"窗口。

为了方便平板电脑用户的使用，Windows 10 在"开始"菜单中增加了"设置"按钮，单击"开始"菜单左下角固定程序区域中的"设置"按钮，弹出图 2-54 所示的"设置"窗口，常用的计算机环境设置都可以在此窗口中完成。例如，要设置默认输入法，可以在窗口中单击"时间和语言"图标，弹出"区域和语言"窗口，设置默认的输入语言。

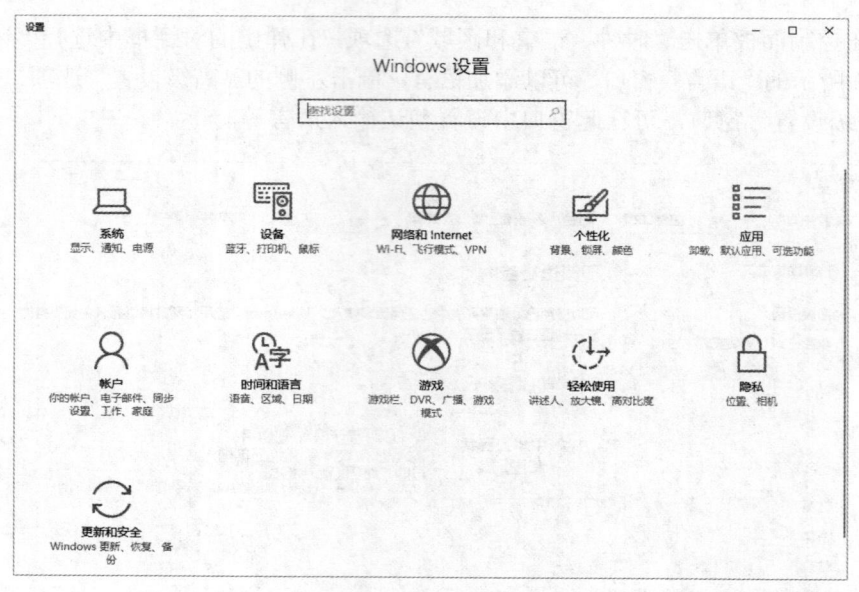

图 2-54 "设置"窗口

2.6.5 程序的卸载或更改

在"控制面板"窗口中单击"应用"图标，弹出图 2-55 所示的"设置"窗口，可以选择"应用和功能"下的卸载程序等功能，如图 2-56 所示。在此窗口中选择某个程序，单击"卸载/更改"按钮，即可卸载或更新程序。

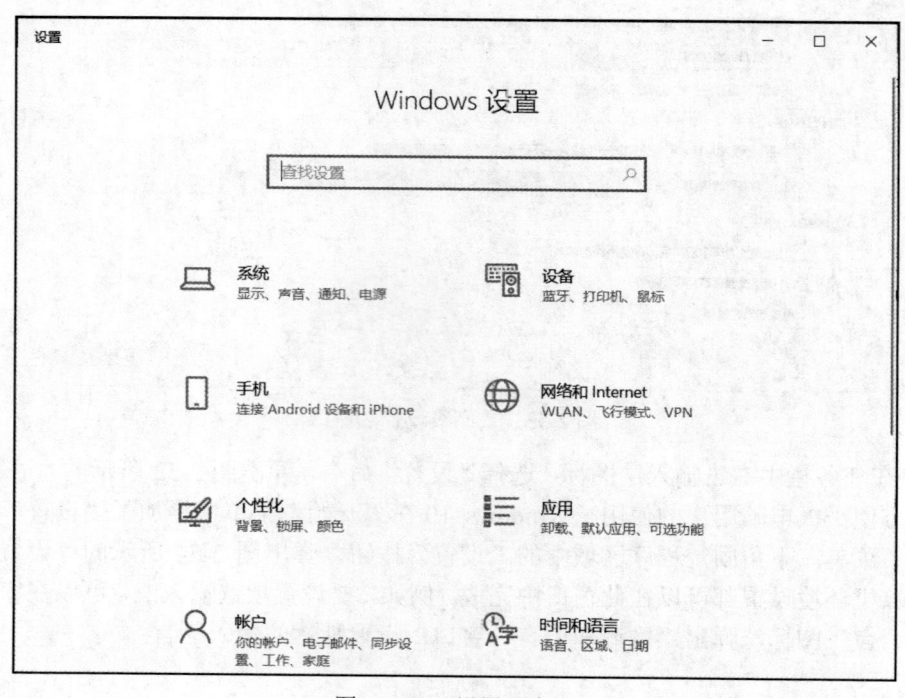

图 2-55 "设置"窗口

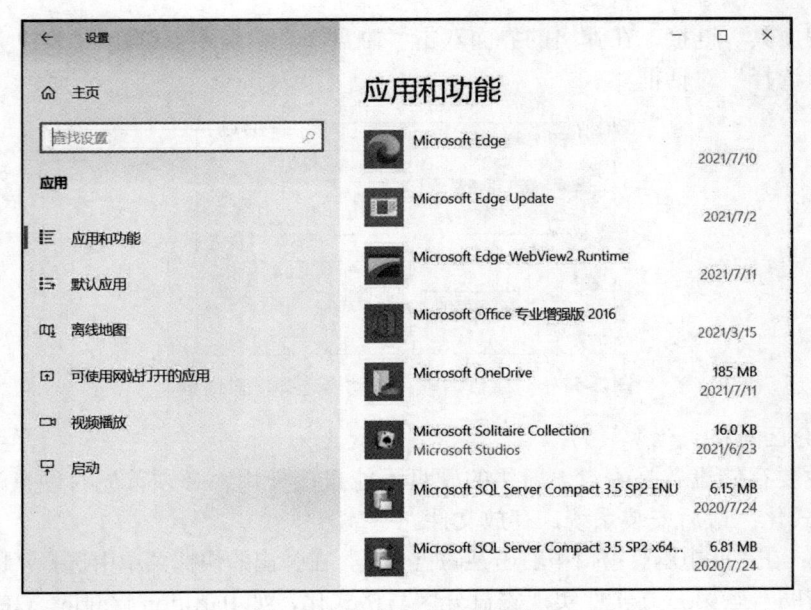

图 2-56　"应用和功能"窗口

2.6.6　磁盘管理

在使用计算机的过程中，用户通过计算机的软件完成各类任务。在系统软件中有一类实用程序软件（如控制面板、磁盘清理程序、磁盘碎片整理程序等），可用于提高计算机的性能，帮助用户监视计算机系统设备、管理计算机系统资源和配置计算机系统。可以通过这类专门的软件完成对计算机的相关设置。

磁盘管理是一项计算机使用时的常规任务，以一组磁盘管理应用程序的形式提供给用户，包括磁盘碎片整理和磁盘查错与清理。

1. 磁盘碎片整理

磁盘碎片整理是通过系统软件或者专业的磁盘碎片整理软件对计算机磁盘在长期使用过程中产生的碎片和凌乱文件重新整理，释放更多磁盘空间，可提高计算机的整体性能和运行速度。

操作方法：单击"开始"按钮，在弹出的"开始"菜单中选择"所有应用"命令，然后在所有程序列表中选择"Windows 管理工具"→"碎片整理和优化驱动器"命令。

2. 磁盘查错与清理

（1）磁盘查错主要是扫描硬盘驱动器上的文件系统错误和坏簇，以保证系统安全，而碎片整理可以让系统和软件都更高效率地运行。

操作方法：运行磁盘查错前，需关闭运行的程序。在"此电脑"窗口中右击磁盘分区，在弹出的快捷菜单中选择"属性"命令，弹出"属性"对话框，在"工具"选项卡下的查错栏中单击"检查"按钮。

（2）利用磁盘清理可删除计算机中所有不需要的文件，如临时文件、回收站文件等，以释放更多磁盘空间。

操作方法：打开"控制面板"窗口，将"查看方式"设置为"大图标"或"小图标"，然后单击"管理工具"链接，在弹出的界面双击"磁盘清理"命令，弹出图 2-57 所示的"磁盘清理：驱动器选择"对话框。

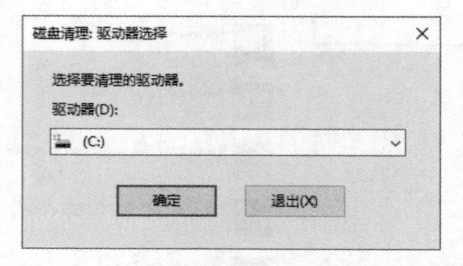

图 2-57 "磁盘清理：驱动器选择"对话框

3. 磁盘分区与格式化

系统的主要存储设备是硬盘。新买的硬盘不能直接使用，必须首先对硬盘进行分割（分区）；然后格式化；最后安装系统，存放文件。

操作方法：在"此电脑"窗口中右击某磁盘分区，在弹出的快捷菜单中选择"格式化"命令。也可以借助一些第三方软件实现磁盘分区与格式化，如 Partition Magic、GHOST、DM、FDisk 等。

注意：分区与格式化操作对现有已安装系统而言具有较高的危险性，操作不当可能会造成重大损失，需慎重操作。

4. 使用 U 盘

U 盘与移动硬盘是两种常用移动存储设备，U 盘接口有三种标准，USB 2.0 和 USB 3.0 是广泛使用的两个标准，表示传输带宽。读写数据时，断开 U 盘与计算机的连接不会损坏硬件，但会破坏正在处理的数据。因此，需要在拔下 U 盘前弹出 U 盘。

2.6.7　查看系统信息

系统信息显示有关计算机硬件配置、计算机组件和软件（包括驱动程序）的详细信息。查看系统的运行情况，可以判断系统当前运行情况，以决定采取的操作。

执行"开始"→"所有应用"→"Windows 管理工具"→"系统信息"命令，弹出图 2-58 所示的"系统信息"窗口。在该窗口中，用户可以了解系统各组成部分的详细运行情况。想了解哪个部分，单击该窗口的左角格中列出的类别项前边的"+"符号，右侧窗口便会列出有关该类别的详细信息。

（1）系统摘要：显示有关计算机和操作系统的常规信息，如计算机名、翻造商、计算机使用的基本输入/输出系统（BIOS）的类型以及安装内存数量。

（2）硬件资源：显示有关计算机硬件的高级详细信息。

（3）组件：显示有关计算机上安装的磁盘驱动器、声音设备、调制解调器和其他组件的信息。

（4）软件环境：显示有关驱动程序、网络连接以及其他与程序有关的详细信息。

若希望在系统信息中查找特定的详细信息，则可在"系统信息"窗口底部的"查找什么"文本框中输入要查找的信息。若要查找计算机的磁盘信息，则可在"查找什么"文本框中输入"磁盘"，然后单击"查找"按钮即可。

图 2-58 "系统信息"窗口

2.6.8 系统安全

通过 Windows Update 为系统进行安全更新,并使用防火墙防范网络攻击,也可使用 Windows Defender 监控恶意软件。

在"开始"菜单中单击"设置"→"更新和安全"命令,打开图 2-59 所示的"Windows 更新"窗口,可以设置更多关于"Windows 更新"的操作,也可以打开"Windows Defender"功能。

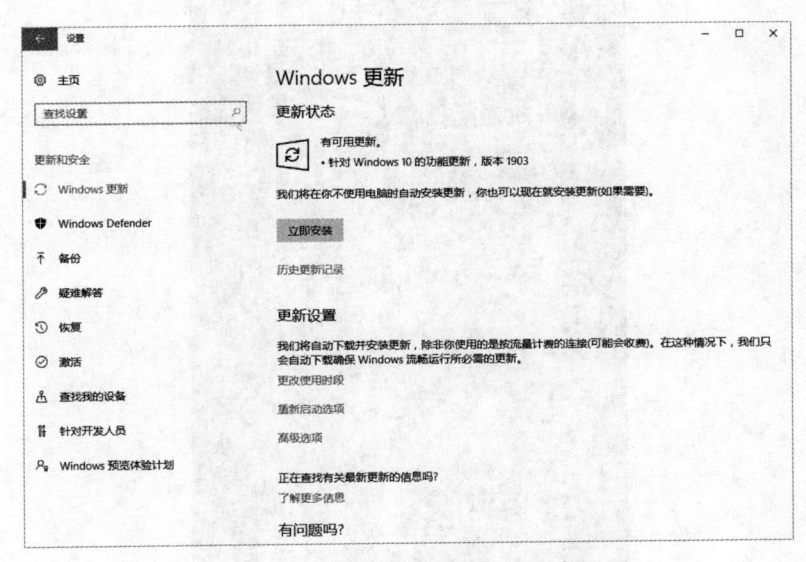

图 2-59 "Windows 更新"设置窗口

在"所有控制面板项"窗口下选择"Windows Defender 防火墙"选项,在左侧选择"启用或关闭 Windows Defender 防火墙"选项可自定义设置为网络开启或关闭防火墙,如图 2-60 所示。

图 2-60 "Windows Defender 防火墙"窗口

2.7 Windows 自带的常用工具

Windows 10 系统自带非常实用的工具软件,如记事本、写字板、画图、计算器和截图工具等,如图 2-61 所示。即使计算机中没有安装专用的应用程序,系统自带的工具软件也能够满足日常的文本编辑、绘图和计算等需求。

图 2-61 Windows 10 系统自带软件

2.7.1 记事本

记事本是 Windows 中常用的一种简单的文本编辑器，用户经常用来编辑一些格式要求不高的文本文件，用记事本编辑的文件是一个纯文本文件（.txt），即只有文字及标点符号，而没有格式。

（1）打开记事本程序。

选择"开始"→"所有应用"→"Windows 附件"→"记事本"菜单命令，打开记事本程序，并新建一个名为"无标题-记事本"的文档，如图 2-62 所示。

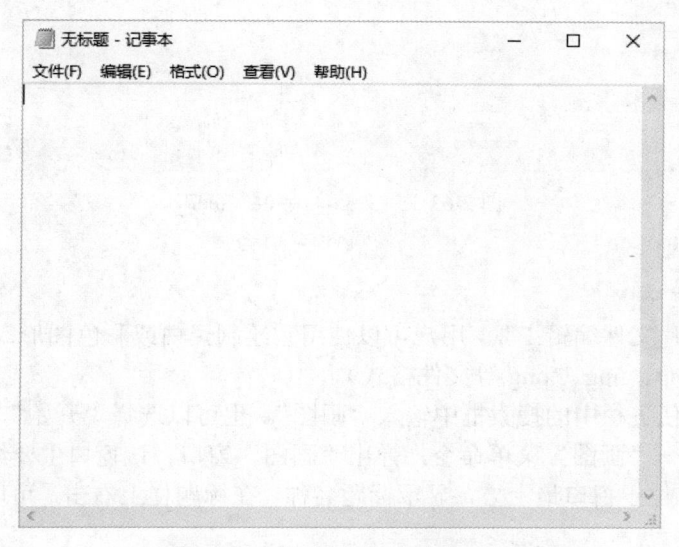

图 2-62 "无标题-记事本"窗口

（2）记事本的简单文档操作。

1）新建文档：选择"文件"→"新建"菜单命令。

2）打开文档：选择"文件"→"打开"菜单命令，弹出"打开"对话框，选择要打开文档的路径（文件在计算机里的保存位置），找到并选中此文档，单击"打开"按钮。

3）保存文档：选择"文件"→"保存"菜单命令即可。如果是第一次保存，则会弹出"另存为"对话框，选择要保存文档的路径，在"文件名"文本框中输入文档的名称，单击"保存"按钮。

4）另存为：选择"文件"→"另存为"菜单命令，其操作与第一次保存操作相同。另存为操作是把原文档更换文档名称或文档路径后重新存储。

可以用"编辑"菜单下的命令编辑记事本文件，使用"格式"菜单下的命令设置字体格式。

2.7.2 写字板

写字板是 Windows 10 中功能比记事本强的文字处理程序，它不但可以对文字进行编辑处理，而且可以设置文字的一些格式，如字体、段落和样式等，如图 2-63 所示。

写字板与记事本相比，最大的不同是它的文档是有格式的，文件默认为.rtf 格式。选择"开始"→"所有应用"→"Windows 附件"→"写字板"菜单命令，打开写字板程序。

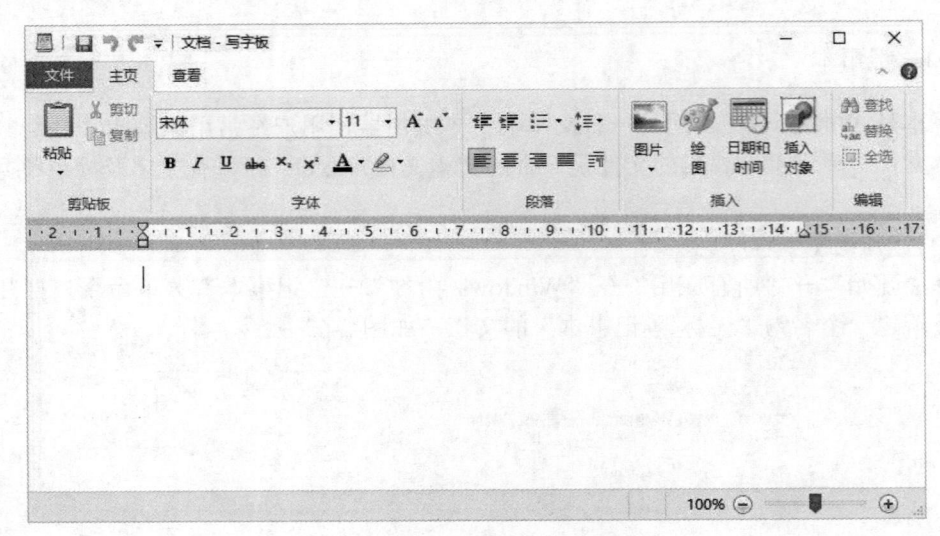

图 2-63 "文档-写字板"窗口

2.7.3 画图

画图是一种图片文件编辑工具,用户可以使用它绘制黑白或彩色图形,并可将这些图形保存为位图文件(.bmp、.jpg、.png 等文件格式)。

打开方法:在任务栏中的搜索框中输入"画图"。也可以选择"开始"→"所有应用"→"Windows 附件"→"画图"菜单命令,弹出"画图"窗口。该窗口主要组成部分如下。

(1)标题栏:位于窗口最上方,显示标题名称,在标题栏上右击,可以弹出"窗口控制"菜单。

(2)快速访问工具栏:提供常用命令,如保存、撤销和重做等,还可以通过该工具栏右侧的"向下"按钮自定义快速访问工具栏。

(3)功能选项卡和功能区:功能选项卡位于标题栏下方,将一类功能组织在一起,其中包含"主页"和"查看"两个选项卡,图 2-64 中显示的是"主页"选项卡中的功能。

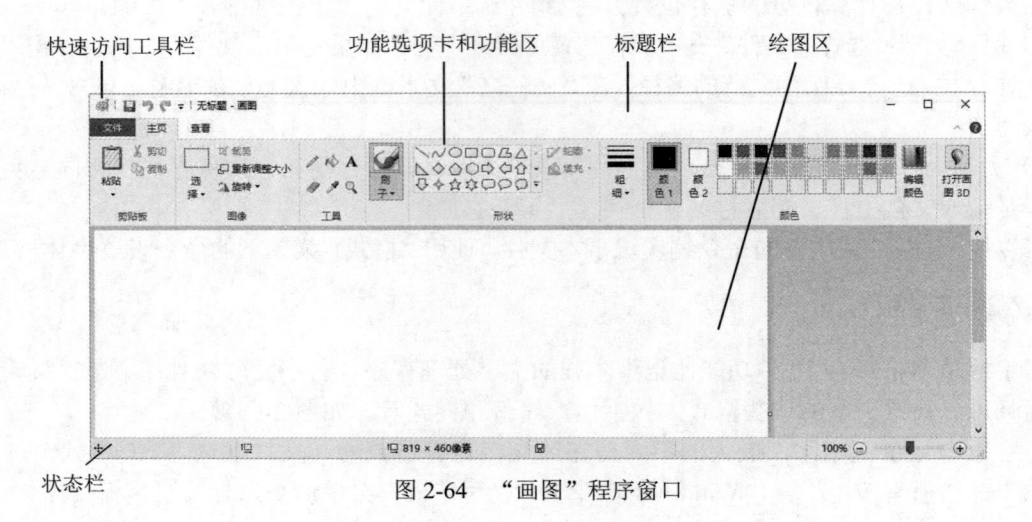

图 2-64 "画图"程序窗口

（4）绘图区：绘图区是画图程序中的最大区域，用于显示和编辑当前图像效果。

（5）状态栏：状态栏显示当前操作图像的相关信息，其左下角显示鼠标的当前坐标，中间部分显示当前图像的像素尺寸，右侧显示图像的显示比例且可调整。

在画图程序中，所有绘制工具及编辑命令都集成在"主页"选项卡中，其按钮根据功能组织在一起而形成组，各组主要功能如下。

（1）"剪贴板"组：提供"剪切""复制""粘贴"命令，方便编辑。

（2）"图像"组：根据选择物体的不同，提供矩形或自由选择等方式。还可以对图像进行剪裁、重新调整大小和旋转等操作。

（3）"工具"组：提供常用的绘图工具，如铅笔、颜色填充、插入文字、橡皮擦、颜色选取器和放大镜等，单击相应按钮即可使用相应的工具绘图。

（4）"刷子"组：单击"刷子"选项下的"箭头"按钮，在弹出的下拉列表中有九种刷子格式的刷子。单击其中任意"刷子"按钮，可使用刷子工具绘图。

（5）"形状"组：单击"形状"选项下的"箭头"按钮，在弹出的下拉列表中有 23 种基本图形样式。单击其中任意"形状"按钮，即可在画布中绘制该图形。

（6）"粗细"组：单击"粗细"选项下的"箭头"按钮，在弹出的下拉列表中选择任意选项，可设置所有绘图工具的粗细程度。

（7）"颜色"组："颜色 1"为前景色，用于绘制线条颜色；"颜色 2"为背景色，用于绘制图像填充色。单击"颜色 1"或"颜色 2"选项后，可在颜色块里选择任意颜色。

2.7.4　截图工具

Windows 10 自带截图工具能实现更便捷、简单、清晰、多种形状的截图，既可全屏又可局部截图。

打开方法：在任务栏中的搜索框中输入"截图"。也可以选择"开始"→"所有应用"→"Windows 附件"→"截图工具"菜单命令，弹出如图 2-65 所示的"截图工具"窗口。

图 2-65　"截图工具"窗口

单击"模式"按钮右侧的向下"箭头"按钮，弹出"截图模式"菜单，提供了"任意格式截图""矩形截图""窗口截图""全屏幕截图"四种截图模式，可以截取屏幕上的所有对象，如图片、网页等。

（1）任意格式截图：截取的图像为任意形状。选择"任意格式截图"选项，除截图工具窗口外，屏幕处于一种白色半透明状态，光标变成剪刀形状，按住鼠标左键不放并拖动鼠标，选中的区域可以是任意形状的，同样选中框成红色实线显示，被选中的区域变得清晰。释放鼠标左键，将被选中的区域截取到"截图工具"编辑窗口中。编辑和保存操作与矩形截图方法相同。

（2）矩形截图：矩形截图截取的图形为矩形。

1）选择"矩形截图"选项，除截图工具窗口外，屏幕处于一种白色半透明状态。

2）当光标变成"+"形状时，将光标移到需截图位置，按住鼠标左键不放并拖动鼠标，选中框成红色实线显示，被选中的区域变得清晰。释放鼠标左键，弹出"截图工具"窗口（此处以截取桌面为例），将被选中的区域截取到该窗口中。

3）可以通过菜单栏和工具栏，使用"笔""荧光笔""橡皮擦"等为图片勾画重点或添加备注，或将它通过电子邮件发送出去。

4）执行"文件"→"另存为"命令，可在弹出的"另存为"对话框中保存图片，可将截图另存为 PNG、GIF、JPG 或 MHT 文件。

（3）窗口截图：可以自动截取一个窗口，如对话框。

1）选择"窗口截图"选项，除截图工具窗口外，屏幕处于一种白色半透明状态。

2）当光标变成"小手"形状，将光标移到所需截图窗口，此时该窗口周围出现红色边框，单击，弹出"截图工具"窗口，被截取的窗口将出现在该编辑窗口中。

3）编辑和保存操作与矩形截图方法相同。

（4）全屏幕截图：自动将当前桌面上的所有信息作为截图内容，截取到"截图工具"编辑窗口，然后按照与矩形截图相同的方法进行编辑和保存操作。

2.7.5 计算器

计算器程序在"开始"菜单的所有应用程序列表中，单击后显示图 2-66 所示的"计算器"窗口。计算器有标准型（按输入顺序单步计算）、科学型（按运算顺序复合计算，有多种算术计算函数可用）、程序员（对不同进制数据进行计算）等操作模式，单击左上角的模式切换按钮可以切换。图 2-67 所示为程序员模式窗口。

图 2-66 "计算器"程序窗口

图 2-67 程序员模式窗口

本 章 小 结

本章对 Windows 10 操作系统进行了较系统的介绍。其中，详细介绍了 Windows 10 的发展历史、基本概念、基本操作、文件管理操作、系统设置及管理等；简单介绍了 Windows 10 自带的一些实用工具（如记事本、写字板、画图、截图工具、计算器等）。若要深入学习 Windows 10 操作系统，则还需要参考联机帮助或查阅相关书籍。

习 题

一、单项选择题

1. 最早广泛使用的 PC 操作系统是（   ）。
   A．Windows 95   B．MS-DOS
   C．Unix   D．Linux
2. （   ）公司开发了 Windows 操作系统。
   A．苹果   B．谷歌   C．微软   D．IBM
3. Windows 1.0 发布于（   ）年。
   A．1985   B．1990   C．1995   D．2000
4. Windows 95 引入的一个关键特性是（   ）。
   A．开始菜单   B．文件资源管理器
   C．命令行界面   D．Cortana
5. Windows 系统内，（   ）版本引入了 NTFS 文件系统。
   A．Windows 95   B．Windows 98
   C．Windows NT   D．Windows 2000
6. 在 Windows 10 中访问关机菜单的快捷键是（   ）。
   A．Ctrl+Alt+Delete   B．Alt+F4
   C．Win+X   D．Win+L
7. 下列不是 Windows 10 中的关机选项的是（   ）。
   A．睡眠   B．休眠   C．重启   D．挂起
8. 默认情况下，按下 Windows 10 主机的电源按钮，计算机会（   ）。
   A．立即关机   B．进入睡眠模式
   C．重启   D．注销当前用户
9. 下列选项中，能够访问 Windows 10 中高级启动选项的是（   ）。
   A．通过设置应用   B．在启动过程中按 F8
   C．通过控制面板   D．使用命令提示符
10. Windows 10 中的"快速启动"功能的目的是（   ）。
    A．快速加载常用程序   B．加速启动过程
    C．增强启动时的安全性 D．提高电池寿命

11. Windows 10 中的"任务视图"按钮的用途是（　　）。
    A．切换打开的应用程序　　　　　B．管理虚拟桌面
    C．访问系统设置　　　　　　　　D．打开开始菜单
12. 下列选项中（　　）是 Windows 10 相对于以前版本的新功能。
    A．控制面板　　B．开始菜单　　C．Cortana　　　　D．任务管理器
13. Windows 10 中的 Cortana 是（　　）。
    A．一个文件管理系统　　　　　　B．一个虚拟助手
    C．一个媒体播放器　　　　　　　D．一个安全功能
14. 下列选项中，可以让用户管理通知和快速设置的是（　　）。
    A．任务栏　　　B．控制面板　　C．操作中心　　　　D．开始菜单
15. Windows 10 设置应用的主要用途是（　　）。
    A．管理文件　　　　　　　　　　B．配置系统设置
    C．浏览网页　　　　　　　　　　D．运行诊断
16. 打开 Windows 10 中的文件资源管理器的快捷键是（　　）。
    A．Win+E　　　B．Win+R　　　C．Ctrl+E　　　　　D．Alt+E
17. 如果打开了多个窗口，快速访问桌面的组合键是（　　）。
    A．Win+D　　　B．Win+M　　　C．Alt+D　　　　　D．Ctrl+M
18. 下列用于最小化所有打开的窗口的组合键是（　　）。
    A．Win+L　　　B．Win+M　　　C．Ctrl+Shift+M　　D．Alt+Tab
19. 在 Windows 10 中打开任务管理器的组合键是（　　）。
    A．Ctrl+Alt+Delete　　　　　　　B．Win+X
    C．Ctrl+Shift+Esc　　　　　　　 D．以上全部
20. Windows 10 中的"SnapAssist"功能的作用是（　　）。
    A．截屏　　　　　　　　　　　　B．快速组织打开的窗口
    C．访问系统设置　　　　　　　　D．搜索文件
21. Windows 10 主要使用的文件系统是（　　）。
    A．FAT32　　　B．NTFS　　　　C．ext4　　　　　　D．HFS+
22. Windows 10 中的"回收站"用途是（　　）。
    A．永久删除文件　　　　　　　　B．暂时存储删除的文件
    C．备份重要文件　　　　　　　　D．管理文件权限
23. 不将文件发送到回收站而永久删除文件的组合键是（　　）。
    A．Shift+Delete　　　　　　　　 B．Ctrl+Delete
    C．Alt+Delete　　　　　　　　　D．Delete
24. Windows 10 中用户文档的默认位置是（　　）。
    A．C:\ProgramFiles　　　　　　　B．C:\Windows
    C．C:\Users\用户名\Documents　　D．C:\Users\Public
25. 从回收站还原文件的操作是（　　）。
    A．右键单击文件并选择"还原"　　B．双击文件
    C．将文件拖到桌面　　　　　　　D．单击"清空回收站"

26. 在 Windows 10 中可以在（　　）找到更改屏幕分辨率的选项。
   A．设置>系统>显示　　　　　　B．控制面板>显示
   C．右键单击桌面>屏幕分辨率　　D．以上全部
27. （　　）中可以检查 Windows 更新。
   A．设置>更新和安全>Windows 更新
   B．控制面板>系统和安全>Windows 更新
   C．使用命令提示符
   D．以上全部
28. 下列工具可以用于管理 Windows 10 中磁盘分区的是（　　）。
   A．磁盘管理　　　　　　　　　B．任务管理器
   C．设备管理器　　　　　　　　D．事件查看器
29. 在 Windows 10 中打开设备管理器的方法是（　　）。
   A．Win+X，然后选择设备管理器
   B．控制面板>设备管理器
   C．运行对话框（Win+R），然后键入 devmgmt.msc
   D．以上全部
30. Windows 10 中的"WindowsDefender"的用途是（　　）。
   A．管理用户账户
   B．保护计算机免受恶意软件和病毒的侵害
   C．更新系统驱动程序
   D．优化系统性能
31. 下列工具用于在 Windows 10 中创建和管理备份的是（　　）。
   A．文件历史记录　　　　　　　B．系统还原
   C．任务计划程序　　　　　　　D．磁盘清理
32. 在 Windows 10 中访问控制面板的方法是（　　）。
   A．右键单击开始按钮并选择控制面板
   B．在搜索栏中输入"控制面板"并按 Enter 键
   C．使用运行对话框（Win+R）并键入 control
   D．以上全部
33. 下列工具可以用于在 Windows 10 中自动化任务的是（　　）。
   A．任务计划程序　　　　　　　B．事件查看器
   C．磁盘管理　　　　　　　　　D．设备管理器
34. Windows 10 中的"系统还原"工具的用途是（　　）。
   A．备份文件　　　　　　　　　B．将系统还原到以前的状态
   C．更新系统驱动程序　　　　　D．清理磁盘
35. 在 Windows 10 中打开"运行"对话框的组合键是（　　）。
   A．Win+R　　B．Ctrl+R　　C．Alt+R　　D．Win+E
36. Windows 10 中的"截图工具"的功能是（　　）。
   A．编辑图像　　B．截屏　　C．录制视频　　D．管理文件

37. 下列工具可以管理 Windows 10 中启动程序的是（　　）。
    A．任务管理器　　B．控制面板　　C．设置　　D．文件资源管理器
38. 在 Windows 10 中快速锁定计算机的组合键是（　　）。
    A．Win+L　　B．Win+D　　C．Ctrl+Alt+Delete　　D．Alt+F4
39. Windows 10 中的"磁盘清理"工具的作用是（　　）。
    A．磁盘碎片整理　　　　　　　　B．删除不必要的文件
    C．备份系统　　　　　　　　　　D．更新系统驱动程序
40. 下列工具可以用于查看和管理 Windows 10 中系统日志的是（　　）。
    A．任务计划程序　　　　　　　　B．事件查看器
    C．设备管理器　　　　　　　　　D．磁盘管理
41. 在 Windows 10 中快速打开"设置"应用的组合键是（　　）。
    A．Win+I　　B．Win+S　　C．Win+A　　D．Win+D
42. Windows 10 中可以使用（　　）检查硬盘的健康状况。
    A．磁盘管理　　　　　　　　　　B．任务管理器
    C．设备管理器　　　　　　　　　D．检查磁盘（chkdsk 命令）
43. Windows 10 中的"任务管理器"的用途是（　　）。
    A．管理系统更新　　　　　　　　B．管理运行中的应用程序和进程
    C．备份文件　　　　　　　　　　D．配置系统设置
44. 在 Windows 10 中打开"命令提示符"的方法是。
    A．在搜索栏中输入"cmd"并按 Enter 键
    B．使用运行对话框（Win+R）并键入 cmd
    C．右击开始按钮并选择命令提示符
    D．以上全部
45. 下列工具可以帮助释放 Windows 10 中磁盘空间的是（　　）。
    A．磁盘清理　　　　　　　　　　B．系统还原
    C．任务计划程序　　　　　　　　D．设备管理器
46. Windows 10 中的"文件历史记录"工具的用途是（　　）。
    A．创建文件备份　　　　　　　　B．优化硬盘
    C．监控系统性能　　　　　　　　D．管理启动程序
47. 打开 Windows 10 中的"操作中心"的快捷键是（　　）。
    A．Win+A　　B．Win+S　　C．Win+X　　D．Win+C
48. "WindowsDefender 防火墙"的主要功能是（　　）。
    A．监控网络流量并阻止未经授权的访问
    B．管理用户账户
    C．优化系统性能
    D．更新系统驱动程序
49. 在 Windows 10 中访问"任务计划程序"的方法是（　　）。
    A．在搜索栏中输入"任务计划程序"并按 Enter 键
    B．使用控制面板

  C．使用运行对话框（Win+R）并键入 taskschd.msc
  D．以上全部
50．Windows 10 中的"系统信息"工具提供（ ）。
  A．系统硬件和软件配置的详细信息 B．已安装应用程序列表
  C．系统文件备份 D．磁盘分区管理选项

二、填空题

1．Windows 10 的默认文件系统是_____。
2．Windows 10 中的虚拟助手是_____。
3．Windows 10 中，快捷键_____可以打开文件资源管理器，快捷键_____可以锁定计算机。
4．Windows 10 中的"开始"菜单首次引入于_____版本的 Windows 操作系统。
5．Windows 10 中，管理通知和快速设置的功能称为_____。
6．Windows 10 中，用户文件的默认位置是_____。
7．Windows 10 中的快速启动功能旨在加速_____过程。
8．Windows 10 中的磁盘管理工具用于管理_____。
9．Windows 10 中，可以通过快捷键_____打开"运行"对话框。
10．Windows 10 中的任务视图按钮用于管理_____。
11．Windows 10 的控制面板可以通过快捷键_____打开。
12．Windows 10 中的 WindowsDefender 主要用于保护计算机免受_____的侵害。
13．Windows 10 中的 SnapAssist 功能用于快速_____打开的窗口。
14．Windows 10 中的磁盘清理工具用于删除_____。
15．Windows 10 中，用户可以通过_____来永久删除文件而不经过回收站。
16．Windows 10 中的系统还原功能用于将系统恢复到_____的状态。
17．Windows 10 的任务管理器可以通过快捷键_____打开。
18．Windows 10 中的文件历史记录功能用于创建文件的_____。
19．Windows 10 中的 ActionCenter 快捷键是_____。
20．Windows 10 的高级启动选项可以通过_____访问。
21．Windows 10 的任务计划程序用于_____任务。
22．Windows 10 中的"快速启动"功能可以通过_____设置进行启用或禁用。
23．Windows 10 中的 Cortana 是一个_____。
24．Windows 10 中，_____工具可以用于检查硬盘的健康状况。
25．Windows 10 中的系统信息工具提供系统的_____。
26．Windows 10 的设备管理器可以用于管理计算机的_____。
27．Windows 10 的文件历史记录功能可以通过_____设置访问。
28．Windows 10 中的磁盘管理工具可以通过_____命令打开。
29．Windows 10 中的"回收站"用于临时存储_____。
30．Windows 10 中，快捷键_____可以快速访问桌面。
31．Windows 10 的任务计划程序可以通过_____访问。

32. Windows 10 中，按下_____按钮可以打开开始菜单。
33. Windows 10 中的 Windows Defender Firewall 主要用于监控和阻止未经授权的_____。
34. Windows 10 中，系统设置应用可以通过快捷键_____打开。
35. Windows 10 中的任务管理器主要用于管理运行中的_____。
36. Windows 10 的更新和安全设置可以通过_____访问。
37. Windows 10 中的系统还原点可以通过_____创建。
38. Windows 10 中，_____工具用于自动化定时任务。
39. Windows 10 中的检查磁盘工具的命令是_____。
40. Windows 10 中的文件历史记录工具用于_____文件。

参 考 答 案

一、单项选择题

1～10	B	C	A	A	C	B	D	B	A	B
11～20	B	C	B	C	B	A	A	B	D	B
21～30	B	B	A	C	A	A	A	A	D	B
31～40	A	D	A	B	A	B	A	A	B	B
41～50	A	D	B	D	A	A	A	A	A	D

二、填空题

1. NTFS
2. Cortana
3. Win+E，Win+L
4. Windows 95
5. 操作中心（ActionCenter）
6. C:\Users\用户名\Documents
7. 启动
8. 磁盘分区
9. Win+R
10. 虚拟桌面
11. Win+X
12. 恶意软件和病毒
13. 组织
14. 不必要的文件
15. Shift+Delete
16. 之前
17. Ctrl+Shift+Esc
18. 备份
19. Win+A
20. 设置应用
21. 自动化
22. 电源
23. 虚拟助手
24. 检查磁盘（chkdsk 命令）
25. 硬件和软件配置
26. 设备
27. 设置应用
28. diskmgmt.msc
29. 删除的文件
30. Win+D
31. 控制面板
32. Win
33. 网络流量
34. Win+I
35. 应用程序和进程
36. 设置应用
37. 系统还原
38. 任务计划程序
39. chkdsk
40. 备份

第 3 章　计算机网络基础知识

本章主要内容：
- 计算机网络及其性能指标
- 因特网及其接入方式
- IE 浏览器的设置与使用
- 搜索引擎的设置与使用

3.1　计算机网络及其性能指标

21 世纪的重要特征是数字化、网络化、信息化和智能化，这将是一个以网络为核心的信息时代。目前网络主要有三种类型，即电信网络、有线电视网络和计算机网络，其中计算机网络是核心。计算机网络已经成为信息社会的命脉和经济发展的重要基础，其对政治、经济和社会等产生了巨大影响。

3.1.1　计算机网络的基础知识

1. 计算机网络的定义

计算机网络是现代通信技术与计算机技术结合的产物。计算机网络是为了实现计算机之间的通信和资源共享，通过通信介质和通信协议，将不同地理位置的、独立运行的计算机连接起来的系统。简言之，计算机网络是一些互连的计算机集合。

2. 计算机网络的组成

从逻辑功能上看，计算机网络由资源子网和通信子网两大部分组成，如图 3-1 所示。

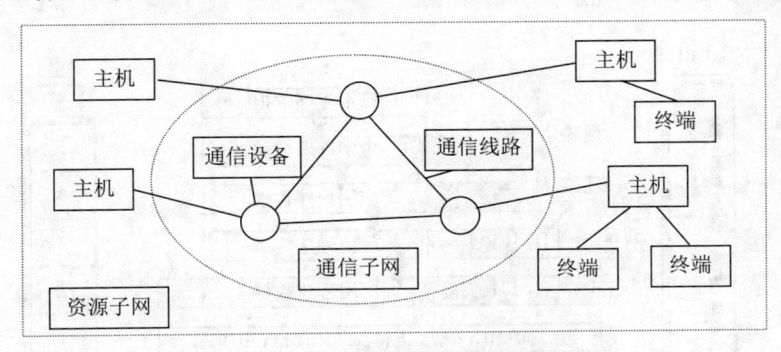

图 3-1　计算机网络的组成

资源子网负责网络数据处理和向用户提供数据资源和服务。如主机、终端、软件等都属于资源子网，其目标是为网络提供数据资源和服务。

通信子网负责网络数据的加工、信号转换和传输等通信工作。如路由器、交换机等通信设备以及各种介质的通信线路都属于通信子网,其目标是保证网络数据的正确、可靠传输。

3. 计算机网络的分类

计算机网络可以从不同的角度分类,如地理覆盖范围、拓扑结构和工作模式等。

根据网络地理覆盖范围,计算机网络分为广域网(WAN)、城域网(MAN)、局域网(LAN)。

根据网络的拓扑结构(物理连接形式),计算机网络分为总线型、星型、树型、环型、网状型和全互联网型,如图3-2所示。

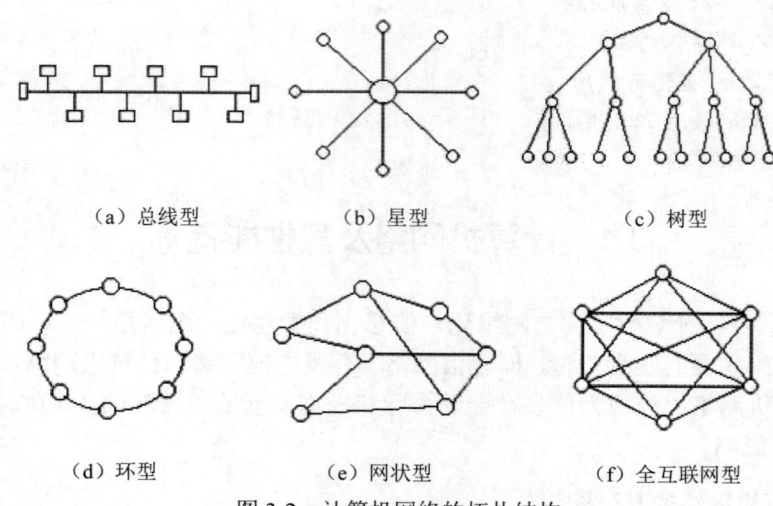

(a)总线型　　(b)星型　　(c)树型

(d)环型　　(e)网状型　　(f)全互联网型

图3-2　计算机网络的拓扑结构

根据网络的工作模式,计算机网络分为客户机/服务器模式和对等模式。

3.1.2　计算机网络的工作原理

计算机网络主机之间的通信是一个复杂的过程,可利用分层实现。分层的主要思想是通过层与层之间提供相应的支撑与服务,把复杂的任务层次化、简单化。计算机网络中两台主机的通信原理如图3-3所示。

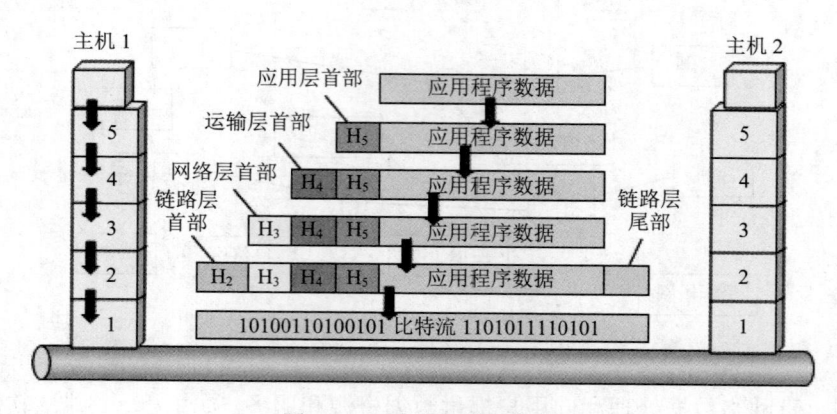

图3-3　两台主机的通信原理

在国际标准化组织(International Organization for Standardization,ISO)制定的开放系统互

连参考模型（Open System Interconnection Reference Model，OSI/RM）中，计算机网络分为 7 层，自下而上为物理层、数据链路层、网络层、运输层、会话层、表示层和应用层。

实际的因特网采用 TCP/IP 协议标准，其把计算机网络分为四层，自下而上为网络接口层（Network Interface，NI）、网际层（Internet Protocol，IP）、传输层（Transmission Control Protocol，TCP）和应用层（Application Layer）。其中，IP 协议和 TCP 协议是因特网的核心协议。

在数据传送过程中，可以形象地理解为有 TCP 和 IP 两个信封，要传递的信息被划分成若干段，在每段塞入一个 TCP 信封，并在该信封封面上记录有分段号的信息，再将 TCP 信封塞入 IP 大信封，IP 大信封类似于传统的书信信封，需要收件人地址、姓名、寄件人地址等，IP 地址相当于邮政编码，根据邮政编码可以到达目的地。信封到达目的地后，可以通过收件人姓名来提交给相应收件人。在接收端，一个 TCP 软件包收集 TCP 信封，抽出数据，并按发送前的顺序还原，并加以校验，若发现差错，则 TCP 要求重发。因此，TCP/IP 在因特网中可以实现数据的高效、可靠传送。IP 协议保障传输的高效，TCP 保障传输的可靠。

3.1.3　计算机网络的性能指标

1. 速率

速率即数据率（Data rate）或比特率（Bit rate），它是计算机网络中的一个重要性能指标。速率的单位有 b/s、kb/s、Mb/s、Gb/s 等。速率往往是指额定速率。

2. 带宽

"带宽"（Bandwidth）本来是指信号具有的频带宽度，即某频带的频率范围（最高频率减去最低频率），单位有赫兹（Hz）、千赫兹（KHz）、兆赫兹（MHz）、吉赫兹（GHz）等。

现在"带宽"是数字信道所能传送的"最高数据率"的同义语，单位是"比特每秒"或 b/s（bit/s），其意义是主机被允许单位每秒注入网络线路的最高数据速率。常用的带宽单位有千比每秒 [kb/s（10^3b/s）]、兆比每秒 [Mb/s（10^6b/s）]、吉比每秒 [Gb/s（10^9b/s）]、太比每秒 [Tb/s（10^{12}b/s）]。

3. 吞吐量

吞吐量（Throughput）表示在单位时间内通过某个网络（或信道、接口）的数据量。

吞吐量经常用于测量现实世界中的网络，以便知道实际通过网络的数据量。吞吐量受网络的带宽或网络的额定速率的限制。

4. 时延

网络时延一般由以下三部分构成。

（1）发送时延取决于带宽，若需要传输的数据一定，则带宽越大，发送速度越高；同理，接收时的时延取决于接收带宽。

（2）处理时延指的是数据在终端或者途中被各种设备转发处理花费的时间。例如，如果途中遇到的路由器处理速度非常低或者网络拥塞，那么处理时延较大。

（3）传输时延是数据在传输线中需要花费的时间，理论上其值等于传输距离除以光速。

5. 信道利用率

信道利用率指出某信道有百分之几的时间被利用（有数据通过）。完全空闲的信道利用率为零。信道利用率并非越高越好。

3.1.4 计算机网络常见概念

1. IP 地址

在因特网中,每台主机与其他主机通信必须有一个唯一合法的网络地址,俗称"IP 地址"。在因特网中,任何进行数据通信的设备都必须有 IP 地址,否则无法通信。

因特网的主流网络层协议是 IPv4(Internet Protocol Version 4,网际协议版本 4),少部分是 IPv6(Internet Protocol Version 6,网际协议版本 6)。IPv4 的 IP 地址有 4 个字节,32 位二进制数,其间每 8 位用"."分隔为四段。为了便于记忆,常把二进制数转换成十进制数,每个数字取值都为 0~255,这种方法称为"点分十进制法",如 10.10.101.108、202.102.230.156、202.192.224.56 等。IPv6 地址有 128 位二进制数,它的优势在于扩展了地址的可用空间。其地址通常写成 8 组,每组 4 个十六进制数的形式。如 AC80:0000:0000:0000:AB80:0000:00C2:0001 是一个合法的 IPv6 地址。截至 2024 年 5 月,我国 IPv6 活跃用户数已达 7.94 亿,约占中国网民的 72.7%。

IP 地址分为内部 IP 和全局 IP,两种 IP 都可以接入因特网。内部 IP 无法直接访问因特网,必须使用网络地址转换(Network Address Translation,NAT)协议将内部 IP 转换为可以访问因特网的全局 IP。内网 IP 分为如下三个网段:A 类 10.0.0.0~10.255.255.255、B 类 172.16.0.0~172.31.255.255、C 类 192.168.0.0~192.168.255.255。全局 IP 是除内部 IP 外的 IP 地址,由因特网服务供应商(Internet Service Provider,ISP)分配给客户端,一般自动获取,也可以手动设置。

2. 域名

在早期网络规模很小时,用 IP 地址访问计算机不是很困难,但随着网络规模的扩大,主机数量呈几何级增长。由于用户无法记住网络中的众多 IP 地址,因此开始使用便于记忆的地址,即"域名"。例如,采用域名 www.hzu.edu.cn 代表惠州学院 Web 站点的 IP 地址 119.146.68.42。

域名采用层次结构,一般含有 3~5 个子段,中间用"."隔开。例如,在 www.hzu.edu.cn 中,最右边的 cn 称为顶级域名,edu 为 cn 下的子域名,hzu 为 edu 下的子域名,www 是惠州学院网站的主机名称。国际域名结构如图 3-4 所示。

常见行业类别顶级域名如下:.com 商业机构;.edu 教育机构;.gov 政府部门;.int 国际组织;.mil 美国军事部门;.net 网络组织;.org 非营利性组织等。常见国家地理顶级域名如下:.ca 加拿大;.cn 中国;.uk 英国;.de 德国;.us 美国;.jp 日本;.ru 俄罗斯等。

域名和 IP 地址通过域名服务器(Domain Name Server,DNS)转换。每台主机的 Cache(高速缓冲存储器)会存储域名到 IP 映射,DNS 工作时,主机 Cache 中没有的域名 IP 映射,向本地域名服务器申请解析。本地域名服务器的 Cache 中存储更多域名到 IP 地址的映射,若没有,则向根域名服务器申请解析。

3. 网络设备

(1)客户机。客户机又称工作站。客户机是指一台计算机连接到局域网上时,其成为局域网的一个客户机。客户机是用户和网络的接口设备,用户通过客户机可以与网络交换信息,共享网络资源。客户机仅为操作该客户机的用户提供服务。

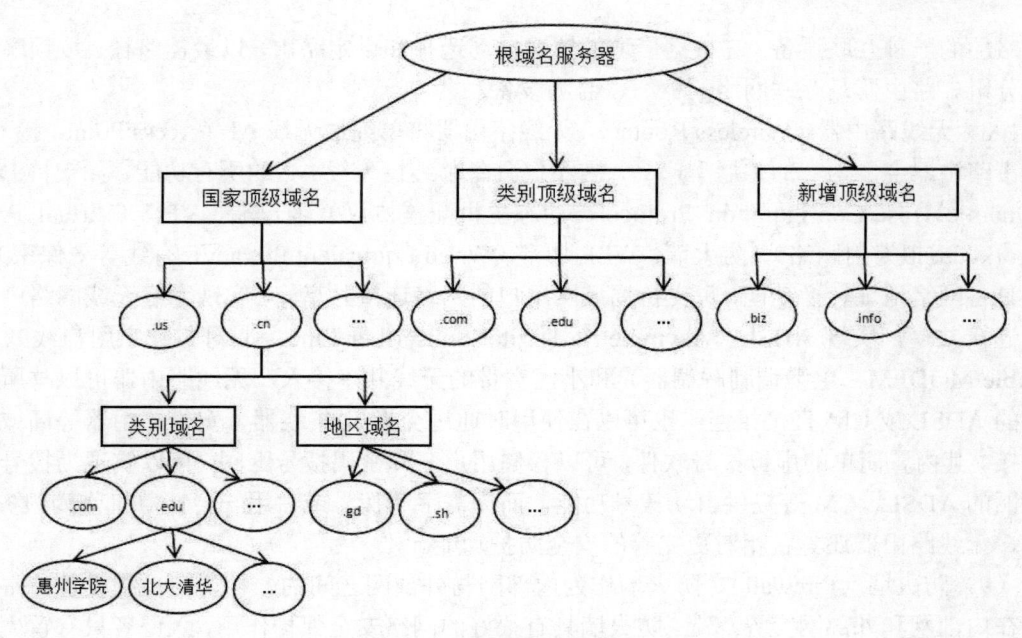

图 3-4 国际域名结构

　　（2）服务器。服务器是整个网络系统的核心，它为网络用户提供服务并管理整个网络，在其上运行的操作系统是网络操作系统。服务器为网络上许多网络用户提供服务以共享资源，如文件服务器、打印服务器和通信服务器等。

　　（3）网络适配器。网络接口卡（Network Interface Card，NIC），简称"网卡"，是计算机或其他网络设备附带的适配器，用于连接计算机和网络间，实现与局域网传输介质之间的物理连接和电信号匹配、帧的发送与接收、帧的封装与拆封、介质访问控制、数据的编码与解码、进行信号的串行/并行转换以及数据缓存功能等。

　　（4）调制解调器。调制解调器（Modulator Demodulator，MODEM），俗称为"猫"，主要用于数字信号和模拟信号的相互转换。调制就是把数字信号转换成电话线上传输的模拟信号，解调就是即把模拟信号转换成数字信号。

　　（5）集线器（Hub）。集线器的主要功能是对接收的信号进行整形放大，以扩大网络的传输距离，同时把所有节点集中在以它为中心的节点上。它工作于 OSI 参考模型第一层，即物理层。集线器与网卡、网线等传输介质相同，属于局域网中的基础设备，采用 CSMA/CD（Carrier Sense Multiple Access with Collision Detection，带冲突检测的载波监听多路访问）介质访问控制机制。

　　（6）交换机（Switch）。交换机的主要功能有物理编址、网络拓扑结构、错误校验、帧序列及流量控制。交换机还具备一些新的功能，如对 VLAN（Virtual Local Area Network，虚拟局域网）的支持、对链路汇聚的支持，有的还具有防火墙功能。交换机按照工作层次可分为三大类：第二层交换机、第三层交换机和第四层交换机。

　　（7）路由器（Router）。路由器是连接因特网中各种异构的局域网、广域网的设备。路由器具有判断网络地址和选择 IP 路径的功能，它能在多网络互联环境中建立灵活的连接，可用完全不同的数据分组和介质访问方法连接各种子网。路由器只接收源站或其他路由器的信息，是网络层的一种互联设备。它根据信道的情况自动选择和设定路由，以最佳路径、按顺序发送数据分组。路由器是互联网络的枢纽、监测设备。

（8）无线路由器（Wireless Router）。无线路由器将单纯性无线 AP（Accss Point，接入点）和宽带路由器合二为一的扩展型产品，它不仅具备单纯性无线 AP 的所有功能，如支持 DHCP（Dynamic Host Configuration Protocol，动态主机配置协议）客户端、VPN（Virtual Private Network，虚拟专用网络）、防火墙、WEP 加密（Wired Equivalent Privacy，有线等效保密）等，而且具备网络地址转换功能，可支持局域网用户的网络连接共享。可实现家庭无线网络中的因特网连接共享，实现 ADSL（Asymmetric Digital Subscriber Line，非对称数字用户线）、CM（Cable MODEM，电缆调制解调器）和小区宽带的无线共享接入。无线路由器可以与所有以太网的 ADSL 或 CM 直接相连，也可以在使用时通过交换机/集线器、宽带路由器等局域网方式连接。其内置简单的虚拟拨号软件，可以存储用户名和密码拨号上网，可以实现为拨号接入因特网的 ADSL、CM 等提供自动拨号功能，而无需手动拨号或占用一台计算机作为服务器。此外，无线路由器还具备相对更完善的安全防护功能。

（9）防火墙（Firewall）。防火墙作为内部网与外部网之间的一种访问控制设备，常安装部署在内部网和外部网交界点上。防火墙具有很好的网络安全保护作用，入侵者只有首先穿越防火墙的安全防线，才能接触目标计算机。防火墙对流经它的网络通信进行扫描，过滤一些攻击，以免其在目标计算机上被执行。防火墙还可以关闭不使用的端口；禁止某些端口的流出通信，封锁特洛伊木马；禁止来自特殊站点的访问，从而防止来自不明入侵者的所有通信。

4. 移动互联网

移动互联网（Mobile Internet，MI）集移动通信和互联网于一体。

移动互联网是一种通过智能移动终端，采用移动无线通信方式获取业务和服务的新兴业态，包含终端层、软件层和应用层。终端层包括智能手机、平板电脑、电子书、MID（Mobile Internet Device，移动互联网设备）等；软件层包括操作系统、中间件、数据库和安全软件等；应用层包括休闲娱乐类、工具媒体类、商务财经类等不同应用与服务。随着技术和产业的发展，LTE（Long Term Evolution，长期演进，4G 通信技术标准之一）和 NFC（Near Field Communication，近场通信，移动支付的支撑技术）等网络传输层关键技术已经成熟，现在 5G 通信技术被纳入移动互联网的范畴。

随着宽带无线接入技术和移动终端技术的飞速发展，随时随地甚至在移动过程中都能方便地从互联网获取信息和服务，移动互联网应运而生并迅猛发展。然而，移动互联网在移动终端、接入网络、应用服务、安全与隐私保护等方面还面临一系列挑战。其基础理论与关键技术的研究对国家信息产业整体发展有重要的现实意义。

3.2 因特网及其接入方式

因特网的出现给传统的思维方式带来了颠覆性的变革，其应用涉及方方面面，主要应用如下。

（1）通信（即时通信、电子邮件、微信等）。

（2）社交（博客、微博、人人网、QQ 空间、论坛等）。

（3）网上贸易（网购、售票、转账汇款等）。
（4）云端化服务（网盘、笔记、资源、云计算等）。
（5）资源的共享化（电子市场、门户资源、论坛资源等、媒体、游戏、信息等）。
（6）服务对象化（互联网电视直播媒体、数据以及维护服务、物联网、网络营销等）。

因特网是全球性网络，是一种公用信息的载体、大众传媒，具有快捷性、普及性，是现今最流行、最受欢迎的传媒。接入因特网是大势所趋，因特网的接入方式有很多，个人家庭用户主要通过拨号连接接入，企业用户主要通过专线接入。

3.2.1 因特网的基础知识

1. Internet、internet 与 Intranet

（1）Internet。Internet 中文名为"因特网"，是专有名词。因特网是世界上最大的互联网，用户数以亿计，互联的网络数以百万计。

（2）internet。internet 是通用名词，泛指一般的互联网，是若干计算机网络通过网络节点连接而成的网络，可理解为"网络的网络"。

（3）Intranet。Intranet 称为企业内部网、内部网、内联网或内网，是一种使用与因特网相同技术的计算机网络。它通常建立在一个企业或组织的内部，并为其成员提供信息的共享和交流等服务，如万维网、文件传输、电子邮件等。Intranet 是因特网技术在企业内部的应用。

2. 我国因特网发展情况

2024年3月22日，我国互联网络信息中心（CNNIC）在京发布第53次《中国互联网络发展状况统计报告》（以下简称"《报告》"）。《报告》显示，截至2023年12月，中国网民规模达10.92亿人，较2022年12月新增网民2480万人，互联网普及率达77.5%。相关数据显示，中国经济总体回升向好态势持续巩固，互联网在推进新型工业化、发展新质生产力、助力经济社会发展等方面发挥重要作用。具体体现在如下几方面：

（1）网络基础设施建设持续加强，服务质量深度优化。

1）网络基础资源不断优化。截至12月，IPv6地址数量为68042块/32；国家顶级域名".CN"数量为2013万个；互联网宽带接入端口数量达11.36亿个。

2）物联网发展提质增速。截至12月，累计建成5G基站337.7万个，覆盖所有地级市城区、县城城区；发展蜂窝物联网终端用户23.32亿户，较2022年12月净增4.88亿户，占移动网终端连接数的比例达57.5%。

3）移动通信网络高质量发展。由5G和千兆光网组成的"双千兆"网络，全面带动智能制造、智慧城市、乡村振兴、文化旅游等各个领域创新发展，为制造强国、网络强国、数字中国建设提供了坚实基础和有力支撑。

（2）网络惠民走深走实，更多人共享互联网发展成果。

1）城乡上网差距进一步缩小。中国农村网络基础设施建设纵深推进，各类应用场景不断丰富，推动农村互联网普及率稳步增长。截至12月，农村地区互联网普及率为66.5%，较2022年12月提升4.6个百分点。

2）群体间数字鸿沟持续弥合。中国对老年人、残疾人乐享数字生活的保障力度显著增强。2577家老年人、残疾人常用网站和App完成适老化及无障碍改造，超过1.4亿台智能手机、智能电视完成适老化升级改造。

3）公共服务类应用加速覆盖。数字技术的发展使公共服务更加便捷与包容，智慧出行、智慧医疗等持续发展让网民数字生活更幸福。网约车、互联网医疗用户规模增长明显，较 2022 年 12 月分别增长 9057 万人、5139 万人，增长率分别为 20.7%、14.2%。

（3）新型消费持续壮大，助推我国经济总体回升向好。

1）文娱旅游消费加速回暖。以沉浸式旅游、文化旅游等为特点的文娱旅游正成为各地积极培育的消费增长点。截至 12 月，在线旅行预订的用户规模达 5.09 亿人，较 2022 年 12 月增长 8629 万人，增长率为 20.4%。

2）国货"潮品"引领消费新风尚。国货"潮品"持续成为居民网购消费重要组成。近半年在网上购买过国货"潮品"的用户占比达 58.3%；购买过全新品类、品牌首发等商品的用户占比达 19.7%。

3. 因特网常见概念

（1）网页。网页是构成网站的基本元素，也是承载各种网站应用的容器。

网页是一个文件，存放于因特网的某部主机中。网页由 HTML（HyperText Mark Language，超文本标记语言）编写，网页文件扩展名为.html 或.htm。网页经由 URL（Uniform Resource Locator，统一资源定位器）标识，网页通过 HTTP（HyperText Transfer Protocol，超文本传输协议）从远地服务器传输至本机，用户再通过网页浏览器显示阅读。

（2）网站。网站是服务平台，企业单位或者个人通过网站发布公开资讯，或者利用网站提供相关网络服务。用户通过网页浏览器访问网站，获取资讯或者享受网络服务。通常从网站空间大小、网站位置、网站连接速度、网站软件配置、网站提供服务等几方面衡量一个网站的性能，最直接的衡量标准是网站的真实流量。

（3）网站空间。简单地讲，网站空间就是存放网站内容的空间，也称虚拟主机空间。无论是对于中小企业还是个人用户来说，拥有自己的网站都不再是一件难事，投资几百元即可以很容易地通过向网站托管服务商租用虚拟主机，建立企业或者个人网站。

（4）Web 1.0（Web，网）（门户时代）。典型特点是信息展示，基本上是一个单向的互动。从 1997 年中国互联网正式进入商业时代到 2002 年这段时间，代表产品有新浪、搜狐、网易等门户网站。

（5）Web 2.0（Social Web，社会网）（搜索/社交时代）。典型特点是更注重用户的交互作用，用户既是网站内容的浏览者，也是网站内容的制造者。Web 2.0 开启了用户生成内容的时代，典型产品有新浪微博、人人网等。

（6）Web 3.0（Semantic Web，语义网）（大互联时代）。典型特点是多对多交互，不仅包括人与人，还包括人机交互以及多个终端的交互。以智能手机为代表的移动互联网开端，在真正的物联网时代盛行。现在只是大互联时代的初期，真正的 Web 3.0 时代一定是基于物联网、大数据和云计算的智能生活时代，能实现"每个个体、时刻联网、各取所需、实时互动"的状态，也是一个在"以人为本"的互联网思维指引下的新商业文明时代。

（7）Web 4.0（Ubiquitous，无所不在的网）。Web 4.0 能通过串联所有智能硬件设备，进入万物互联的时代，实现"互联网+"。Web 4.0 最有利的产品——小程序将应用放在云端，让用户无需下载，即搜即用，用完即走，从而释放用户手机的存储空间，提升手机流畅度、用户体验等。

（8）电子商务。电子商务是指通过计算机网络进行的生产、经营、销售和流通等活动，它不仅指基于因特网进行的交易活动，而且指所有利用电子信息技术解决问题、扩大宣传、降低成本、提升价值和创造商机的商务活动。

电子商务是一种商业模式，它是从业态形式定义的，是与传统商务形式相对应的一个概念。从商业角度来看，电子商务包含 B2C（Business to Customer，企业对消费者）、B2B（Business to Business，企业对企业）、C2C（Consumer to Consumer，消费者对消费者）、O2O（Online to Offline，线上到线下）等模式。一个商业模式的项目一般包括营销、财务结算、仓储物流、人力资源行政等模块。

（9）网上支付。网上支付是电子支付的一种形式，它是通过第三方提供的与银行之间的支付接口进行的即时支付方式。这种方式的好处在于可以直接把资金从用户的银行卡中转账到网站账户中，汇款立即到账，无需人工确认。客户和商家之间可采用信用卡、电子钱包、电子支票和电子现金等电子支付方式进行网上支付，从而节省交易成本。

（10）微营销。微营销是以移动互联网为主要沟通平台，配合传统网络媒体和大众媒体，通过有策略、可管理、持续性的线上线下沟通，建立、转化、强化顾客关系，实现客户价值的一系列过程。

微营销的核心手段是客户关系管理。通过客户关系管理，实现路人变客户、客户变伙伴的过程。微营销的基本模式是拉新（发展新客户）、顾旧（转化老客户）和结盟（建立客户联盟），企业可以根据客户资源情况，使用以上三种模式的一种或多种进行微营销。微营销九种标准动作是吸引过客、归集访客、激活潜客、筛选试客、转化现客、培养忠客、挖掘大客、升级友客、结盟换客。

微营销实际上是一个移动网络微系统，微营销=微博+微视（微电影）+个人微信+二维码+公众平台+公司微商城。微营销整合线上营销和线下营销，线下引流到线上支付，线上引流到线下（实体店面）浏览。

（11）互联网思维。互联网思维是在（移动）互联网、大数据、云计算等科技不断发展的背景下，对市场、对用户、对产品、对企业价值链乃至对整个商业生态重新审视的思考方式。

互联网正在成为现代社会真正的基础设施。互联网不仅是提高效率的工具、构建未来生产方式和生活方式的基础设施，更重要的是互联网思维应该成为我们一切商业思维的起点。

一个网状结构的互联网是没有中心节点的，它不是一个层级结构。虽然不同的点有不同的权重，但没有一个点是绝对的权威。所以，互联网的技术结构决定了它内在的精神，它是去中心化的、分布式的、平等的。

互联网商业模式必然是建立在平等、开放的基础上，互联网思维也必然体现平等、开放的特征。平等、开放意味着民主、人性化。

互联网思维有用户思维、简约思维、极致思维、迭代思维、流量思维、社会化思维、大数据思维、平台思维、跨界思维等。

3.2.2 接入因特网的方式

因特网是世界上最大的国际性网络。只要经过有关管理机构的许可并遵守有关的规定，就可使用 TCP/IP 协议通过互联设备接入因特网。

接入因特网需要向 ISP（Internet Service Provider，因特网服务供应商）提出申请。ISP 的主要服务是因特网接入服务，即通过网络介质把计算机或其他终端设备联入因特网。我国知名 ISP 有中国电信、中国联通、中国移动、中国铁通等数据业务部门。

常见的因特网接入方式有拨号接入方式、专线接入方式、无线接入方式和局域网接入方式，见表 3-1。

表 3-1　因特网接入方式

接入方式	再细分的接入方式
拨号接入方式	1. 普通 MODEM 拨号接入方式（可向本地 ISP 申请） 2. ISDN 拨号接入方式（可向本地 ISP 申请） 3. ADSL 虚拟拨号接入方式（可向本地 ISP 申请）
专线接入方式	1. CM 接入方式（可向广播电视部门申请） 2. DDN 专线接入方式（可向本地 ISP 申请） 3. 光纤接入方式（可向本地 ISP 申请）
无线接入方式	1. GPRS 接入技术（可向本地 ISP 申请） 2. 蓝牙技术和 HomeRF 技术。（可向本地 ISP 申请）
局域网接入方式	1. 有线局域网接入（可向本地网络管理员申请） 2. 无线局域网接入（可向本地网络管理员申请）

1. 拨号接入方式

（1）普通 MODEM 拨号接入方式。有电话线，就可以上网，安装简单。拨号上网时，MODEM 通过拨打 ISP 提供的接入电话号（如 96169,95578 等）接入因特网。缺点：一是其传输速率低（56kb/s），这个是理论上的，而实际的传输速率最多达到 45～52kb/s，上传文件只能达到 33.6kb/s；二是对通信线路质量要求很高，任何线路干扰都会使传输速率下降到 33.6kb/s 以下；三是无法同时上网和打电话。

（2）ISDN 拨号接入方式。综合业务数字网（Integrated Services Digital Network，ISDN）能在一根普通的电话线上提供语音、数据、图像等综合业务，可以供两部终端（如一台电话、一台传真机）同时使用。ISDN 拨号上网速度高，它提供两个 64kb/s 的信道用于通信，用户可同时在一条电话线上打电话和上网，或者以最高 128kb/s 的传输速率上网，当有电话打入或打出时，可以自动释放一个信道以接通电话。

（3）ADSL 虚拟拨号接入方式。ADSL（Asymmetrical Digital Subscriber Line，非对称数字用户环路）是一种通过普通电话线提供宽带数据业务的技术，它具有下行速率高、频带宽、性能好、安装方便、不需要缴纳电话费等优点，成为继 Modem、ISDN 之后的又一种全新的高效接入方式。

ADSL 虚拟拨号接入方式的最大特点是不需要改造信号传输线路，完全可以利用普通铜质电话线作为传输介质，配上专用的 MODEM 即可实现数据高速传输。ADSL 支持上行速率 640kb/s～1Mb/s，下行速率 1Mb/s～8Mb/s，其有效的传输距离为 3～5km。

在 ADSL 虚拟拨号接入方式中，每个用户都有单独的一条线路与 ADSL 终端相连，它的结构可以看作星形结构，数据传输带宽是由每个用户独享的。

2. 专线接入方式

（1）Cable MODEM（线缆调制解调器）接入方式。Cable MODEM 利用现成的有线电视（CATV）网进行数据传输，是比较成熟的一种技术。由于有线电视网采用的是模拟传输协议，因此网络需要用一个 MODEM 协助完成数字数据的转化。Cable MODEM 与以往 MODEM 的原理都是将数据进行调制后，在 Cable 的一个频率范围内传输，接收时进行解调，传输机理与普通 MODEM 相同，不同之处在于它是通过 CATV 的某个传输频带进行调制解调的。

Cable Modem 连接方式可分为两种：对称速率型和非对称速率型。前者的上传速率和下载速率相同，都为 500kb/s～2Mb/s；后者的数据上传速率为 500kb/s～10Mb/s，数据下载速率为 2Mb/s～40Mb/s。

采用 Cable MODEM 上网的缺点：由于 Cable MODEM 模式采用总线型网络结构，因此网络用户共同分享有限带宽；另外，购买 Cable MODEM 和初装费不低，这些都阻碍了 Cable MODEM 接入方式在国内的普及。但是，它的市场潜力是很大的，毕竟中国 CATV 网已成为世界第一大有线电视网。随着有线电视网的发展，通过 Cable MODEM 利用有线电视网访问因特网成为更多人接受的一种高速接入方式。但 Cable MODEM 技术主要是在广电部门原有线电视线路上进行改造时采用，将此方式的成本与新兴宽带运营商的社区建设的成本比较没有意义。

（2）DDN（Digital Data Network，数字数据网）专线接入方式。DDN 是随着数据通信业务发展而迅速发展起来的一种新型网络。DDN 的主干网传输媒介有光纤、数字微波、卫星信道等，用户端多使用普通电缆和双绞线。DDN 将数字通信技术、计算机技术、光纤通信技术以及数字交叉连接技术有机结合，提供高速度、高质量的通信环境，可以向用户提供点对点、点对多点透明传输的数据专线出租电路，为用户传输数据、图像、声音等信息。DDN 的通信速率可根据用户需要选择 $N×64$kb/s（$N=1～32$），当然速度越高租用费用越高。

用户租用 DDN 业务需要申请开户。DDN 收费一般可以采用包月制和计流量制，这与一般用户拨号上网的按时计费方式不同。由于 DDN 的租用费较高，普通个人用户负担不起，因此 DDN 主要面向集团公司等需要综合运用的单位。

（3）光纤接入方式。PON（Passive Optical Network，无源光网络）技术是一种点对多点的光纤传输和接入技术，下行采用广播方式，上行采用时分多址方式，可以灵活地组成树型、星型、总线型等拓扑结构，在光分支点不需要节点设备，只需安装一个简单的光分支器即可，具有节省光缆资源、带宽资源共享、节省机房投资、设备安全性高、建网速度快、综合建网成本低等优点。

3. 无线接入方式

（1）GPRS（General Packet Radio Service，通用分组无线业务）接入方式。GPRS 是一种新的分组数据承载业务。下载资料和通话可以同时进行。目前 GPRS 达到 115kb/s，是常用 56kb/s MODEM 理想速率的两倍。

（2）蓝牙技术与 HomeRF（Home Radio Frequency，家庭射频）技术。蓝牙技术：10m 左右的短距离无线通信标准，用来设计在便携式计算机、移动电话以及其他的移动设备之间，建立一种小型、经济、短距离的无线链路。

HomeRF 主要为家庭网络设计，采用 IEEE 802.11 标准构建无线局域网，能满足未来家庭宽带通信。

4. 局域网接入方式

局域网接入方式一般可以采用 NAT 或代理服务器技术，让局域网内部用户访问因特网。家庭用户或中小企业用户接入因特网可采用该方式。

3.2.3 创建连接

1. IP 地址的设置

接入因特网必须有唯一的 IP 地址，无论是内部 IP 还是全局 IP。IP 地址的获取方式有两种，一种为通过 DHCP 服务器分配自动获取，另一种为手动设置。

（1）自动获取 IP。右击桌面上的"网络"（或者双击控制面板中的"网络"），在弹出的快捷菜单中选择"属性"选项，弹出"网络和共享中心"窗口，如图 3-5 所示，单击"查看活动网络"栏中的"本地连接"，选择"常规"→"属性"→"Internet 协议版本 4（TCP/IPv4）"→"属性"选项。在"Internet 协议版本 4（TCP/IPv4）属性"窗口中选择"自动获得 IP 地址"和"自动获得 DNS 服务器地址"单选项即可。

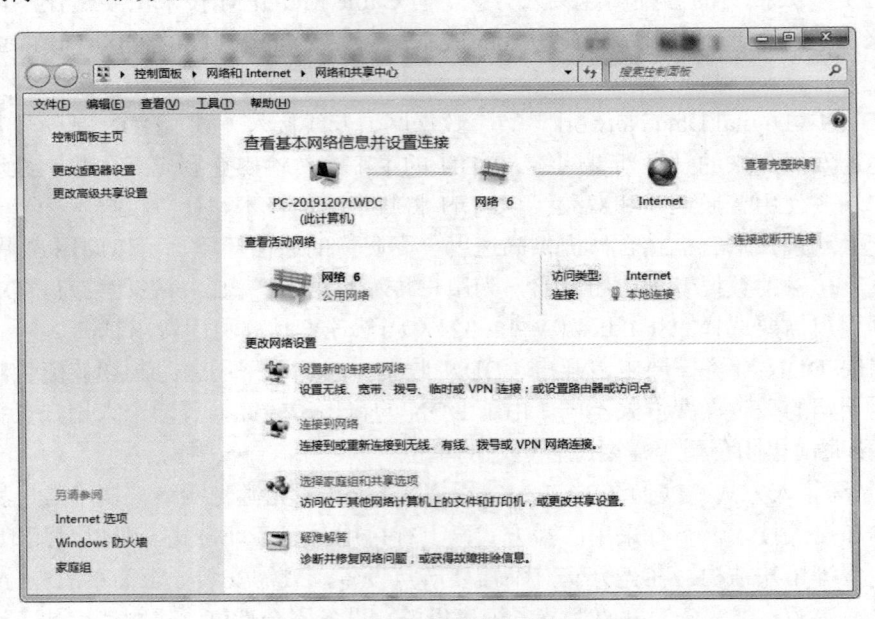

图 3-5 "网络和共享中心"窗口

（2）手动设置 IP。右击桌面上的"网络"（或者双击控制面板中的"网络"），在弹出的快捷菜单中选择"属性"→"查看活动网络"→"本地连接"选项，选择"常规"→"属性"→"Internet 协议版本 4（TCP/IPv4）"→"属性"选项。例如在图 3-6 所示的"Internet 协议版本 4（TCP/IPv4）属性"对话框中选择"使用下面的 IP 地址"和"使用下面的 DNS 服务器地址"单选项，并进行相应设置，如 IP 为 192.168.1.X（X 为 1~254 之间的任何数），子网掩码为 255.255.255.0。

网关：若主机和网络设备直接相连，属于同一网段，则无需设置网关，否则需要设置。

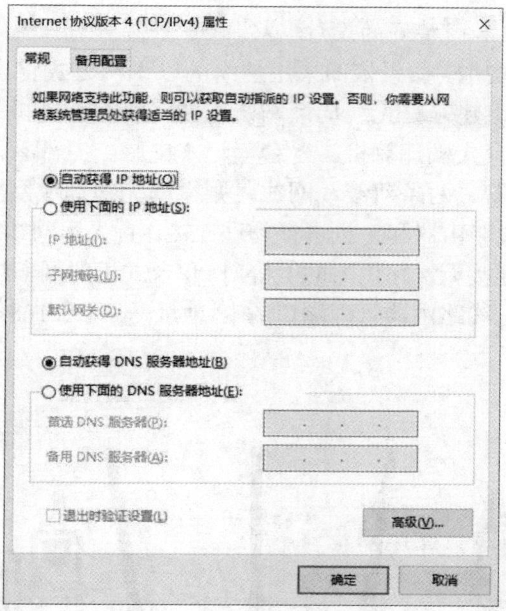

图 3-6　IP 设置对话框

DNS：若客户端使用 IP 地址直接访问网络设备，则无需设置 DNS，否则需要设置。
可根据 ISP 提供的信息设置 IP 地址、子网掩码、网关、DNS。

2. ADSL 创建宽带连接

在图 3-5 中，单击"更改网络设置"栏中的"设置新的连接或网络"选项，在弹出的"设置连接或网络"窗口中选择"连接到 Internet"选项，单击"下一步"按钮，选择"宽带 PPPoE"选项，单击"下一步"按钮，弹出"键入你的 Internet 服务提供商（ISP）提供的信息"窗口，根据 ISP 提供的账号和密码输入，如图 3-7 所示。

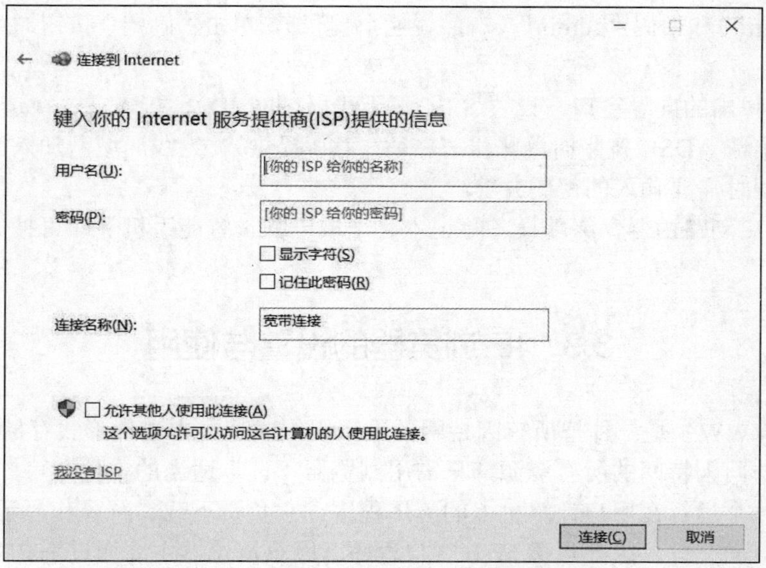

图 3-7　拨号连接、宽带连接的创建

3. 家庭无线局域网接入因特网的设计

随着家庭移动终端的增加，如果依旧采用传统的以太网方式将多终端接入以太网，就会带来诸多不便。因此，需要组建家庭无线局域网，方便将所有计算机及终端接入因特网。

假设，某家庭有一台台式机计算机、一台笔记本电脑、三部智能手机、一个 TP-LINK 无线路由器、一个调制解调器、两条双绞线网线，则家庭无线局域网的组建步骤如下。

（1）将 Modem、无线路由器和主机进行物理连接。首先用网线连接 Modem 和无线路由器的 WAN 口，然后用网线连接无线路由器的 LAN 口和台式机的网卡接口，如图 3-8 所示。

（2）确定 TP-LINK 无线路由器管理端口的 IP 地址——192.168.1.1，详见产品使用说明书。

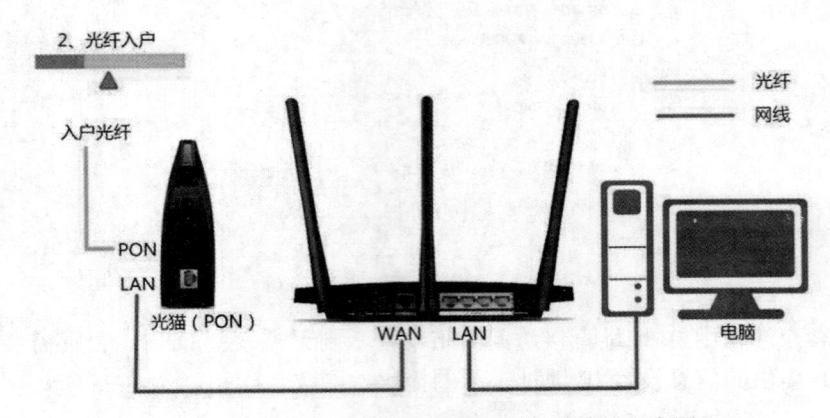

图 3-8 Modem、无线路由器和主机的连接示意图

（3）在图 3-6 所示的"Internet 协议版本 4（TCP/IPv4）属性"窗口中，手动设置 IP 地址为 192.168.1.X（X 为 2~254 的数，与无线路由器的管理 IP 在同一网段但不能相同），子网掩码为 255.255.255.0，无需设置网关和 DNS。

（4）打开 IE，在地址栏输入 http://192.168.1.1，在弹出的"账号、密码输入"窗口中，输入账号"admin"和密码"admin"（产品说明书提供），单击"确定"按钮即可访问路由器管理界面。

（5）根据弹出的向导窗口，设置 SSID（无线局域网 ID）、接入方式（选择 PPPoE）、宽带帐号密码（申请 ADSL 宽带时的帐号、密码，ISP 提供）、无线局域网加入密码（终端设备加入无线局域网时需要输入的密码）等。

（6）重新启动路由器，终端设备笔记本、平板电脑、智能手机等即可搜索并加入该无线局域网。

3.3 IE 浏览器的设置与使用

万维网（WWW）是一种把所有因特网的数据组织成超文本文件形式存储的分布式系统。通过全球网能访问因特网的所有资源，只需用浏览器"读"适当的文件即可。

浏览器是一个运行在用户计算机上的应用程序，它负责下载、解释和显示 Web 页面，并让用户与这些页面交互，因此也称 Web 客户程序。网页浏览器主要通过 HTTP 协议与网页服务器交互并获取网页。大部分浏览器本身除支持.HTM、.HTML 之外，还支持 JPEG、PNG、

GIF 等图像格式，并且能够扩展支持众多插件（Plug-ins）。另外，许多浏览器还支持其他 URL 类型及其相应的协议，如 FTP、Gopher、HTTPS（HTTP 协议的加密版本）。

常见的网页浏览器有 Microsoft Edge、Microsoft IE、火狐、傲游、谷歌浏览器、360 浏览器、搜狗浏览器、腾讯浏览器、UC 浏览器等。

3.3.1 IE 浏览器的设置

IE（Internet Explorer）是 Windows 操作系统内置的 Web 浏览器。IE 的常见设置主要通过选择"工具"→"Internet 选项"菜单命令完成。

1. 默认主页的设置

在"Internet 选项"对话框"常规"选项卡的"主页"栏中输入设置的域名，单击"确定"按钮。如图 3-9 所示，设置 http://10.10.101.108/主页为默认主页，以后打开 IE 就是惠州学院学习平台的主页。

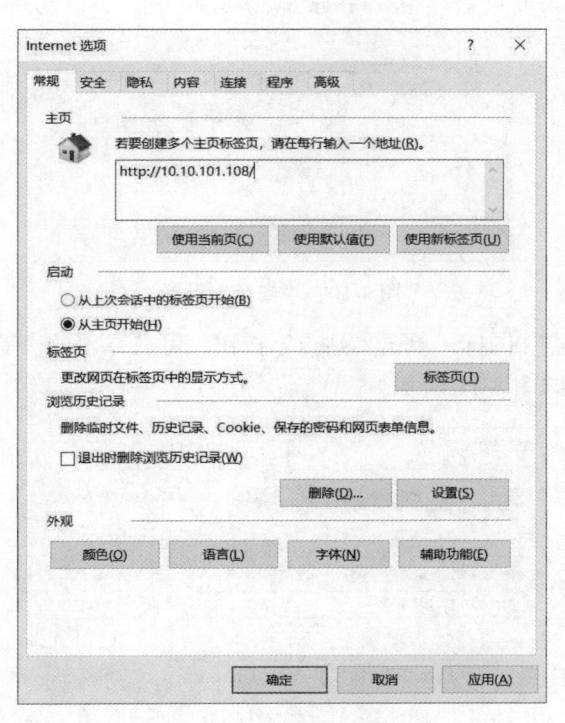

图 3-9 Internet 选项

2. 历史记录的设置

在"Internet 选项"对话框"常规"选项卡的"浏览历史记录"栏中单击"删除"按钮，可在弹出的对话框中删除历史记录。单击"浏览历史记录"栏中的"设置"按钮，可设置历史记录保存时间位置等。

如果硬盘空间有限或者保护隐私，则可进行删除或设置操作。

3. 安全级别的设置

在"Internet 选项"对话框"安全"选项卡下，单击"Internet"图标，单击"自定义级别"按钮，即可设置 IE 浏览器浏览网页的安全级别，级别越高越安全，但是浏览网页时受限制越多，反之亦然，如图 3-10 所示。

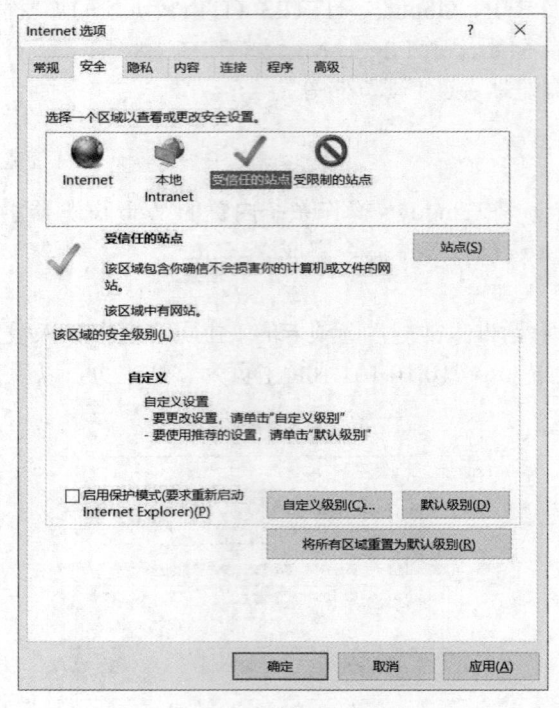

图 3-10 "安全"设置

单击"受信任的站点"图标，单击"站点"按钮，可在弹出的"受信任的站点"对话框中设置限制访问的站点，如图 3-11 所示。

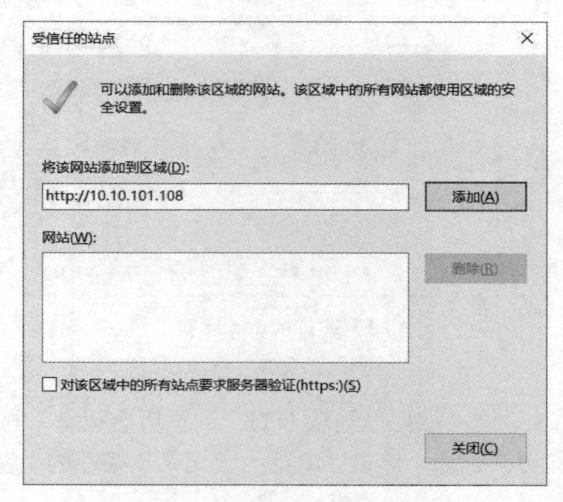

图 3-11 "受信任的站点"对话框

4. 代理的设置

代理服务器（Proxy Server）的功能是代理网络用户取得网页文件。形象地说，它是网络信息的中转站。在一般情况下，使用网络浏览器直接连接其他因特网站点取得网络信息时，直接联系到目的站点服务器，然后由目的站点服务器把信息传送回来。代理服务器是介于浏览器与 Web 服务器之间的另一台服务器，有了它，浏览器不是直接到 Web 服务器取回网页，而是向代理服务器发出请求，先将该请求发送到代理服务器，代理服务器取回浏览器所需信息并传送给客户浏览器。

在"Internet 选项"对话框的"连接"选项卡下单击"局域网设置"按钮，弹出"局域网（LAN）设置"对话框，如图 3-12 所示，输入代理服务器的 IP 地址和端口号。代理服务器的 IP 地址和端口可通过百度搜索获取。

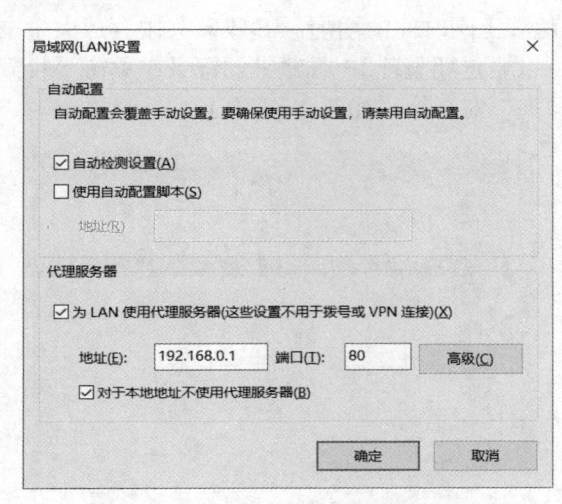

图 3-12　"局域网（LAN）设置"对话框

3.3.2　IE 浏览器的使用

1. 收藏夹的使用

收藏夹是上网时的有利助手，帮助记录常用的网站。

（1）把网页添加到收藏夹。

方法一：直接添加。打开收藏的页面，单击"收藏"→"添加到收藏夹"菜单命令，在弹出的对话框中为网页输入一个容易记忆的名称，单击"添加"按钮可选择网页收藏的路径。如果打算把网址收藏在新的文件夹中，则单击"新建文件夹"按钮，输入文件夹名称，单击"确定"按钮。如图 3-13 所示。

图 3-13　添加到收藏夹

方法二：右键添加。在当前网页的空白处右击，在弹出的快捷菜单中选择"添加到收藏夹"选项，再按方法一进行操作。

方法三：组合键添加。按 Ctrl+D 组合键也可弹出"添加到收藏夹"对话框，而且使用这种方法更加快捷。

方法四：网页链接添加。如果打算把网页中的一些网页链接添加到收藏夹，则不必打开链接，直接用鼠标指向有关链接网址并右击，在弹出的快捷菜单中选择"添加到收藏夹"选项即可。

（2）整理收藏夹。随着上网时间的增加，IE 收藏夹中存放大量网页地址，不但查找时间长，而且管理不方便，所以要定期整理 IE 收藏夹的记录：单击"收藏"→"整理收藏夹"菜单命令，弹出"整理收藏夹"对话框，如图 3-14 所示。

图 3-14 "整理收藏夹"对话框

该对话框四个按钮的作用如下。

新建文件夹：利用新建的文件夹管理收藏的网址，整齐有序、查找方便。

移动：把网址收藏到对应的文件夹中，便于管理。

重命名：重新命名复杂的网址，便于记忆。

删除：删除无用的网址。

2. "历史"的使用

"历史"可帮助用户快速访问最近浏览的网页。

单击"常用"工具栏上的"历史"按钮，在 IE 浏览器左侧出现"历史记录"小窗口，其中保存最近浏览的页面链接。

如果不希望他人通过 IE 历史记录追查网上"行踪"，则单击"Internet 选项"→"浏览历史记录"→"设置"按钮，将网页的保存天数设置为 0。

3. 脱机浏览的使用

脱机浏览就是让计算机在断开网络的情况下，仍然可以浏览打开过的页面。

操作方法：单击"文件"→"脱机工作"菜单命令，再单击"常用"工具栏上的"历史"按钮，在弹出的"历史记录"小窗口，选取在线浏览的页面。

4．页面的保存和打印

保存网页：单击"文件"→"另存为"菜单命令，在弹出的"另存为"对话框中选择保存的位置和类型，输入保存的文件名称，单击"确定"按钮。

打印网页：单击"文件"→"打印"菜单命令，在弹出的"打印"对话框中设置相关打印参数，单击"确定"按钮。

3.4 搜索引擎的设置与使用

没有因特网的时代，碰到问题困难的第一反应是找专家、权威、书籍、资料，而如今的第一反应是找搜索引擎（Search Engine）。

搜索引擎是指根据一定的策略、运用特定的计算机程序搜集互联网上的信息，组织和处理信息后，为用户提供检索服务的系统。

从使用者的角度看，搜索引擎提供一个包含搜索框的页面，在搜索框输入词语，通过浏览器提交给搜索引擎后，搜索引擎返回与用户输入内容相关的信息列表。

信息查询的基本技巧如下。

（1）简单查询。在搜索引擎中输入关键词，然后单击"搜索"按钮即可，系统很快返回查询结果。这是最简单的查询方法，使用方便，但是查询结果不准确，可能包含许多无用的信息。

（2）使用双引号（" "）。给要查询的关键词加上双引号（半角，以下要加的其他符号同此），可以实现精确查询。这种方法要求查询结果要精确匹配，不包括演变形式。例如在搜索引擎中输入"电传"表示返回网页中含有"电传"关键字的网址，而不会返回"电话传真"等相关网页。

（3）使用加号（+）。在关键词的前面使用加号，就等于告诉搜索引擎该单词必须出现在搜索结果中的网页上。例如，在搜索引擎中输入"+电脑+电话+传真"表示要查找的内容要同时包含电脑、电话、传真三个关键词。

（4）使用减号（-）。在关键词的前面使用减号，其作用是在查询结果中不能出现该关键词。例如，在搜索引擎中输入"电视台-中央电视台"表示最后的查询结果中一定不包含"中央电视台"。

（5）通配符（*和?）。通配符包括星号（*）和问号（?），"*"表示匹配的字符数量不受限制，"?"表示匹配的字符数为1，主要用在英文搜索引擎中。例如输入 computer*可以找到 computer、computers、computerised、computerized 等单词，而输入 comp?ter 只能找到 computer、compater、competer 等单词。

（6）filetype。filetype 用于搜索特定文件格式。若输入"filetype:pdf 惠州学院"，则可以搜索关于"惠州学院"的 PDF 文件。

本 章 小 结

本章主要介绍了计算机网络的基础知识、计算机网络的工作原理、计算机网络的性能指标、计算机网络的常见概念、因特网的基础知识、接入因特网的方式、IE 浏览器的使用。若要深入学习计算机基础知识，则还需要查阅相关书籍。

习　题

一、单项选择题

1. 以下关于计算机网络叙述正确的是（　　）。
   A．受地理约束　　　　　　　　　B．不能实现资源共享
   C．不能远程信息访问　　　　　　D．不受地理约束、实现资源共享、远程信息访问
2. 下列有关计算机网络叙述错误的是（　　）。
   A．利用因特网可以使用远程的超级计算中心的计算机资源
   B．计算机网络是在通信协议控制下实现的计算机互联
   C．建立计算机网络的主要目的是实现资源共享
   D．按接入的计算机数量可以将网络划分为广域网、城域网和局域网
3. TCP/IP 协议是因特网中计算机之间通信必须共同遵循的一种（　　）。
   A．信息资源　　　B．通信规定　　　C．软件　　　　　D．硬件
4. 为了以拨号的方式接入因特网，必须使用的设备是（　　）。
   A．Modem　　　　B．网卡　　　　　C．电话机　　　　D．声卡
5. 电子邮件地址的一般格式为（　　）。
   A．用户名@域名　　　　　　　　　B．域名@用户名
   C．IP 地址@域名　　　　　　　　 D．域名@IP 地址名<mailto：域名@IP 地址名>
6. POP3 服务器用来（　　）邮件。
   A．接收　　　　　B．发送　　　　　C．接收和发送　　D．以上均错
7. 因特网上不同网络和不同计算机相互通信的基础是（　　）协议。
   A．HTTP　　　　 B．IPX　　　　　C．X.25　　　　　D．TCP/IP
8. 某台计算机的 IP 地址为 132.121.100.001，其属于（　　）网。
   A．A 类　　　　　B．B 类　　　　　C．C 类　　　　　D．D 类
9. 建立计算机网络的主要目的是实现计算机资源共享。计算机资源主要指计算机（　　）。
   A．软件与数据库　　　　　　　　　B．服务器、工作站与软件
   C．硬件、软件与数据　　　　　　　D．通信子网与资源子网
10. 调制解调器的主要功能是（　　）。
    A．模拟信号放大　　　　　　　　　B．数字信号整形
    C．模拟信号与数字信号转换　　　　D．数字信号编码
11. 下列关于网络协议叙述正确的是（　　）。
    A．是网民们签定的合同
    B．协议就是为了网络信息传递共同遵守的约定
    C．TCP/IP 协议只能用于因特网，而不能用于局域网
    D．拨号网络对应的协议是 IPX/SPX

12. 下列 IP 地址合法的是（   ）。
    A．202:196:112:50   B．202、196、112、50
    C．202，196，112，50   D．202.196.112.50
13. 在因特网中，主机的 IP 地址与域名的关系是（   ）。
    A．IP 地址是域名中部分信息的表示   B．域名是 IP 地址中部分信息的表示
    C．IP 地址和域名是等价的   D．IP 地址和域名分别表达不同含义
14. 计算机网络的突出优点是（   ）。
    A．运算速度高   B．联网的计算机能够相互共享资源
    C．计算精度高   D．内存容量大
15. 下列关于因特网的说法不正确的是（   ）。
    A．因特网是全球性的国际网络   B．因特网起源于美国
    C．通过因特网可以实现资源共享   D．因特网不存在网络安全问题
16. LAN 通常是指（   ）。
    A．广域网   B．局域网
    C．子源子网   D．城域网
17. www.zzu.edu.cn 是因特网中主机的（   ）。
    A．硬件编码   B．密码   C．软件编码   D．域名
18. 中国的顶级域名是（   ）。
    A．cn   B．ch   C．chn   D．china
19. 默认的 HTTP 端口是（   ）。
    A．21   B．23   C．80   D．8080
20. IPv4 地址由（   ）位二进制数组成。
    A．16   B．32   C．64   D．128
21. HTML 是指（   ）。
    A．超文本标记语言   B．超文本文件
    C．超媒体文件   D．超文本传输协议
22. IE 浏览器的本质是一个（   ）。
    A．连入因特网的 TCP/IP 程序
    B．连入因特网的 SNMP 程序
    C．浏览因特网上 Web 页面的服务器程序
    D．浏览因特网上 Web 页面的客户程序
23. 要在 IE 中返回上一页，应该（   ）。
    A．单击"后退"按钮   B．按 F4 键
    C．按 Delete 键   D．按 Ctrl+D 组合键
24. 要想在 IE 中看到最近访问的网站的列表，可以（   ）。
    A．单击"后退"按钮
    B．按 BackSpace 键
    C．按 Ctrl+F 组合键
    D．单击"标准按钮"工具栏上的"历史"按钮

25．在因特网上搜索信息时，下列说法不正确的是（　　）。
    A．windows and client 表示检索结果必须同时满足 windows 和 client 两个条件
    B．windows or client 表示检索结果只需满足 windows 和 client 中的一个条件即可
    C．windows not client 表示检索结果中不能含有 client
    D．windows client 表示检索结果中含有 windows 或 client
26．当登录在某网站注册的邮箱时，页面上的"发件箱"文件夹一般保存（　　）。
    A．已经抛弃的邮件　　　　　　　　B．已经撰写好但还没有发送的邮件
    C．包含不合时宜想法的邮件　　　　D．包含有不礼貌（outrageous）语句的邮件
27．下面（　　）是 FTP 服务器的地址。
    A．http://192.163.113.23　　　　　B．ftp://192.168.113.23
    C．www.sina.com.cn　　　　　　　D．c:\windows
28．在 CuteFTP 中，一个文件中断后断点续传的次数是（　　）。
    A．1 次　　　　B．2 次　　　　C．3 次　　　　D．不限制
29．匿名 FTP 的用户名和密码是（　　）。
    A．Guest，本机密码　　　　　　　B．Anonymous，自己的 E-mail 地址
    C．Public，000　　　　　　　　　D．Scott，自己邮箱的密码
30．当电子邮件在发送过程中有误时，（　　）。
    A．电子邮件服务器自动删除有误的邮件
    B．邮件丢失
    C．电子邮件服务器退回原邮件，并给出不能寄达的原因
    D．电子邮件服务器退回原邮件，但不给出不能寄达的原因
31．局域网的网络硬件设备主要包括服务器、客户机、网络适配器、集线器和（　　）。
    A．网络拓扑结构　　　　　　　　　B．传输介质
    C．网络协议　　　　　　　　　　　D．路由器及网桥
32．使用匿名 FTP 的正确含义是（　　）。
    A．免费文件下载　B．不需要文字　C．用化名　　　　D．非法使用文件
33．如果计算机没有打开，则电子邮件（　　）。
    A．退回给发信人　　　　　　　　　B．保存在 ISP 服务器
    C．对方等一会儿再发　　　　　　　D．发生丢失，永远收不到
34．主机域名 www.xjnzy.edu.cn 由四个子域组成，其中（　　）表示最低层域。
    A．www　　　　B．edu　　　　C．xjnzy　　　　D．cn
35．电子邮件与传统的邮件相比，最大特点是（　　）。
    A．速度高　　　B．价格低　　　C．距离大　　　　D．传输量大
36．调制解调器的作用是（　　）。
    A．防止计算机病毒进入计算机　　　B．转换数字信号和模拟信号
    C．把声音送入计算机　　　　　　　D．把声音传出计算机
37．HTML 的正式名称为（　　）。
    A．主要作语言　　　　　　　　　　B．超文本标记语言
    C．WWW　　　　　　　　　　　　D．因特网编程应用语言

38. 在收发电子邮件的过程中，有时收到的电子邮件有乱码，其原因是（　　）。
    A．图形图像信息与文字信息的干扰　　B．声音信息与文字信息的干扰
    C．含计算机病毒　　　　　　　　　　D．汉字编码不统一
39. IP 地址由一组（　　）二进制数组组成。
    A．8 位　　　　B．16 位　　　　C．32 位　　　　D．64 位
40. 为了连入因特网，以下（　　）是不必要的。
    A．一根电话线　　　　　　　　　　　B．一台调制解调器
    C．一个 Interner 账号　　　　　　　　D．一台打印机
41. 下面工具软件中，（　　）是用来下载软件的。
    A．Winzip　　　B．Winamp　　　C．网际快车　　　D．杀毒软件
42. 在计算机网络中，表示数据传输可靠性的指标是（　　）。
    A．传输率　　　B．误码率　　　C．信息容量　　　D．频带利用率
43. 在因特网上，访问 Web 信息时使用浏览器，下列（　　）是常用的 Web 浏览器。
    A．Internet Explorer　　　　　　　　　B．Outlook Express
    C．Yahoo　　　　　　　　　　　　　　D．FrontPage
44. 域名中的后缀 .gov 表示机构所属类型为（　　）。
    A．军事机构　　B．政府机构　　C．教育机构　　D．商业公司
45. 为了在因特网上正确通信，为每台网络设备和主机分配了唯一的地址，该地址由数字组成并用小数点分隔开，它称为（　　）。
    A．WWW 服务器地址　　　　　　　　B．TCP 地址
    C．WWW 客户机地址　　　　　　　　D．IP 地址
46. 关于电子邮件，下列说法错误的是（　　）。
    A．发送电子邮件需要 E-mail 软件支持
    B．发件人必须有自己的 E-mail 账号
    C．收件人必须有自己的邮政编码
    D．必须知道收件人的 E-mail 地址
47. 关于"链接"，下列说法正确的是（　　）。
    A．链接指用线路将约定的设备连通
    B．链接将指定的文件与当前文件合并
    C．单击链接就会转向链接指向的地方
    D．链接为发送电子邮件做好准备
48. 电子邮件是因特网应用广泛的服务项目，通常采用的传输协议是（　　）。
    A．SMTP　　　　B．TCP/IP　　　C．CSMA/CD　　　D．IPX/SPX
49. 网络传输介质中，传输速率最高的是（　　）。
    A．双绞线　　　B．同轴电缆　　C．光缆　　　　D．电话线
50. E-mail 地址格式为 username@hostname，其中 hostname 为（　　）。
    A．用户地址名　B．某公司名　　C．ISP 主机的域名　D．某国家名
51. 因特网的基本结构与技术起源于（　　）。
    A．DECnet　　　B．ARPANET　　C．NOVELL　　　D．UNIX

52. 在计算机网络中，所有计算机都连接到一个中心节点上，一个网络节点需要传输数据，首先传输到中心节点上，然后由中心节点转发到目的节点，这种连接结构称为（　　）。

  A．总线型结构   B．环型结构

  C．星型结构   D．网状型结构

53. 交换式局域网的核心设备是（　　）。

  A．中继器   B．局域网交换机

  C．集线器   D．路由器

54. 常用的数据传输速率单位有 kb/s、Mb/s、Gb/s，1Gb/s 等于（　　）。

  A．$1×10^3$Mb/s   B．$1×10^3$kb/s

  C．$1×10^6$Mb/s   D．$1×10^9$kb/s

55. TCP/IP 协议是一种开放的协议标准，下列选项中，（　　）不是它的特点。

  A．独立于特定计算机硬件和操作系统

  B．统一编址方案

  C．政府标准

  D．标准化的高层协议

二、填空题

1. 计算机网络分为_____和_____两个子网。
2. 按覆盖的地理范围，计算机网络分为_____、_____和_____。
3. 计算机网络中常用的三种有线传输介质是_____、_____和_____。
4. ISP 是_____的简称。
5. IP 地址的记录方法为_____法。
6. 网页浏览器主要通过_____协议与网页服务器交互并获取网页。
7. 收藏夹的作用是_____。
8. 发送电子邮件需要_____服务器。
9. 即时通信软件的功能有_____、_____、_____和_____。
10. BBS 是_____的简称。
11. BT 下载的显著特点是_____。
12. 支持因特网扩展服务的协议是_____。
13. 个人用户访问因特网的常用方式是_____。
14. 最初创建因特网的目的是_____。
15. E-mail 地址的通用格式是_____。
16. 对网络中的计算机，Windows XP 可以通过_____访问网络中其他计算机中的信息。
17. 拨号上网除需要计算机外，还需要电话线、账号和_____。
18. 我国于 1993 年开始实施的"三金工程"是_____。
19. 计算机网络拓扑主要是指_____子网的拓扑构型，它对网络性能、系统可靠性与通信费用都有重大影响。
20. 网络管理的目标是最大限度地增加网络的可用时间，提高网络设备的利用率，改善和_____。

参 考 答 案

一、单项选择题

1～10	D	D	B	A	A	A	D	B	C	C
11～20	B	D	C	B	D	B	D	A	C	B
21～30	A	D	A	D	D	B	B	D	B	C
31～40	B	A	B	C	A	B	B	D	C	D
41～50	C	B	A	B	D	C	C	A	C	C
51～55	B	C	B	A	C					

二、填空题

1. 资源子网，通信子网
2. 广域网，城域网，局域网
3. 双绞线，同轴电缆，光纤
4. 因特网服务供应商
5. 点分十进制法
6. HTTP
7. 便于记忆网址和快速打开网站
8. POP 和 SMTP
9. 文字聊天，音频视频聊天，传送文件，浏览资讯或发送短信
10. 电子公告栏
11. 下载的人越多，下载速度越高
12. TCP/IP
13. 公共电话网
14. 军事
15. 用户名@主机域名
16. 网上邻居
17. 调制解调器
18. 金桥工程、金关工程、金卡工程
19. 通信
20. 网络性能、服务质量、安全性

第 4 章　多媒体技术及应用

本章主要内容：
- 多媒体技术的基本概念
- 媒体的分类
- 多媒体计算机系统的组成

4.1　多媒体技术的基本概念

4.1.1　媒体

媒体（Media）是指承载或传递信息的载体。在日常生活中，大家熟悉的报纸、书本、杂志、广播、电影、电视均是媒体，它们以各自的形式传播信息。它们中有的以文字为媒体，有的以声音为媒体，有的以图像为媒体，还有的（如电视）将文、图、声、像等综合起来作为媒体。相同的信息内容，在不同领域中采用的媒体形式是不同的，书刊领域采用的媒体形式是文字、表格和图片；绘画领域采用的媒体形式是图形、文字或色彩；摄影领域采用的媒体形式是静止图像、色彩；电影、电视领域采用的媒体形式是图像或运动图像、声音和色彩。

媒体在计算机领域中有两种含义：一是指用来存储信息的实体，如磁带、磁盘、光盘和半导体存储器等；二是指传递信息的载体，如数字、文字、声音、图形和图像等。多媒体技术中的媒体是后者。

根据国际标准化组织制定的媒体分类标准，媒体分为以下五类。

（1）感觉媒体（Perception Medium）：直接作用于人们的感觉器官，从而使人产生直接感觉的媒体。目前，用于计算机系统的主要是视觉和听觉所感知的信息，如语言、音乐、自然界中的声音、图像、动画、文本等，触觉也正慢慢被引入计算机系统。

（2）表示媒体（Representation Medium）：用于数据交换的编码，即为了传送感觉媒体而人为研究出来的媒体。此种媒体能更有效地存储感觉媒体或将感觉媒体从一个地方传送到另一个地方。

（3）显示媒体（Presentation Medium）：用于通信中使电信号和感觉媒体之间产生转换的媒体，即输入和输出信息的媒体，如显示屏、打印机、扬声器等输出媒体和键盘、鼠标、扫描器、触摸屏等输入媒体。

（4）存储媒体（Storage Medium）：存储信息的媒体，如纸张、硬盘、软盘、光盘、磁带、ROM、RAM 等。

（5）传输媒体（Transmission Medium）：用于承载并传输信息的媒体，如同轴电缆、双绞线、光纤和无线电链路等。

4.1.2 多媒体

多媒体（Multimedia）是多种媒体信息的载体，信息借助载体进行交流传播。文字、图形、图像、音频、视频和动画构成多媒体，采用如下媒体形式传递信息并呈现知识内容：文——文本（Text）；图——图形（Graphic）和图像（Image）；声——音频（Audio）；像——动画（Animation）和视频（Motion Video）。

在信息领域中，多媒体指文本、图形、图像、声音、影像等"单"媒体和计算机程序融合而成的信息媒体，以及运用存储与再现技术得到的计算机中的数字信息。

多媒体系统是将文字、声音、图形、图像、视频和动画等多种媒体和计算机系统集成在一起的系统。多媒体技术融合了计算机硬件技术、计算机软件技术以及计算机美术、计算机音乐等计算机应用技术。多种媒体的集合体将信息的存储、传输和输出有机结合，使人们获取信息的方式更丰富，引领人们走进一个多姿多彩的数字世界。

如果将其中的图像和动画合并，则多媒体可看成图、文、声三大类型的媒体语言。图、文属于视觉语言，声属于听觉语言，它们均属于感觉媒体。

4.1.3 多媒体数据特点

多媒体数据具有下述特点。

（1）数据量巨大：计算机要完成将多媒体信息数字化的过程，需要采用一定的频率对模拟信号进行采样，并采用数字方式存储每次采样得到的信号，较高质量的采样通常会产生巨大的数据量。构成一幅分辨率为 640 像素×480 像素的 256 色彩色照片的数据量是 0.3MB；CD 质量双声道的声音的数据量要每秒 1.4MB。为此，专用于多媒体数据的压缩算法，如对于声音信息有 MP3、MP4 等，对于图像信息有 JPEG 等，对于视频信息有 MPEG、RM 等。采用这些压缩算法能够显著减小多媒体数据的体积，多数压缩算法的压缩率能达到 80% 以上。

（2）数据类型多：多媒体数据包括文字、图形、图像、声音、视频和动画等形式，数据类型丰富。

（3）数据类型间差距大：媒体数据的内容和格式不同，其处理方法、组织方式、管理形式存在很大差别。

（4）多媒体数据的输入和输出复杂：由于信息输入与输出依靠多种设备相连，输出结果（如声音播放与画面显示的配合等）就是多种媒体数据同步合成效果。

4.1.4 多媒体技术及其特性

多媒体技术（Multimedia Computer Technology）是指通过计算机对文字、音频、图形、图像、视频和动画等媒体信息进行数字化采集、获取、压缩/解压缩、编辑、存储等加工处理，再以单独或合成形式表现的一体化技术。

多媒体技术具有多样性、集成性、交互性和实时性。

（1）多样性：包括信息媒体的多样性和媒体处理方式的多样性。信息媒体的多样性指使用文本、图形、图像、声音、动画、视频等媒体表示信息。对信息媒体的处理方式可分为一维、二维和三维等方式，例如文本属于一维媒体，图形属于二维媒体或三维媒体。多媒体技术的多样性又称多维化。

（2）集成性：以计算机为中心综合处理多种信息媒体的特性，包括信息媒体的集成和处理这些信息媒体的设备与软件的集成。

（3）交互性：通过媒体信息，使参与交互的各方（发送方和接收方）都可以编辑、控制和传递有关信息。交互性不仅强化用户对信息的注意和理解，延长了信息的保留时间，而且交互活动本身作为一种媒体加入了传递和转换信息的过程，从而使用户获得更多信息。

（4）实时性：在多媒体系统中，声音媒体和视频媒体是与时间因子密切相关的，这决定了多媒体技术具有实时性，意味着多媒体系统在处理信息时有着严格的时序要求和很高的速度要求。

多媒体技术包括将媒体的各种形式转换为数字形式，以便计算机接收、存储、处理和输出。多媒体技术的研究涉及计算机的软/硬件技术、计算机体系结构、数值处理技术、编辑技术、声音信号处理、图形学及图像处理、动态技术、人工智能、计算机网络和高速通信技术等方面。

4.2 媒体的分类

常见的媒体元素有文本、图形、图像、音频、动画、视频等。

4.2.1 文本（Text）

文本是由字符、符号组成的一个符号串，它是以文字和专用符号表达的信息形式，也是现实生活中使用最多的一种存储和传递信息的方式，通常通过文字编辑软件生成文本文件。如果文本中只有文本信息，没有其他任何有关格式的信息，则称为非格式化文本文件或纯文本文件；带有文本排版信息等格式信息的文本称为格式化文本文件。Word 文档就是典型的格式化文本文件。

4.2.2 图形（Graphic）

图形是指经过计算机运算而形成的抽象化的产物，由具有方向和长度的矢量线段构成，如图 4-1 所示。

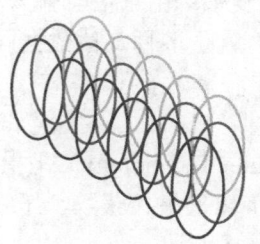

图 4-1 图形生成的曲线

由于使用坐标、运算关系以及颜色数据描述图形，因此通常把图形称为"矢量图"。图形的最大优点在于可以分别控制处理图中的各部分，如在屏幕上移动、旋转、放大、缩小、扭曲而不失真，不同的物体还可在屏幕上重叠并保持各自特性，必要时还可分开。图形的数据量很小，通常用于表现直线、曲线、复杂运算曲线以及由各种线段围成的图形，不适合描述色彩丰富、复杂的自然影像。

4.2.3 图像（Image）

图像是指由输入设备捕捉的实际场景画面或以数字化形式存储的任意画面。计算机可以处理不规则的静态图片，如扫描仪、数字照相机或摄像机输入的彩色、黑白图片或照片等。图像由像点构成，是组成图像最基本的元素，每个像点都由若干二进制位描述，并与显示像素对应，这就是"位映射"关系。因此，图像又有"位图"之称。图像记录每个坐标位置上颜色像素点的值。所以，图形的数据信息处理起来更灵活，而图像数据与实际更加接近，但是它不能随意放大。放大后的图像如图4-2所示。

图 4-2 放大后的图像

图像文件的格式是图像处理的重要依据，对于同一幅数字图像，采用不同的文件格式保存时，其数据量、色彩数量和表现力不同。图像处理软件能够识别并处理大多数图像文件，只有少数文件格式只有进行格式转换后才能处理。常用的数字化图像保存格式有 BMP、JPEG 和 GIF。

图像文件数据量的单位是字节（Byte）。数据量大是图像文件的显著特点，即使采用数据压缩算法处理，其数据量也是非常可观的。图像文件的数据量与图像表现的内容无关，只与图像的画面尺寸、分辨率、颜色数量以及文件格式有关。

在保证图像视觉效果的前提下，尽量减小数据量是制作多媒体产品的重要课题。适当降低颜色深度、减小画面尺寸、适当降低分辨率等都可以减小数据量。

把同一幅图像保存成不同的文件格式，其数据量存在很大差异，因为不同的文件格式采用不同的数据压缩算法。文件数据量最小的是 JPG 格式；其次是 GIF 格式；数据量最大的是 BMP 格式。不同的场合使用不同格式的图像文件，如国际互联网络传输的图像多采用 JPG 格式，该格式压缩比大，彩色还原效果较好，数据量较小；在 Windows 环境中，BMP 格式的图像文件最适合制作桌面图案以及各种形式的图像。

4.2.4 音频（Audio）

声音通过空气的振动发出，通常用模拟波的方式表示。振幅反映声音的音量，频率反映音调。音频是连续变化的模拟信号，而计算机只能处理数字信号，要使计算机处理音频信号，必须把模拟音频信号转换成用"0""1"表示的数字信号，这就是音频的数字化，将模拟的声音波形的模拟信号通过音频设备（如声卡）进行数字化，其中会涉及采样、量化及编码等技术。声音文件的常见存储格式有 Windows 采用的波形声音文件存储格式.wav 和.mp3 是因特网上流行的音频压缩格式。

常用的数字化声音文件类型有 WAV、MIDI 和 MP3。

WAV：称为"无损的音乐"，是微软公司开发的一种声音文件格式，用于保存 Windows

平台的音频信息资源，被 Windows 平台及其应用程序所支持。其特点有采样频率高、音质好、数据量大。WAV 格式的声音文件质量与 CD 的相差无几，是个人计算机上广为流行的声音文件格式，几乎所有音频编辑软件都能够读取 WAV 格式。WAV 文件的扩展名为.wav。

　　MIDI：MIDI（Musical Instrument Digital Interface，乐器数字化接口）是乐器与计算机结合的产物。它的最大用处是在计算机作曲领域。MIDI 格式文件可以用作曲软件写出，也可以通过声卡的 MIDI 接口把外接音序器演奏的乐曲输入计算机而制成文件。MIDI 格式文件的扩展名为.mid。

　　MP3：当前使用最广泛的数字化声音格式。MP3 是指 MPEG 标准中的音频部分，也就是 MPEG 音频层。MPEG 音频文件压缩是一种有损压缩，它基本保持低音频部分不失真，但是牺牲了声音文件中的高音频部分的质量。相同长度的音乐文件，用 MP3 格式储存，一般只有 WAV 文件的 1/8，音质比 WAV 格式的声音文件差。由于其文件尺寸小、音质好，所以 MP3 是当前主流的数字化声音保存格式，该格式文件的扩展名为.mp3。

4.2.5　动画（Animation）

　　动画是运动的图画，其实质是一幅幅静态图像或图形的快速连续播放，是利用人的视觉暂留特性快速播放一系列连续运动变化的图形图像，包括画面的缩放、旋转、变换、淡入/淡出等特殊效果。动画的连续播放既指时间上的连续，又指图像内容上的连续，即播放的相邻两幅图像之间内容相差很小。动画可以把抽象的内容形象化，使许多难以理解的教学内容变得生动有趣。

4.2.6　视频（Motion Video）

　　视频是一组连续图像画面信息的集合，与加载的同步声音共同呈现动态的视觉和听觉效果，若干有联系的图像数据连续播放便形成为视频。视频图像可来自录像带、摄像机等视频信号源的影像，如录像带、电影、电视节目、摄像等。视频和动画没有本质上的区别。

　　视频信息是连续变化的影像。视频信号有模拟信号和数字信号之分。视频模拟信号就是常见的电视信号和录像机信号，采用模拟方式对图像进行还原处理，这种图像称为"视频模拟图像"。视频模拟图像的处理需使用专门的视频编辑设备，计算机不能处理。要想用计算机处理视频模拟信号，必须把视频模拟图像转换成数字化的视频图像。

　　首先模拟视频的数字化过程需要通过采样将模拟视频的内容分解，得到每个像素点的色彩组成；然后采用固定采样率进行采样，并将色彩描述转换成 RGB 颜色模式，生成数字化视频。数字化视频与传统视频相同，由帧（Frame）的连续播放产生视频连续的效果，在大多数数字化视频格式中，播放速度为 24f/s。

　　视频数字图像是用数字形式表示的，具有数字化带来的特点。

　　（1）播放速度为 25f/s。

　　（2）具有逆向性，可倒序播放。

　　（3）保存时间长，无信号衰减，可无限复制，永远不失真。

　　（4）可利用计算机视频编辑技术制作特殊效果，如三维动画效果，变形动画效果等。

　　（5）可以利用成本低、容量大的光盘存储介质存储信息。

　　（6）可以把数字信号转换成模拟信号。

数字化视频的数据量巨大，通常采用特定的压缩算法压缩数据，根据压缩算法的不同，保存数字化视频的常用格式包括 MPEG、AVI 和 RM。

MPEG：MPEG（Moving Picture Experts Group，动态图像专家组）于 1988 年成立，专门负责为 CD 建立视频和音频标准，其成员均为视频、音频及系统领域的技术专家。MPEG 标准有 MPEG-1、MPEG-2、MPEG-4、MPEG-7 等版本，以满足不同带宽和数字影像质量的要求。MPEG 采用的编码算法简称 MPEG 算法，用该算法压缩的数据称为 MPEG 数据，由该数据产生的文件称为 MPEG 文件，文件扩展名是.mpg。

AVI：AVI（Audio Video Interleave，音频视频交互）是一种音频视频交叉记录的数字视频文件格式。该格式的文件是一种不需要专门的硬件支持就能实现音频和视频压缩处理、播放和存储的文件。AVI 格式的文件可以把视频信息和音频信息同时保存在文件中，在播放时，音频和视频同步播放。AVI 视频文件的扩展名是.avi。

RM: RM 格式是 Real Networks 公司开发的一种新型流式视频文件格式，又称 Real Media，是 Internet 上最流行的跨平台的客户/服务器结构多媒体应用标准，其采用音频/视频流和同步回放技术实现网上全带宽的多媒体回放。只要用户的线路允许，使用 RealPlayer 不必下载完音频/视频内容就能实现网络在线播放，更容易上网查找和收听、收看广播、电视。所以，RealPlayer 是在网上收听、收看实时音频、视频和动画的常用工具。

4.3 多媒体计算机系统的组成

4.3.1 多媒体计算机的硬件组成

为了处理多种媒体数据，在普通计算机系统的基础上增加一些硬件设备构成多媒体个人计算机（简称 MPC）。MPC 由计算机传统硬件设备、光盘存储器、音频信号处理子系统、视频信号处理子系统组成，如图 4-3 所示。

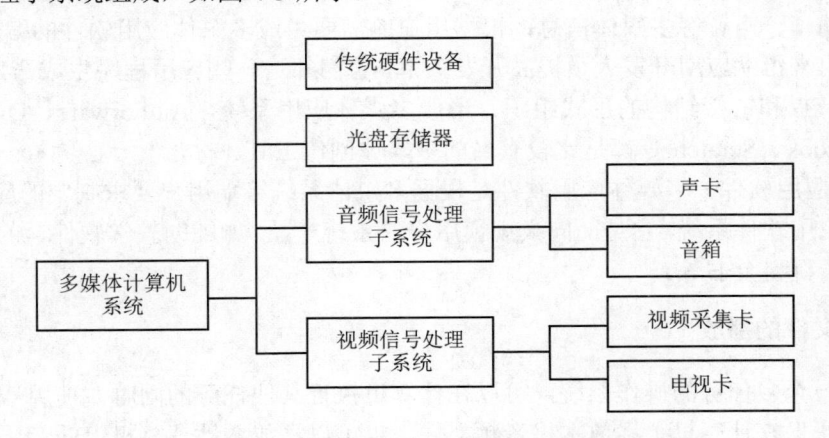

图 4-3　多媒体计算机配置示意图

（1）新一代处理器（CPU）：高性能的计算机主机 CPU 芯片对多媒体大量数据的处理来说是至关重要的，可以完成专业级水平的多媒体制作与播放，建立可制作或播出多媒体的主机环境。

（2）光盘存储器（CD-ROM，DVD-ROM）：多媒体信息的数据量庞大，仅靠硬盘存储空间远远不够，大多多媒体信息内容来自 CD-ROM、DVD-ROM。因此，大容量光盘存储器成为多媒体系统必备的标准部件。

（3）音频信号处理子系统：包括声卡、麦克风、音箱、耳机等。其中，声卡是最为关键的设备，它含有可将模拟声音信号与数字声音信号相互转换（A/D 和 D/A）的器件，具有声音的采样与压缩编码、声音的合成与重放等功能，通过插入主板扩展槽与主机相连。

（4）视频信号处理子系统：它具有静态图像或影像的采集、压缩、编码、转换、显示、播放等功能，如图形加速卡、MPEG 图像压缩卡等。视频卡通过插入主板扩展槽与主机相连，通过卡上的输入/输出接口与录像机、摄像机、影碟机和电视机等连接，从而采集来自这些设备的模拟信号信息，并以数字化的形式在计算机中进行编辑或处理。

（5）其他交互设备：如鼠标、游戏操作杆、手写笔、触摸屏等。这些设备有助于用户与多媒体系统交互信息、控制多媒体系统的执行等。

4.3.2 多媒体软件的应用

常用的多媒体软件有以下三类。

（1）多媒体编辑工具。多媒体编辑工具包括文字处理软件、图形图像处理软件、声音处理软件、动画制作软件以及视频处理软件等。

文字是使用频率最高的一种媒体形式，对文字的处理包括输入、文本格式化、文稿排版、添加特殊效果、在文稿中插入图形图像等。图形图像处理包括改变图形图像尺寸、图形图像合成、编辑图形图像、添加特殊效果、图形图像打印等。声音的处理包括录音、剪辑、去除杂音、变音、混音、合成等。动画处理是利用人的视觉暂留特性，快速播放一系列连续运动变化的图形图像，产生效果逼真的场面，包括画面的缩放、旋转、变换、淡入/淡出等特殊效果。视频处理是多媒体系统中的主要媒体形式。

（2）多媒体创作工具。多媒体创作工具指能够集成处理和统一管理文本、图形、静态图像、视频影像、动画、声音等多媒体信息，根据用户的需要生成多媒体应用软件的编辑工具。多媒体创作工具用来帮助应用开发人员提高开发效率，它们都是一些应用程序生成器，将媒体素材按照超文本节点和链接结构的形式组织，形成多媒体应用系统。Authorware、Director、Multimedia Tool Book、Scratch 等都是比较有名的多媒体创作工具。

（3）多媒体应用软件。多媒体应用软件是根据多媒体系统终端用户要求制定的应用软件或面向某领域的应用软件系统，它是面向大规模用户的系统产品。如辅助教学软件、游戏软件、电子工具书、电子百科全书等。

4.3.3 声音文件的播放

Windows 是一个多任务的操作系统，可以在计算机执行其他任务的同时，使用 Windows 中的 "Groove 音乐" 在计算机上播放本机音频文件，也可以播放本地计算机上的音乐。

1. 本地音乐的播放

（1）将存储有音乐的 U 盘插入电脑。

（2）单击 "开始"→"程序项"→"电影和电视" 菜单命令，启动 "Groove 音乐" 软件，弹出图 4-4 所示的界面。

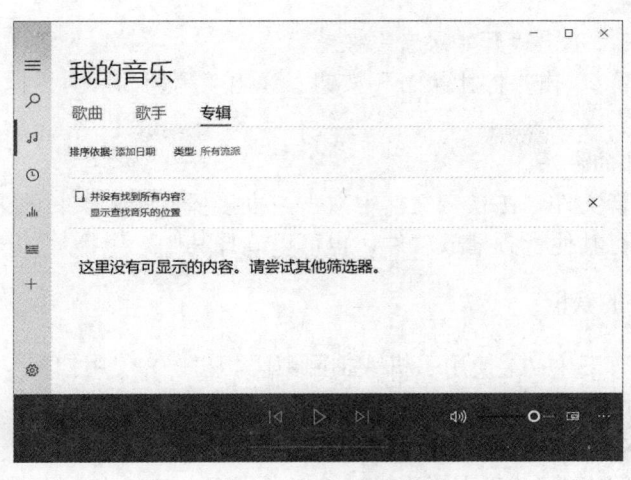

图 4-4 Groove 音乐软件

（3）单击"播放"按钮，即可播放音乐。
（4）要停止播放音乐，单击"暂停"按钮。
2. 本机音频文件的播放
双击要播放的音频文件，即可打开音频文件，进入播放状态。

4.3.4 声音文件的录制

使用"录音机"可以录制、混合、播放和编辑声音，也可以将声音链接或插入另一个声音文件而形成一个新的声音文件。

1. 录音的方法步骤
（1）麦克风插入机箱后面的 Mic 插口。
（2）单击"开始"→"所有程序"→"录音机"菜单命令，启动录音机，弹出图 4-5 所示的界面。

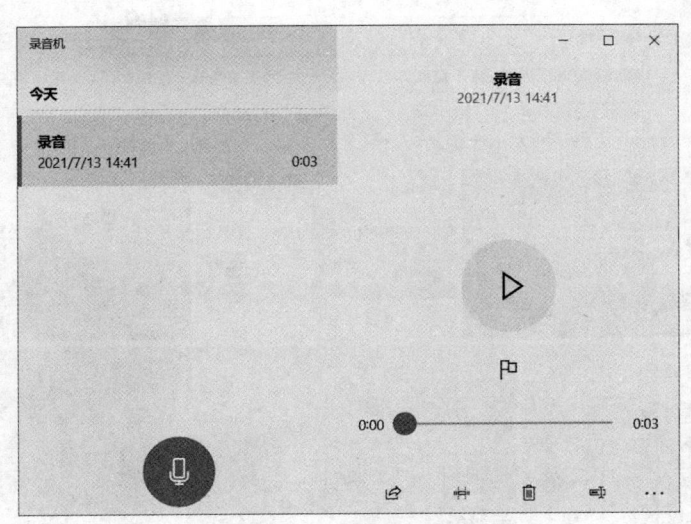

图 4-5 录音机界面

（3）要开始录音，单击"开始录音"按钮。

（4）要停止录音，单击"停止录音"按钮，弹出"另存为"对话框，命名并保存声音文件，并注意保存路径。

2. 播放录音文件的方法

选中要播放的录音文件，在录音文件中双击，直接播放刚才录制的录音文件。

如果计算机中还有其他音频播放软件，也可以选择其中一个播放。

4.3.5 图像文件的获取

图像的获取渠道有三个：①使用手机或拍照数码相机；②使用扫描仪扫描；③使用互联网或者图库光盘提供的图像。

1. 从手机中获取图像

通过数据连与计算机的 USB 连接手机，单击"我的电脑（计算机）"图标。如果计算机没有安装手机管理软件，则单击"便携设备"下方的设备名称。单击该盘符，出现手机内存中各文件夹。双击"DCIM"文件夹，再单击"Camera"，打开手机照片。如果计算机中安装了看图软件（如 ACDSee），则直接单击图片，系统便会自动打开图片。从数码相机中获取图片的方法与上述类似，请读者自行尝试操作。

2. 从互联网获取图像

打开"百度"（或必应搜索、360 搜索等），单击"图片"选项卡，在文本框中输入要搜索的图片相关内容的关键字，如"惠州学院"，单击"搜索"按钮，便出现有关"惠州学院"图片的搜索结果，如图 4-6 所示。右击想要的图片，弹出对该图片操作的下拉菜单，选择其中一个选项，对图像进行相关操作。单击"图片另存为（S）"按钮，为该图片选择路径和命名后保存。

图 4-6 互联网搜索图

4.3.6 图像文件的浏览

可在图像处理软件中浏览图像，也可使用专门的图像浏览软件浏览，但大多使用 Windows 自带的 Windows 图片查看器浏览图像。在文件夹中，双击任意一张图片，即默认使用 Windows 图片查看器查看图片的浏览方式，如图 4-7 所示。

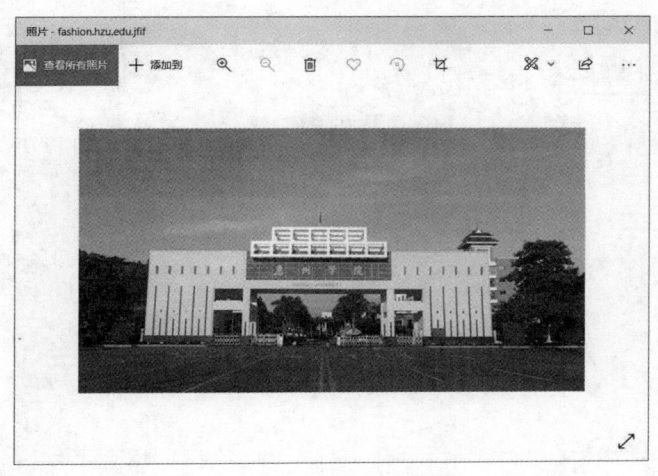

图 4-7　互联网搜索图

在图片浏览方式下，可旋转图片、删除图片、连续观看图片、裁剪图片、设置滤镜与效果等。

除浏览图像外，还可用"Windows 照片"查看图像文件属性、打印等。

4.3.7 图形文件的制作

利用 Windows 自带的"画图"工具可以制作图形文件，还可以创建、查看、编辑、打印图片。可以通过"画图"建立简单、精美的图画，将图画作为桌面背景。画的图可以是黑白的或彩色的，还可以打印输出。Windows 画图软件界面如图 4-8 所示。

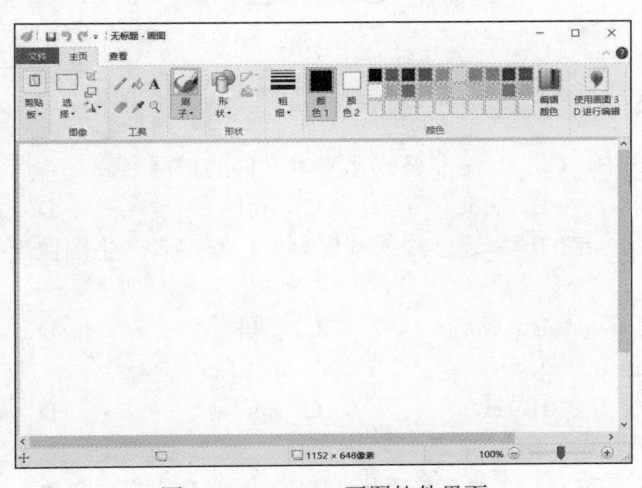

图 4-8　Windows 画图软件界面

4.3.8 视频的播放

Microsoft 电影和电视软件可让用户在 Windows 10 设备上观赏高清电影和电视节目，如图 4-9 所示。可以租借或购买电影，还可以补看昨晚的电视剧。在电影和电视软件中，可以快速访问视频收藏、搜索大部分电影和电视节目的隐藏字幕。

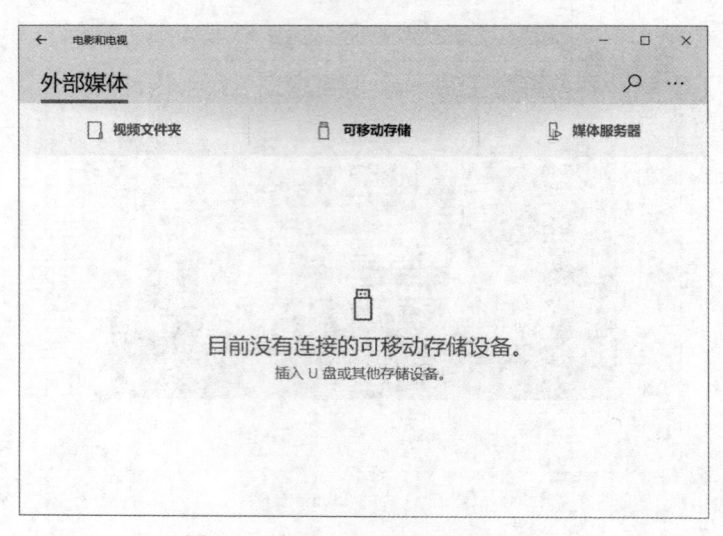

图 4-9 Microsoft 电影和电视软件

本 章 小 结

本章主要介绍了多媒体技术的概念、媒体的分类、多媒体计算机的组成、Windows 10 自带的多媒体应用软件等知识。若要深入学习计算机基础知识，则还需要查阅相关书籍。

习 题

一、单项选择题

1. 下列文件格式中，（　　）是非格式化文本文件的扩展名。
   A．.txt   B．.doc   C．.ptf   D．.dot
2. 将视频画面以一定的速率连续投射到屏幕上，观察者产生图像连续运动的感觉，该速率称为（　　）。
   A．幅面   B．帧频   C．采样率   D．显示速度
3. 帧频的单位是（　　）。
   A．dpi   B．Hz   C．f/s   D．avi
4. 下列（　　）说法不正确。
   ①.MPG 文件和.DAT 文件都是采用 MPEG 压缩方式视频文件。

②动画和视频都是动态文件，所以它们的文件格式相同。
③.AVI 格式的文件将视频和音频信号混合交错地存储在一起。
④.FLC 格式的文件本身也能存储同步声音。
 A．②　　　　　B．②和③　　　C．②和④　　　D．②③和④
5．计算机领域中的"多媒体"一词（　　）。
 A．常常不是指多媒体本身　　　　B．主要是指处理和应用多媒体的一整套技术
 C．指音频　　　　　　　　　　　D．指视频
6．纸张、磁带、磁盘、光盘等属于（　　）媒体。
 A．感觉　　　　　B．表示　　　　C．存储　　　　D．传输
7．计算机多媒体信息都是以（　　）的形式存储和传输的。
 A．数字　　　　　　　　　　　　B．模拟信号
 C．数字和模拟信号　　　　　　　D．数字或模拟信号
8．采用多媒体计算机超文本、超媒体技术，用户不必按一章一节的阶梯式结构顺序查找数据的特征。
 A．集成性　　　　B．交互性　　　C．非线性　　　D．无纸性
9．下列不属于计算机多媒体的媒体是（　　）。
 A．图像　　　　　B．动画　　　　C．光盘　　　　D．视频
10．对于 MCAI 课件的人机对话动能，下列属于多媒体教学软件具有的显著特点是（　　）。
 A．具有丰富的教学表现形式　　　B．具有灵活的交互能力
 C．趣味性强　　　　　　　　　　D．多媒体
11．电子出版物是指以（　　）方式将图、文、声、像等信息存储在磁、光、电等介质上。
 A．数字代码　　　B．模拟信号　　C．文字　　　　D．图像
12．电子网络出版以（　　）为基础。
 A．数据库和通信网络　　　　　　B．网络
 C．通信　　　　　　　　　　　　D．网页
13．电子出版物的内容可分为三大类，不属于这三类的是（　　）。
 A．教育类　　　　B．系统软件　　C．娱乐类　　　D．工具类
14．多媒体数据类型不包括（　　）。
 A．文本数据　　　B．图像数据　　C．音频数据　　D．模拟数据
15．多媒体网络和通信技术不包括（　　）。
 A．语音压缩　　　　　　　　　　B．图像压缩
 C．多媒体的混合传输技术　　　　D．计算机操作技术
16．模拟波的振幅反映声音的（　　）。
 A．音量　　　　　B．音调　　　　C．音质　　　　D．音色
17．模拟波的频率反映声音的（　　）。
 A．音量　　　　　B．音调　　　　C．音质　　　　D．音色
18．要使计算机处理音频信号，必须把模拟音频信号转换成用（　　）表示的数字信号。
 A．1～10　　　　B．0～9　　　　C．0～100　　　D．0，1

19. 音频模拟信号的数字化是通过（　　）完成的。
    A．视频卡　　　　B．声卡　　　　C．网卡　　　　D．麦克风
20. 将声音转换为模拟信号的设备是（　　）。
    A．视频卡　　　　B．声卡　　　　C．网卡　　　　D．麦克风
21. 下列（　　）格式不是因特网上流行的音频压缩格式。
    A．WAV　　　　　B．MP3　　　　C．RM　　　　　D．DAT
22. 下列格式不属于常用的数字化声音文件类型的是（　　）。
    A．WAV　　　　　B．MID　　　　C．MP3　　　　D．MPEG
23. 声音是通过空气的振动发出的，在长距离传输时往往以（　　）的形式表示、传输和处理。
    A．电信号　　　　B．机械波　　　C．空气波　　　D．手势
24. 使用 Windows 中的 CD 唱机在计算机上播放音频 CD 时，不能播放（　　）。
    A．本地计算机上的 CD 音乐　　　　B．网上的 CD 音乐
    C．CD-ROM 中的音乐　　　　　　　D．录音磁带上的音乐
25. Windows 中录音机默认的一次录音时间为（　　）。
    A．60s　　　　　B．30min　　　C．60min　　　D．30s
26. 表示图像清晰度的单位是（　　）。
    A．bit　　　　　B．dpi　　　　C．m/s　　　　D．km/h
27. 像素用来表示图像的（　　）。
    A．大小　　　　B．色度　　　　C．亮度　　　　D．清晰度
28. 表示图像亮度的灰度等级通常有（　　）个。
    A．1024　　　　B．100　　　　C．50　　　　　D．256
29. 无限放大后边界模糊的称为（　　）。
    A．图像　　　　B．图形　　　　C．画片　　　　D．动画
30. 无限放大后边界不会模糊的称为（　　）。
    A．图像　　　　B．图形　　　　C．画片　　　　D．动画
31. 用计算机处理传统的绘画时，需要进行（　　）转化。
    A．模拟信号数字化　　　　　　B．数字信号模拟化
    C．复杂信号简单化　　　　　　D．电信号可视化
32. 用 Windows 系统自带的"画板"画出的作品属于（　　）。
    A．图像　　　　B．图形　　　　C．视频　　　　D．动画
33. 用 Windows 系统中的 Word 画出的作品属于（　　）。
    A．图像　　　　B．图形　　　　C．视频　　　　D．动画
34. 矢量图又称（　　）。
    A．图像　　　　B．图形　　　　C．视频　　　　D．动画
35. 位图又称（　　）。
    A．图像　　　　B．图形　　　　C．视频　　　　D．动画
36. 灰度等级用以表示图像的（　　）。
    A．亮度　　　　B．色度　　　　C．饱和度　　　D．色调

37. 彩色用（　）三要素表示。
    A．亮度、色度、色饱和度　　　　B．亮度、色度、三基色
    C．亮度、灰度、饱和度　　　　　D．亮度、色度、色调
38. 常用的数字化图像保存格式不包括（　）。
    A．BMP　　　　B．JPEG　　　　C．GIF　　　　D．PDF
39. GIF 格式不支持（　）。
    A．线图　　　　B．灰度　　　　C．索引音频　　　　D．索引图像
40. 下列不属于 GIF 格式特点的是（　）。
    A．压缩比高　　　　　　　　　　B．下载速度高
    C．可以存储复杂的动画　　　　　D．磁盘空间占用小
41. 在图像传输过程中，用户先看到图像的大致轮廓，再随着传输过程的继续而逐步看清图像中的细节，这是 GIF 格式的（　）。
    A．渐显方式　　B．慢显方式　　C．解压形式　　D．编码形式
42. （　）不是数字化视频的常用格式。
    A．MIDI　　　　B．RM　　　　C．AVI　　　　D．MPEG
43. 视频数据量很大，通常需要对其进行（　）。
    A．数据消减　　B．细节忽略　　C．数据压缩　　D．带宽限制
44. MPEG 用于速率（　）的数字存储媒体。
    A．大于 1.5Mb/s　　　　　　　　B．小于 1.5Mb/s
    C．大于 3.0Mb/s　　　　　　　　D．小于 3.0Mb/s
45. MPEG 的最大压缩率可达（　）。
    A．1:50　　　　B．1:100　　　　C．1:150　　　　D．1:200
46. 在 AVI 文件中，运动图像和伴音数据是以（　）方式存储的。
    A．独立　　　　B．并行　　　　C．串行　　　　D．交织
47. 下列（　）不属于构成一个 AVI 文件的主要参数。
    A．存储参数　　B．视像参数　　C．伴音参数　　D．压缩参数
48. RM 的含义是（　）。
    A．Real Network　B．Real Media　C．Real Player　D．Real One
49. 大多数数字化视频格式的播放速度是（　）。
    A．每秒 24 帧（24f/s）　　　　　B．每秒 48 帧（48f/s）
    C．每秒 25 帧（25f/s）　　　　　D．每秒 50 帧（50f/s）
50. RGB 代表（　）。
    A．亮度、色调、色饱和度　　　　B．正确的方格粗细度
    C．右边表格模块　　　　　　　　D．红、绿、蓝三基色

二、填空题

1. 计算机以＿＿＿＿、＿＿＿＿、＿＿＿＿为媒体在计算机上进行处理和应用提供了广阔的舞台。
2. 多媒体的开发与应用使＿＿＿＿之间的信息交流变得生动活泼、丰富多彩。

3. 媒体是指_____的载体。
4. 书刊领域采用的媒体形式是_____、_____和_____。
5. 绘画领域采用的媒体形式是_____、_____或_____。
6. 摄影领域采用的媒体形式是_____、_____。
7. 电影、电视领域采用的是图像或_____、_____和色彩。
8. 计算机多媒体是指运用_____与_____得到的计算机中的数字信息。
9. 计算机多媒体系统中的信息以_____对进行存储、处理和传播。
10. 多媒体_____技术及_____技术是多媒体系统的关键技术。
11. 构成一幅分辨率为 640 像素×480 像素的 256 色的彩色照片的数据量是_____。
12. CD 质量双声道的声音的数据量为每秒_____。
13. 多数压缩算法的压缩率都能达到_____以上。
14. 计算机生成的有规则的图称为_____。
15. 由输入设备捕捉的实际场景画面或以数字化形式存储的任意画面称为_____。
16. 矢量图也称_____，其英文名字为_____，无限放大后不会模糊。
17. 位图是也称_____，其英文名字为_____，无限放大后会模糊。
18. 动画连续播放的相邻两幅图像之间时间间隔很_____，内容相差很_____。
19. 动画的连续播放既指_____，又指_____。
20. 视频是由一幅幅单独的称为_____的序列组成。
21. 标准格式的 WAV 文件与 CD 格式相同，它们的采样频率为_____，速率为_____，位量化位数为_____。
22. MIDI 文件保存 1min 的音乐只用约_____的存储空间。
23. MIDI 格式是_____的最爱。
24. JPEG 既是一种_____（文件格式），又是一种_____。
25. 使用 Windows 自带的"录音机"录音时，在第一次录音到 60s 而自动停止录音后，单击_____，再单击录音键开始第二次录音，就没有了 60s 的限制。
26. 在"录音机"中，如果话筒工作不正常，除其他原因外，可能是话筒中的_____复选框被选中。
27. 模拟图像的数字化通常是采用_____方法实现的。
28. 声音是随_____连续变化的物理量。
29. 声卡是实现_____之间转换的硬件电路。
30. _____被称为"无损的音乐"。
31. MP3 是指_____标准中的音频部分。
32. 灰度等级表示图像数据的_____度。
33. 像素表示图像的_____度。
34. 采样后的数字数据比采样前的模拟数据_____。
35. 常用的数字化声音文件类型有_____、_____和_____。
36. 常用的数字化图像保存格式包括_____、_____和_____。
37. "画图"创建的文件以_____文件存储。
38. 通过扫描仪获取的图像文件属于_____文件。

39. 当静止的画面连续播放速度超过_____时，人眼看起来是连续的。
40. RGB 表示_____、_____、_____三种基色。
41. 作为先进的压缩技术，JPEG 用_____压缩方式去除冗余的图像和彩色数据，在获取极高的压缩率的同时，能展现丰富、生动的图像。
42. BMP 格式的特点是包含的图像信息较丰富，几乎不_____，但文件占用较大的存储空间。
43. GIF 格式支持线图、灰度和索引图像，但最多支持_____种色彩的图像。
44. 由于 GIF 图像格式采用了_____，即在图像传输过程中，用户先看到图像的大致轮廓，再随着传输过程的继续逐步看清图像中的细节。
45. MPEG 采用的编码算法简称 MPEG 算法，最大压缩可达约_____。
46. 在 AVI 文件中，运动图像和伴音数据以_____方式存储，并独立于硬件设备。
47. RM 采用音频/视频流和_____技术实现了网上全带宽的多媒体回放。
48. VCD 使用的格式是_____，其扩展名为.dat，同样可以用 Media Player 播放。
49. Windows 系统附带的_____播放器可以播放大多数类型的视频文件。
50. 除 Windows 系统附带的播放器外，_____也是比较流行的视频播放器。

参 考 答 案

一、单项选择题

1～10	A	B	C	C	B	C	A	C	C	B
11～20	A	A	B	D	D	A	B	D	B	D
21～30	D	D	A	D	A	B	D	D	A	B
31～40	A	A	B	B	A	A	A	D	C	C
41～50	A	A	C	B	D	D	A	B	A	D

二、填空题

1. 高速，海量，富色
2. 人与计算机
3. 承载或传递信息
4. 文字，表格，图片
5. 图形，文字，色彩
6. 静止图像，色彩
7. 运动图像，声音
8. 存储，再现技术
9. 数字的形式
10. 数据压缩，编码
11. 0.3MB
12. 1.4MB
13. 80%
14. 图形
15. 图像
16. 图形，graphic
17. 图像，image
18. 小，小
19. 时间连续，内容连续
20. 帧
21. 44.1Kb，88Kb/s，16
22. 5～8KB

23．音乐家
24．文件格式，压缩技术
25．"搜索到开头"
26．"静音"
27．采样
28．时间
29．声波/电信号
30．WAV
31．MPEG
32．深度
33．清晰度
34．减少
35．WAV，MIDI，MP3
36．BMP，JPEG，GIF
37．位图
38．位图
39．24 帧
40．红，绿，蓝
41．有损
42．进行压缩
43．256 种
44．渐显方式
45．1∶200
46．交织
47．同步回放
48．MPEG-1
49．Windows Media Player
50．暴风影音

第 5 章 WPS 2019 文档处理

本章主要内容：
- WPS 2019 工作界面
- 文档的基本操作
- 文档内容的基本操作
- 插入文档元素
- 文档页面布局与设计
- WPS 2019 高级应用
- 打印文档

  WPS Office 是由金山软件股份有限公司自主研发的一款办公软件套装，可以实现办公软件常用的文字、表格、演示、PDF 阅读等功能，具有占内存小、运行速度高、云功能多、强大插件平台支持、免费提供海量在线存储空间及文档模板的优点。WPS 功能强大，具备对文字内容的基本编辑排版功能，包括即点即输、复制、移动、删除等基本编辑功能，以及字体格式设置、段落格式设置等功能；具备表格处功能，包括制作表格（如插入/绘制表格、编辑调整表格、设置表格格式等功能）以及对表格进行简单的计算和排序功能；具备插入图形、图像、图表等对象以实现图文混排的功能，包括插入图片、绘制简单图形、插入艺术字、图表、智能图表等对象，并能对插入的对象进行格式设置；具备设置文档整个页面的功能，如设计文档主题、页面边框、底纹、水印等；此外，还为长文档编辑排版、批量文档、重复工作处理等方面提供了相应的功能。

5.1 WPS 2019 工作界面

  启动 WPS Office 2019（以下简"WPS 2019"），弹出图 5-1 所示窗口。
  （1）标题栏。标题栏位于窗口最上方，它主要显示正在编辑的文档名称和应用程序名称"文字文稿 1"。在标题栏最右边有三个控制按钮，分别是"最小化""最大化/还原""关闭"按钮，通过三个按钮可以控制 WPS 2019 窗口。
  （2）快速访问工具栏。常用命令位于此处，如"保存""撤销"和"恢复"。在快速访问工具栏的末尾是一个下拉菜单，可以添加其他常用命令或经常需要使用的命令到"快速访问工具栏"。
  （3）选项卡名。单击选项卡名，可以切换不同选项卡，从而在功能区看到不同的功能组命令。
  （4）功能区。工作时需要使用的命令位于此处，并按不同的类别（组）的形式显示，如图 5-1 "开始"选项卡下的功能区中包括"剪贴板""字体""段落""样式"组。功能区的外观会根据显示窗口的大小改变。WPS 2019 通过更改控件的排列来压缩功能区，以便适应较小的显示窗口。

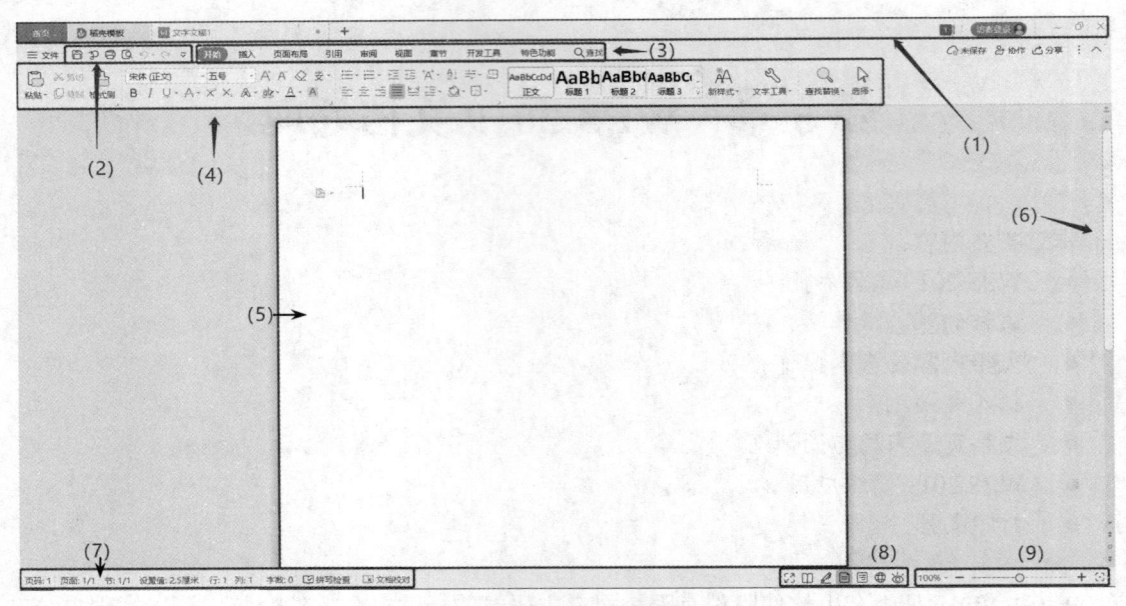

图 5-1　WPS 2019 工作窗口

（5）编辑窗口。窗口中间的空白区域为编辑窗口，文档的编辑排版等工作都是在此区域内完成的。

1）页边距标记。页边距标记标识了文档内容的范围，如图 5-1 中标记出的页边距标记标识了 WPS 2019 文档内容文字与最左侧和最上方的距离。页边距标记共有四个，共同限制了输入的文字内容等只能在页边距标记的范围内。

2）插入点。插入点即当前输入文字的插入位置，通过一个闪烁的短竖线表示。

3）选定栏。位于编辑窗口的左侧，即左上角"页边距标记"下方的区域，此区域主要用来帮助用户选定文档内容。鼠标移动到此区域会变成一个向右 45°的空心箭头。

（6）滚动条。滚动条包括水平滚动条和垂直滚动条，分别用来改变窗口水平和垂直方向上的显示内容。

（7）状态栏。状态栏位于整个窗口下方，主要显示当前编辑过程中的一些信息，比如显示当前插入点所在页、行列位置等。

（8）视图栏。视图栏用于切换 WPS 2019 文档的视图方式。

（9）显示比例。显示比例可用于更改正在编辑的文档的显示比例设置。

5.2　文档的基本操作

【学习成果】能够应用 WPS 2019 新建文档、输入内容、保存文档、设置文档密码以及打开已有 WPS 2019 文档。具体可以新建文档或者基于模板建立文档（效果如图 5-7 所示），并能通过密码或者限定用户操作保护文档。

【知识点导览】

以下命令都位于"文件"选项卡下，具体位置可以参考图 5-2。

（1）新建："新建"命令可以用于新建一个 WPS 2019 文档，可以新建空白文档，也可以基于已有模板创建新文档。启动 WPS 2019 后，创建一个名为"文字文稿1"的新的空白文档。

（2）打开：如果要编辑已有文档就必须先打开要编辑的文档。打开文档，就是将文档从磁盘读到内存，并显示在 WPS 2019 文档窗口中。单击"打开"命令可以打开文档，也可通过双击要打开的文档方式打开文档。

（3）保存/另存为：WPS 2019 应用程序是在内存中运行的，即录入或者修改在屏幕上显示的内容是保存在内存之中，因此一旦关机或者退出文档，录入/修改的内容就都将丢失。为长期保存文档以便今后使用，必须将文档从内存保存到外存储器（文档保存）。为了防止编辑过程死机、断电等异常情况发生，造成编辑内容丢失，应在编辑文档过程注意保存。单击"保存"命令可以按原位置和原文件名保存，单击"另存为"命令可以更换保存位置和文件名字并保存。

（4）保护：可以使自己的 WPS 文档不被其他用户打开或编辑，包括设置文档密码及限制用户编辑、访问等。

（5）导出：可以通过"导出"命令将文档以 PDF 或者其他文档类型导出。

（6）退出：可以通过"退出"命令关闭打开的 WPS 2019 文档。

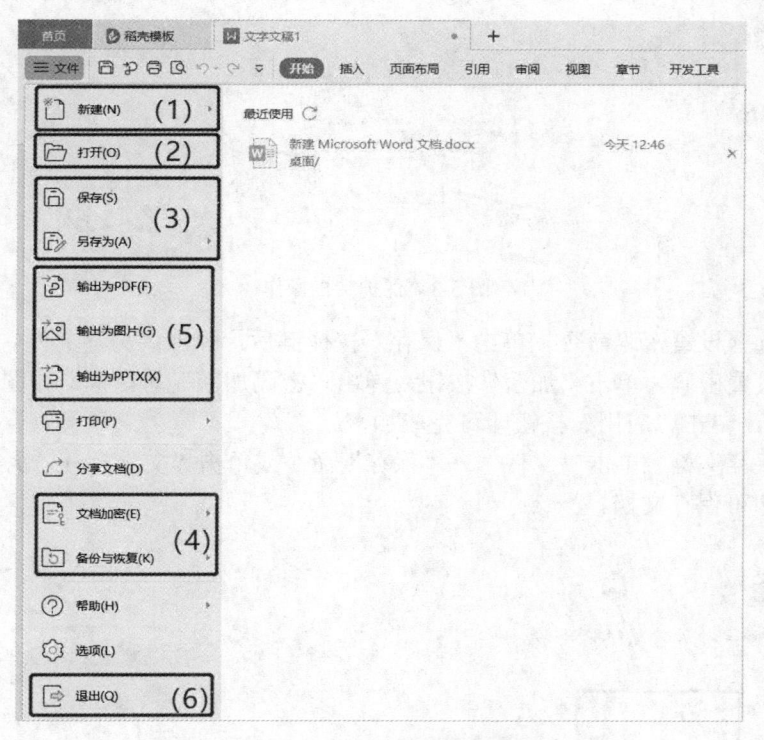

图 5-2 文档管理基本操作命令

【案例操作演示】

【例 5-1】利用 WPS 2019 建立新的空白文档，完成如下操作或者设置：

（1）输入文字"我是惠州学院的一名学生。"。

（2）把文档标记为最终状态（将文档设为只读）。

（3）设置文档打开密码为"abc123"。

(4)将文档以"例 5-1 简介"为文件名保存到桌面。

(5)关闭文档。

操作步骤如下。

步骤 1：新建空白文档。通过"开始"菜单启动"WPS 2019"，单击"新建"→"新建空白文档"菜单命令，创建一个空白文档。

步骤 2：输入文本内容。将输入法切换到中文，输入内容"我是惠州学院的一名学生。"。

步骤 3：把文档标记为最终状态。单击"审阅"选项卡→"限制编辑"按钮→勾选"设置文档的保护方式"复选框→选中"只读"单选项→单击"启动保护"按钮，弹出"启动保护"对话框。即按图 5-3 中①～⑧的顺序单击，将文档标记为最终状态。对于标记为最终状态的文档，打开时会有"标记为最终"的提示。

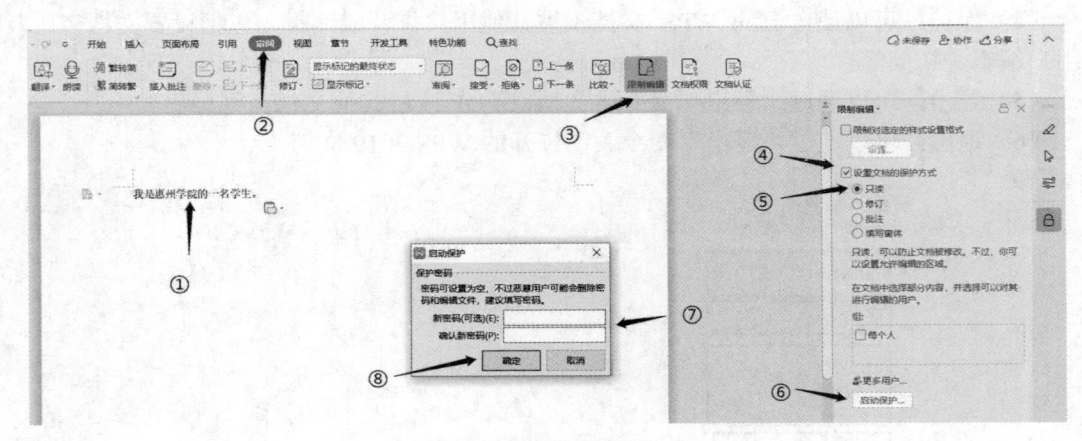

图 5-3 保护文档操作

步骤 4：选择设置密码命令。单击"保存"快捷键后，弹出"另存文件"对话框。

步骤 5：设置密码。单击"加密"按钮，弹出"密码加密"对话框，如图 5-4 所示，输入密码"abc123"，单击"应用"按钮即可完成加密。

步骤 6：保存文档。单击"文件"→"保存"命令或单击"文件"→"另存为"命令，如图 5-5 所示，即可保存文档。

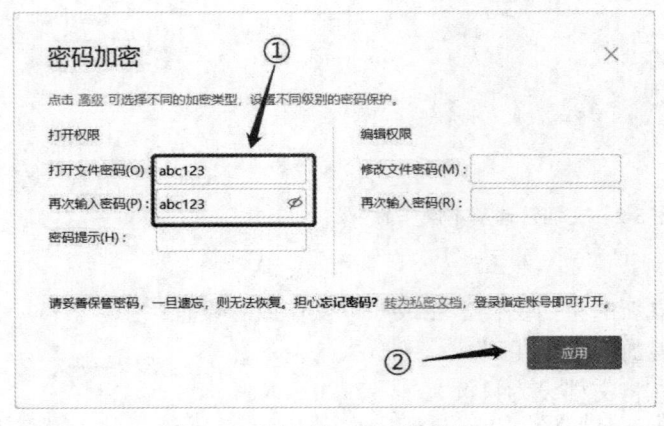

图 5-4 "密码加密"对话框   图 5-5 保存文档

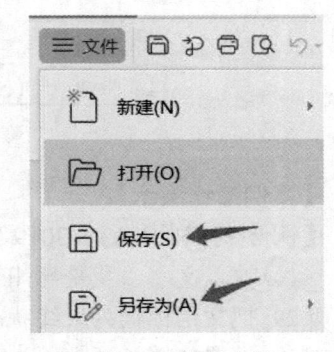

执行以上命令后弹出"另存文件"对话框,如图 5-6 所示。输入文件名"例 5-1 简介",选择文件存储位置,然后单击"保存"按钮,完成文档的保存。

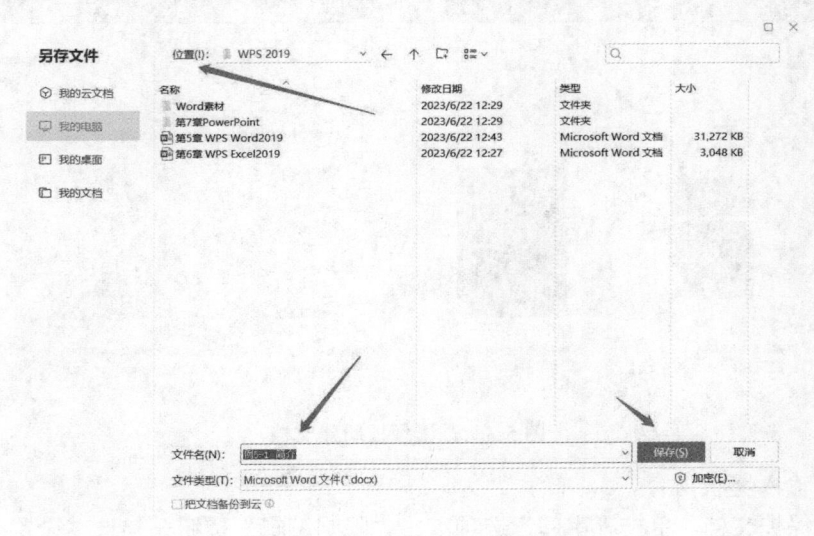

图 5-6 "另存文件"对话框

步骤 7:关闭文档。单击窗口右上角的"关闭"按钮,或者执行"文件"→"关闭"菜单命令。

【例 5-2】参考图 5-7,利用 WPS 2019 奖状模板制作一个简历邀请函,并限制用户编辑,然后以"例 5-2 邀请函"为文件名保存到桌面。

图 5-7 制作奖状效果图

步骤 1:如图 5-8 所示,选择"文件"→"新建"菜单命令,选择一种邀请函模板,单击"创建"按钮,将创建基于该模板的新文档。

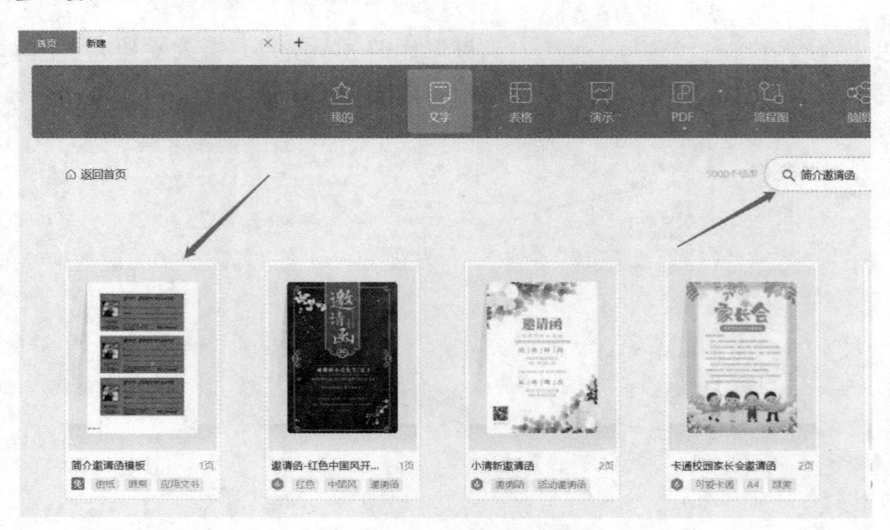

图 5-8 基于模板新建文档

步骤 2：输入奖状内容。

步骤 3：保护文档。单击"审阅"选项卡→"限制编辑"按钮→勾选"设置文档的保护方式"复选框→选中"只读"单选项→单击"启动保护"按钮，弹出"启动保护"对话框。即按图 5-3 中①~⑧的顺序单击，完成标记文档为最终状态，勾选"每个人"复选框，如图 5-9 所示。

步骤 4：按要求保存关闭文档。（具体操作参看例 5-1 的步骤 5 和步骤 6）

【例 5-3】 打开例 5-2 中的文档，按原来的位置和名称导出 PDF 类型文档。

操作步骤如下。

步骤 1：打开要编辑的文档。双击例 5-2 保存的文档"例 5-1 邀请函"。

步骤 2：执行"导出"命令。选择"文件"→"输出为 PDF"菜单命令，如图 5-10 所示。

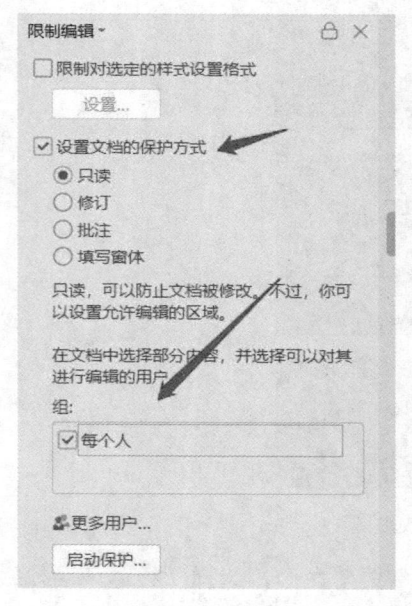

图 5-9 限制编辑窗格　　　　　图 5-10 导出命令

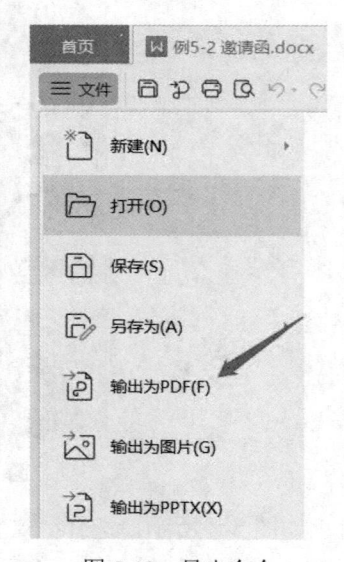

步骤 3：弹出"输出为 PDF"对话框，如图 5-11 所示，可以设置保存目录以及选择输出为 PDF 的输出范围。默认导出的文件名与打开的 WPS 2019 文档一致。对话框中已经默认保存类型为 PDF（*.pdf），不用设置。单击"开始输出"按钮，完成文档的导出。完成之后，可以在导出位置看到导出的 PDF 文件。

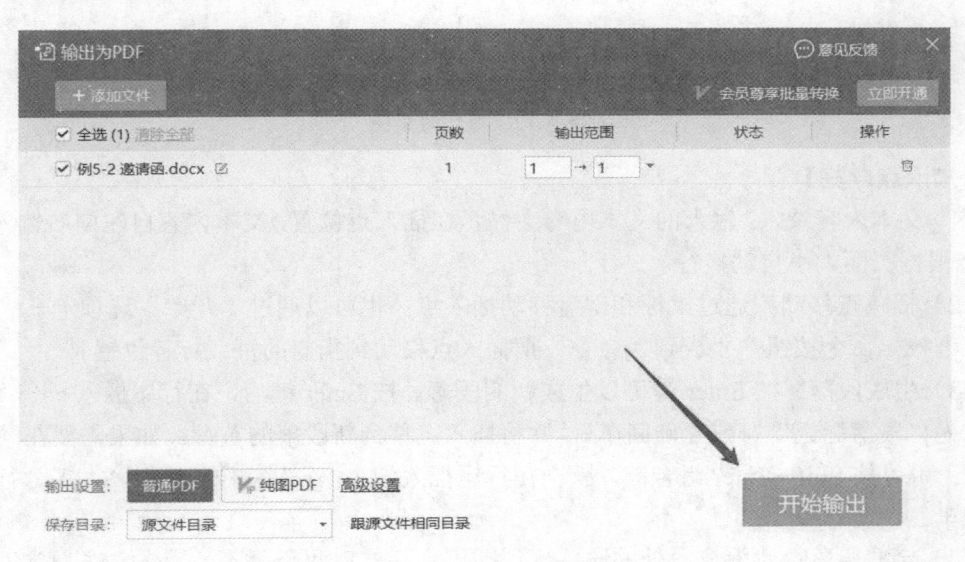

图 5-11　"输出为 PDF"对话框

【小贴士】WPS 2019 文档的扩展名为".docx"，即 WPS 2019 文档类型。本书没有指定 WPS 2019 文档保存类型时，都默认为 WPS 2019 文档类型。如果要转换文档类型，可以在"另存文件"对话框（图 5-6）中设置文档类型。

【应用实践】

练 5-1　新建空白文档，并输入内容"中华人民共和国"，然后将文档以"练 5-1 中国"为文件名保存到桌面。

练 5-2　打开练 5-1 保存的文档，设置密码为"123!@#"，再以"练 5-1 中国加密"名保存到桌面。

练 5-3　结合自己的情况，利用 WPS 2019 模板，建立一个用户应聘"青年志愿者社团"的简历，最终以"练 5-3 简历"为文件名保存到桌面。

练 5-4　打开练 5-2 保存的文档，设置限定用户编辑，再以原文件名保存到原位置。

练 5-5　打开练 5-3 保存的文档，按原来的位置和名称导出为 PDF 类型。

5.3　文档内容的基本操作

5.3.1　文档内容输入

【学习成果】能在文档中输入文本内容，包括数字、字母、符号、汉字等。具体可以完成图 5-12 操作效果图的文本输入。

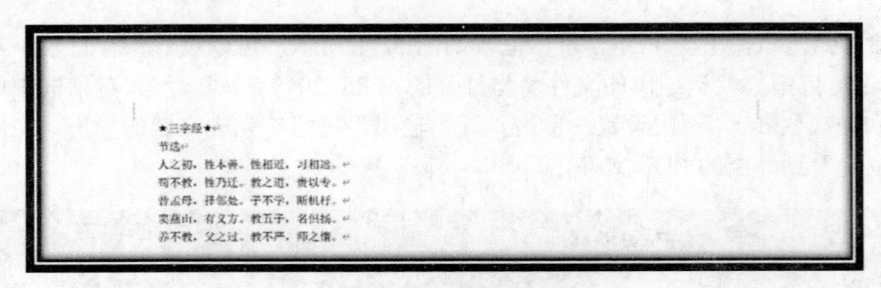

图 5-12 操作效果图

【知识点导览】

（1）文本内容录入：输入的文本内容会显示在插入点位置，文本内容自左向右输入，WPS 2019 会根据页面大小自动换行。

（2）插入点移动：通过鼠标和键盘移动插入点；也可以通过"开始"选项卡→"编辑"组的"查找"命令按钮→"转到"命令，把插入点移动到指定的页、行等位置。

（3）生成段落：按 Enter 键可以生成新的段落。按 Enter 键后，在行尾插入一个"↵"符号，称为"段落标记"符或"硬回车"，并将插入点移到新段落的首行。如果需要在同一段落内换行，可以按 Shift+Enter 组合键，就会在行尾插入一个"↓"符号，称为"人工分行"符或"软回车"。

（4）合并段落：删除分段处的段落标记即可合并前后两个段落。操作方法为首先把插入点移到分段处的段落标记，按 Delete 键删除该段落标记，即可合并该段落标记前后两个段落。

（5）插入特殊符号：通过"插入"选项卡→符号组的"符号"命令插入特殊符号。

（6）插入另一个文档：在录入文本过程中，如果需要插入另一个 WPS 2019 文档中的全部内容，可以通过单击"插入"选项卡→"文本"组的"对象"命令，从弹出的下拉菜单中选择"文件中的文字"命令完成。

【案例操作演示】

【例 5-4】新建一个空白文档，并输入如下内容。然后以"例 5-4 三字经节选"为文件名保存。

三字经

人之初，性本善。性相近，习相远。

教之道，贵以专。

昔孟母，择邻处。子不学，断机杼。

操作步骤如下。

步骤 1：打开 WPS 2019，新建一个空白文档。

步骤 2：输入文本。将输入法切换到中文，输入题目要求内容。输入一行内容后，按 Enter 键换行（分段）。

步骤 3：保存文件。以"例 5-4 三字经节选"为文件名保存。

【例 5-5】打开例 5-4 的文档，完成如下操作。

（1）在标题"三字经"的文字前后分别输入一个实心五角星形的特殊符号（该符号在符

号选项卡中字体为 Wingdings，字符代码为 171）。

（2）在第三段落开始处输入内容"苟不教，性乃迁。"（输入的内容为双引号内的内容，内容中的符号为全角符号）。

（3）在第一段（标题）后插入一个新的段落，并输入内容"节选"。

（4）在文档的末尾插入"例 5-5 素材中的内容"。

（5）以"三字经节选"为文件名保存。

操作效果图如图 5-12 所示。

操作步骤如下。

步骤 1：打开要编辑的文档。找到"例 5-4 三字经节选"，双击打开文档。

步骤 2：插入特殊字符。插入点移动到标题"三字经"的前面（在文字"三"之前单击），选择"插入"→"符号"→"其他符号"菜单命令，如图 5-13 所示。

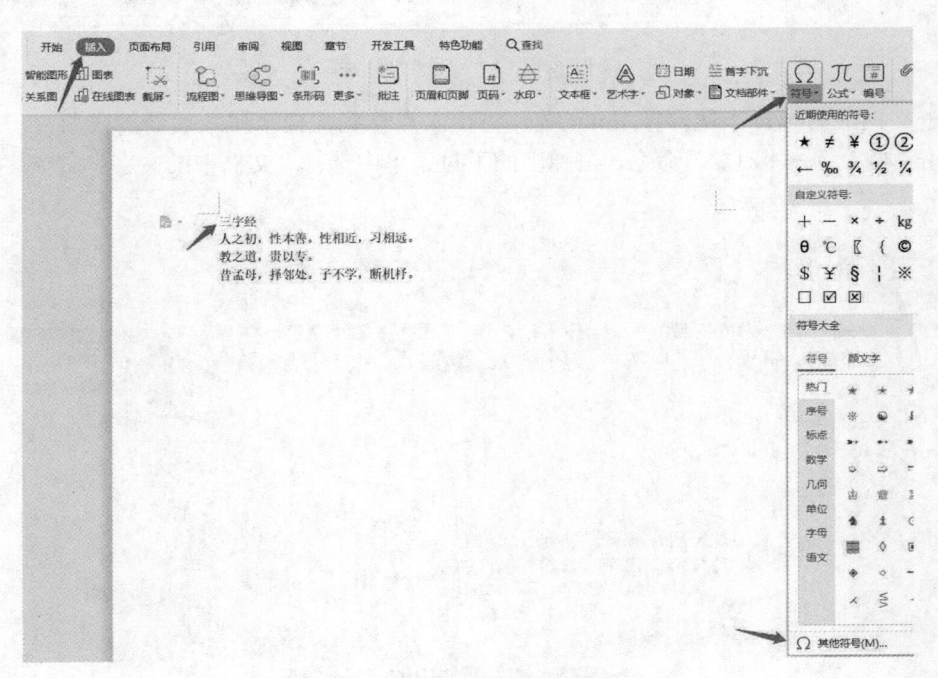

图 5-13　插入特殊字符步骤

弹出"符号"对话框，如图 5-14 所示，设置对话框字体为"Wingdings"，字符代码为"171"。设置后，"★"将处于选定状态，然后单击"插入"按钮。完成在"三字经"标题前插入"★"的操作。用相同方法继续在"三字经"标题后面插入"★"。

步骤 3：在第三段落开始处输入"苟不教，性乃迁。"。单击文档中第三个段落开始位置，然后输入内容"苟不教，性乃迁。"。

步骤 4：插入"节选"作为新段落。单击第一个段落（标题）的结束位置，然后按 Enter 键新生成段落，输入内容"节选"。

步骤 5：在文档内容末尾插入其他 WPS 2019 文档内容。

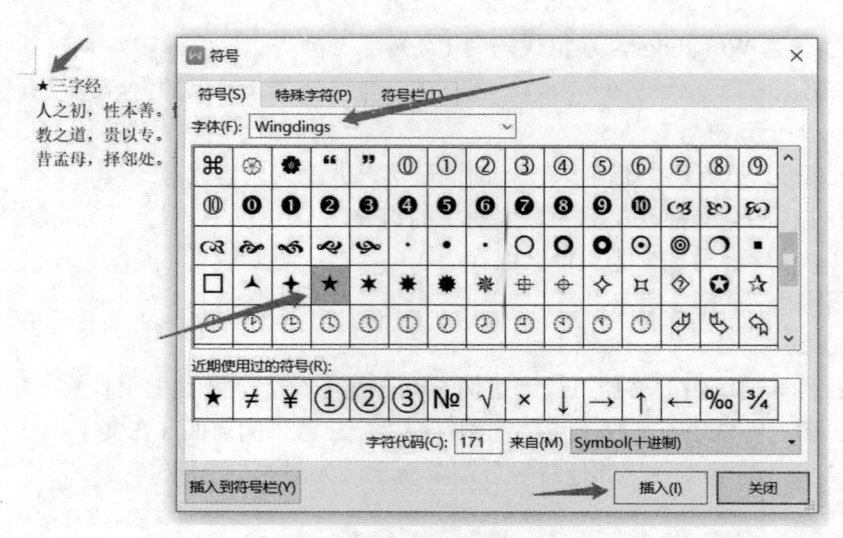

图 5-14 "符号"对话框

单击文档最后一行末尾，按 Enter 键，将插入点移到文档末尾之后新的段落。
单击"插入"→"对象"命令，在弹出的下拉菜单中选择"文件中的文字"命令，如图 5-15 所示。

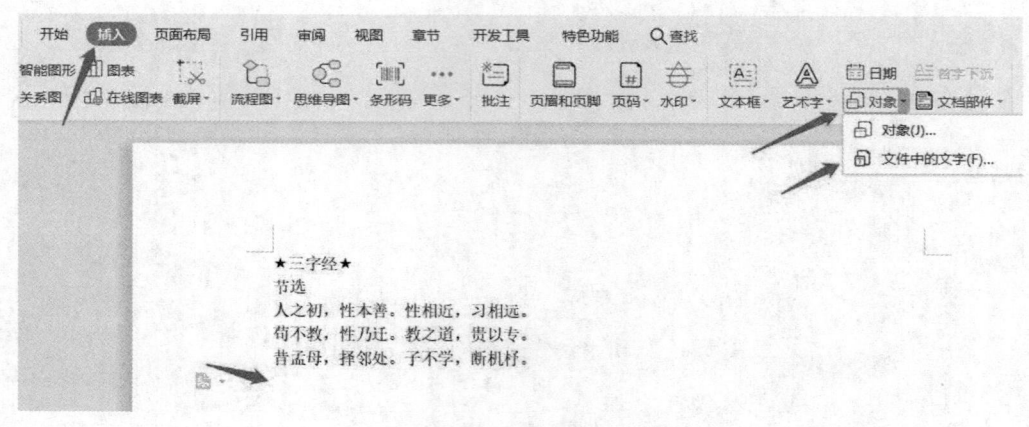

图 5-15 插入文件中的文字命令

弹出"插入文件"对话框，如图 5-16 所示，找到要插入的素材"例 5-5 素材"，然后单击"打开"按钮，文件"例 5-5 素材"中的内容将插入当前文档插入点的位置。

步骤 6：保存文件。单击"文件"→"另存为"命令，以"例 5-5 三字经节选"为文件名保存，然后单击"关闭"按钮关闭文档。

【应用实践】
练 5-6 新建一个空白文档，并输入如下内容，然后以"练 5-6 从军行"为文件名保存。
《从军行》
唐王昌龄
青海长云暗雪山，孤城遥望玉门关。
黄沙百战穿金甲，不破楼兰终不还。

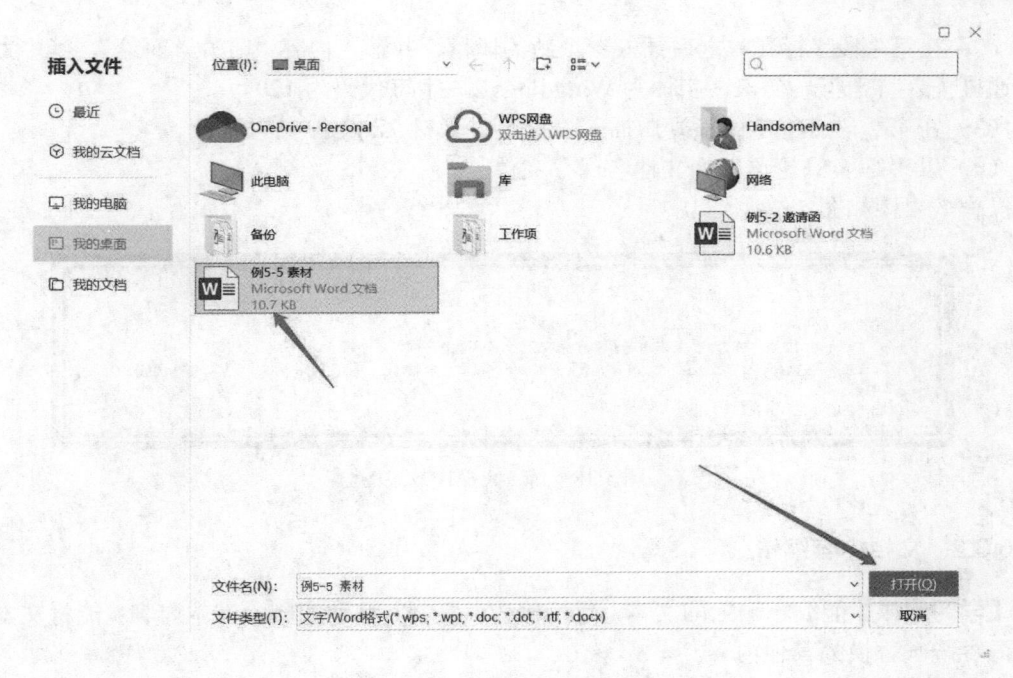

图 5-16 "插入文件"对话框

练 5-7 打开"例 5-4",完成如下操作。

(1) 在第 2 段"唐"字后输入一个实心菱形的特殊符号(该符号在符号选项卡中的字体为 Wingdings 2,字符代码为 173)。

(2) 在第 1 段前输入内容"古诗二首"(输入的内容为双引号内的内容)。

(3) 在末尾插入"练 5-7 素材"文件中的内容。

(4) 在"古诗二首"之后以及两首古诗之间插入一个段落标记。

(5) 以"练 5-7 古诗二首"为文件名保存文件。

操作效果图如图 5-17 所示。

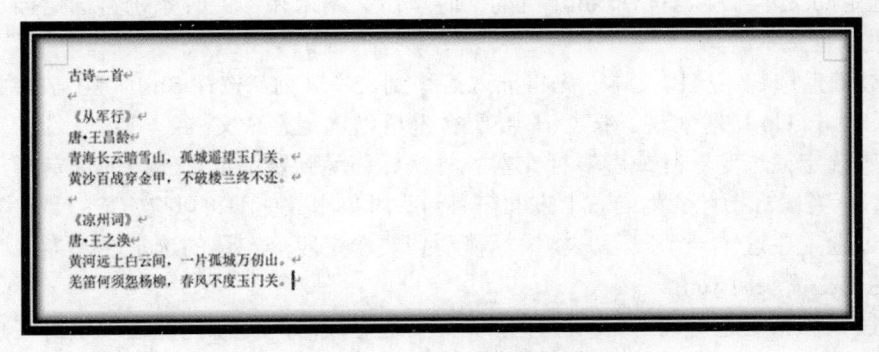

图 5-17 练 5-7 操作效果图

练 5-8 打开"练 5-8 素材 1",完成如下操作。

(1) 在标题"论语"的文字前后分别输入"❥"和"❦"特殊符号(该符号在符号选项卡中的字体为 Wingdings 2,字符代码为 101 和 102)。

（2）在第 1 段（标题）之后插入一个新的段落，并输入内容"(1) 学而篇"，其中"(1)"可以通过插入特殊符号插入，字体为 Wingdings 2，字符代码为 129。

（3）在第 2 段（①学而篇）后插入"练 5-8 素材 2"文件中的内容。

（4）以"练 5-8 论语"为文件名保存文件。

操作效果图如图 5-18 所示。

图 5-18 练 5-8 操作效果图

5.3.2 文档内容编辑

【学习成果】能编辑输入的文本，包括修改、复制、移动和删除文本内容；能将文本中的某些内容统一替换为其他内容。

【知识点导览】

（1）选定文本：录入文本之后，经常还需要移动、复制、删除文本内容，或者对文本内容进行格式化设置。在对文本内容进行这些操作之前需要选定文本，即先选定再操作。"选定文本"是指给要进行设置操作的文本做标记，使其反白显示。下面介绍"选定文本"的常用方法。

1）使用鼠标选定某范围文本。将鼠标 I 形指针移动到要选定文本的起始位置，按住鼠标左键并拖动到要选定文本范围的最后位置，然后松开鼠标左键，即可选定拖动鼠标时所经过范围的文本。

2）鼠标结合键盘选定某范围文本。将插入点移到要选定的文本之前，再把鼠标的 I 形指针移到要选定的文本末端，按住 Shift 键的同时单击文本末端，此时系统将选定插入点至单击位置之间的所有文本。

3）通过键盘选定某范围文本。先将插入点移到文本之前，按住 Shift 键不放，再使用箭头键、PgDn 键、PgUp 键等实现。按 Ctrl+A 组合键可以选定整个文档。

4）通过选定栏选定一行或者多行文本。将鼠标移动到要选定行左边的选定栏（选定栏如图 5-1 所示），当鼠标指针变为向右上方的空心箭头时单击并拖动可以选定一行或者多行文本。

5）通过选定栏选定一个段落。将鼠标移动到要选定段落左边的选定栏，当鼠标指针变为向右上方的空心箭头时双击。

6）通过鼠标左键选定栏选定一个段落。在要选定段落的任何位置连续单击三次。

7）整个文档的选定。在任一行左端的选定栏连续单击三次、按住 Ctrl 键的同时单击选定栏或者按 Ctrl+A 组合键。

（2）撤销选定文本：通过单击编辑区中任意位置或按键盘上任意箭头键，可撤销对文本的选定。

（3）复制命令：复制命令可以将选定的文本复制到剪贴板，执行该命令后原来选定的内容还存在。该命令位于单击"开始"选项卡→"剪贴板"组（ ）；右键菜单也有复制命令；复制命令的快捷键是 Ctrl+C。

（4）剪切命令：剪切命令可以将选定的文本剪切到剪贴板，执行该命令后原来选定的内容会消失。该命令位于单击"开始"选项卡→"剪贴板"组（ ）；右键菜单也有剪切命令；剪贴命令的快捷键是 Ctrl+X。

（5）粘贴命令：是将剪贴板中的内容粘贴到插入点位置。该命令位于单击"开始"选项卡→"剪贴板"组（ ）；右键菜单也有粘贴命令；粘贴命令的快捷键是 Ctrl+V。

（6）查找与替换：查找命令可以快速的从文档中查找到指定内容，替换命令可以快速地将文档中某内容替换为其他内容，包括格式的设置。查找（ 查找）和替换（ 替换）命令都位于"开始"选项卡→"编辑"组。

（7）撤销与恢复：使用撤销命令可以撤销之前在 WPS 2019 中所作的操作，比如对文本的复制删除等；使用恢复命令可以恢复之前的撤销操作。撤销（ ）和恢复（ ）命令都位于 WPS 2019 窗口左上侧的快速访问工具栏。

（8）自动更正："自动更正"功能是 WPS 2019 用来自动更正用户输入时的一些常见错误，如将"abbout"改为"about"，将"日星月异"改为"日新月异"等；或者为了简化输入，把"cn"替换为"中华人民共和国"。在 WPS 2019 中有许多自动更正的词条，用户可以添加新的自动更正的词条项。单击"文件"→"选项"→"校对"→"自动更正选项"命令，在弹出的"自动更正"对话框中添加。

（9）多窗口编辑技术：多窗口编辑技术是辅助用户对单个文档中的不同部分或者对多个 WPS 2019 文档同时编辑。单击"视图"→"窗口"→"拆分"命令，可以将窗口拆分为两部分，拆分后的两部分窗口可以独立显示同一个文档的不同部分（比如可以在上半部分窗口中显示第一段，在下半部分窗口中显示最后一段），方便用户编辑。单击"视图"→"窗口"→"并排查看"命令，可以帮助用户同时比较查看两个文档。

以上的（1）～（5）命令可以完成对文档的修改、复制、移动和删除等操作。具体可以参看案例操作演示部分的内容。

注意：后续案例及练习默认文本中每个回车符作为一段落，即标题为第 1 段。

【案例操作演示】

【例 5-6】使用 WPS 2019 打开"例 5-6 素材"文档，完成以下操作。

（1）把文档第 3 段（含文字"有一天，老马对小马说……"）移动成为文档的第 2 段。

（2）复制文档第 4 段（含文字"小马听了老牛的话，……"），只粘贴文本并粘贴到第 6 段（空行）上，删除原来第 4 段内容（包括段落标记），即复制到第 6 段（空行）上的内容成为第 5 段。

（3）交换第 6 段（含文字"原来河水既不像老牛说的那样浅……"）和第 8 段（含文字"小马甩甩尾巴，……"）内容。

（4）保存文件。

操作步骤如下。

步骤 1：将文档第 3 段移动成为第 2 段。将第 2 段选定后，剪切并粘贴到第 3 段位置。

（1）选定第 2 段。鼠标移到第 2 段左侧选定栏双击，选定后的第 2 段处于反选状态，如图 5-19 所示。

图 5-19 选定文本

（2）执行剪切命令。按 **Ctrl+X** 组合键。

（3）移动插入点到需要粘贴文本位置，即移动到第 2 段起始位置。单击第 2 段起始位置，即在文字"有一天，……"前面单击。

（4）执行粘贴命令。按 **Ctrl+V** 组合键。

完成移动骤操作，效果如图 5-20 所示。

图 5-20 移动操作效果

步骤 2：完成题目第（2）项要求。采用复制和粘贴方法选定文本，指定复制和只保留文本粘贴命令。

（1）选定第 4 段文本。连续单击第 4 段 3 次。

（2）执行复制命令。按 **Ctrl+C** 组合键。

（3）移动插入点到第 6 段，并执行粘贴（只粘贴文本）命令。在第 6 段段落标记位置右击，从弹出的快捷菜单中选择"只粘贴文本"命令，如图 5-21 所示。

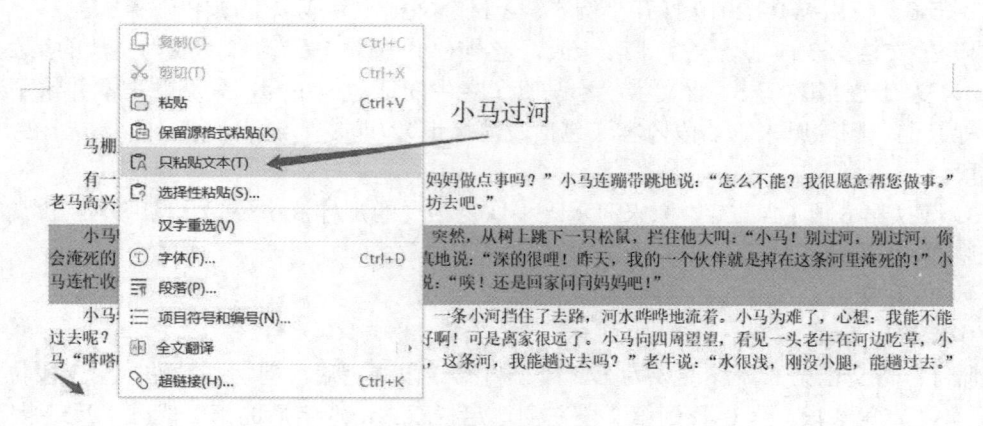

图 5-21 粘贴文本

（4）删除第 4 段内容。选定第 4 段，然后按 Delete 键。

注意：步骤 2 的操作效果和执行剪贴粘贴命令（只粘贴文本）后的效果相同。本步骤的操作只是为了演示复制和删除操作。

步骤 3：交换第 6 段和第 8 段内容。将第 6 段内容剪贴（选择→剪切→粘贴）到第 8 段位置，把第 8 段内容剪贴到第 6 段位置。具体操作略。

步骤 4：保存文件。

操作效果图如图 5-22 所示。

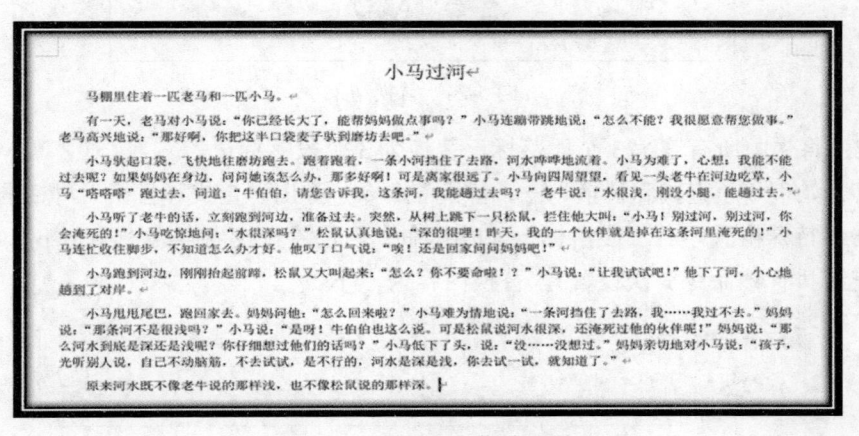

图 5-22　例 5-6 操作效果图

【例 5-7】打开"例 5-7 素材"文档，完成以下操作。
（1）将文档中的所有文字为"小小马"的词组替换为"小马"。
（2）将文中所有连续 3 个段落标记替换为 1 个段落标记。
（3）保存文件。

步骤 1：将文档中所有的文字为"小小马"的词组替换为"小马"，使用替换功能完成。
（1）通过插入点设置开始替换的位置。单击文档的起始位置。
（2）单击"开始"→"查找替换"→"替换"命令或者按快捷键 Ctrl+H，弹出"查找和替换"对话框，如图 5-23 所示；设置"查找内容"为"小小马"，"替换为"为"小马"。

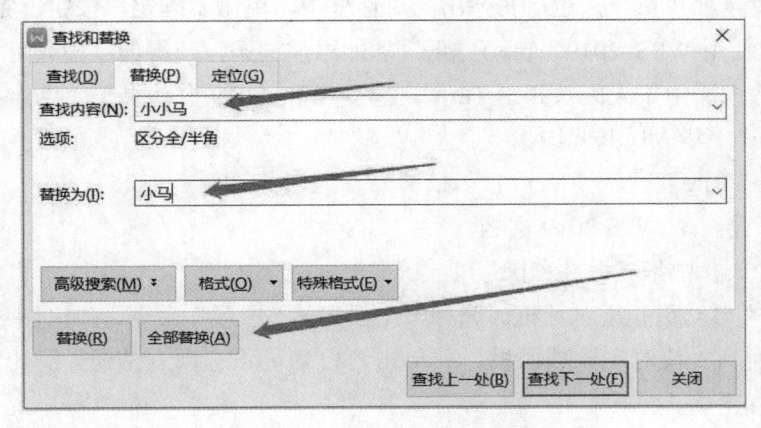

图 5-23　"查找和替换"对话框

（3）单击"全部替换"按钮，弹出图 5-24 所示的对话框，单击"确定"按钮完成替换。

图 5-24　替换结果

步骤 2：将文中所有连续 3 个段落标记替换为 3 个段落标记。

单击"开始"→"查找和替换"→"替换"命令，弹出"查找和替换"对话框，如图 5-25 所示；单击"特殊格式"→"段落标记（P）"命令，设置查找内容为"^p^p^p"（3 个段落标记，通过连续执行该命令 3 次设置），替换内容为"^p"。

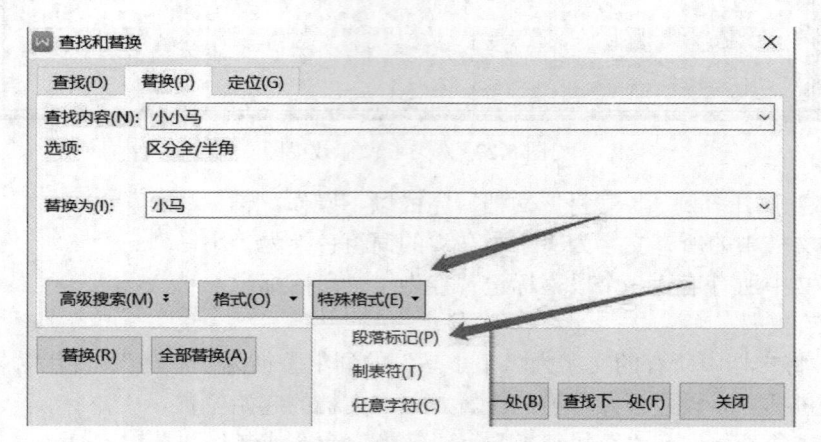

图 5-25　"查找和替换"对话框

然后单击"全部替换"按钮，在弹出的对话框中，单击"确定"按钮，完成替换。

【例 5-8】 使用 WPS 2019"自动更正"功能添加词条，使得如下输入可以自动更正，并在新建文档中输入"中华人民共和国 Ture"，感受 WPS 2019 自动更正效果。

（1）输入"中华人民共和国"。

（2）输入"Ture"。

步骤 1：新建一个 WPS 2019 文档。

步骤 2：输入"中华人民共和国"。

（1）弹出"自动更正"对话框。选择"文件"→"选项"命令，弹出图 5-26 所示的"选项"面板，切换到"校对"选项面板，并单击"自动更正选项"按钮，弹出图 5-27 所示对话框。

图 5-26 "选项"面板

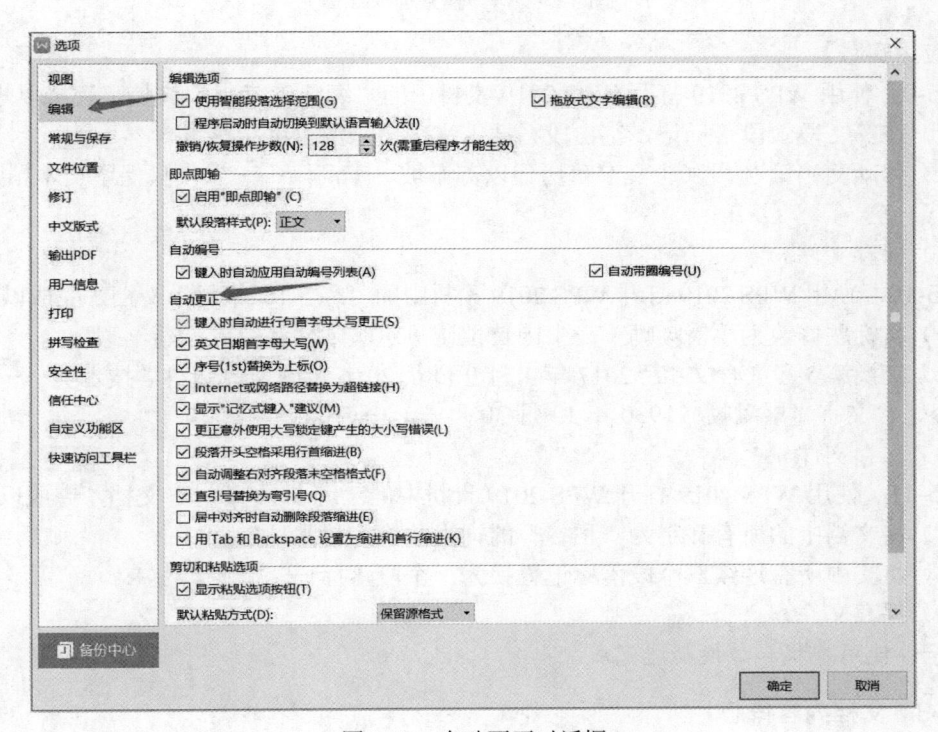

图 5-27 自动更正对话框

（2）设置自动更正内容。

（3）单击"确定"按钮。

步骤 3：输入"ture"后按 Enter 键。

步骤 4：感受输入内容的自动更正。输入内容"中华人民共和国 Ture"，将会自动更正为图 5-28 所示内容。

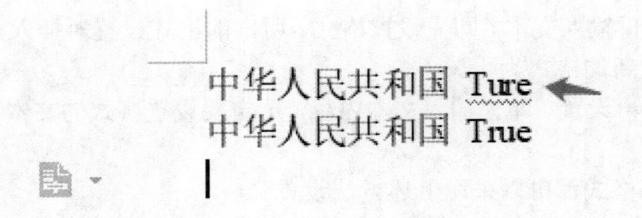

图 5-28 自动更正效果

【小贴士】除自动更正功能外，WPS 还有拼写检查功能，能检查文档内容中所有不规范的词条，如图 5-29 所示。

图 5-29　拼写检查选项菜单

【应用实践】

练 5-9　使用 WPS 2019 打开 WPS 2019 素材中的"练 5-9 素材"文档，完成以下操作。

（1）在第 2 段（段落标记，空白段）插入文字"来源百度百科"。

（2）移动文档第 3 段（含文字"历代以苏东坡、李商隐……"），只保留文本粘贴到第 5 段（空行）上。

（3）保存文件。

练 5-10　使用 WPS 2019 打开 WPS 2019 素材中的"练 5-10 素材"文档，完成以下操作。

（1）将标题修改为"屠呦呦——中国首位诺贝尔医学奖获得者、药学家"。

（2）交换第 3 段（含文字"2017 年 1 月 9 日获 2016 年国家最高科学技术奖……"）和第 6 段内容［含文字"屠呦呦（1930 年 12 月 30 日—）……"］。

（3）保存文件。

练 5-11　使用 WPS 2019 打开 WPS 2019 素材中的"练 5-11 素材"文档，完成以下操作。

（1）将文档中的所有文字为"稻谷"的词组替换为"水稻"。

（2）将文中所有连续三个段落标记替换为一个段落标记。

（3）保存文件。

提示：使用查找和替换功能完成。

5.3.3　文档内容排版

【学习成果】能根据需求设置文本内容的字体格式和段落格式，比如字体大小、颜色以及段落行距、段前段后距离等。

【知识点导览】

（1）字体格式：字符格式包括字体、字形（加粗、倾斜等）、字体大小、字体颜色、下画线、着重号、效果（删除线、上角标、下角标等）、字符间距（缩放、间距、位置等）。

1）格式设置步骤。

方法一：先设置再输入文本。即先设置格式，所做的格式设置对插入点之后输入的文本都有效，直到重新设置新的格式为止。

方法二：先输入再设置。即先输入文本内容，选定要设置格式的文本，再对选定的文本进行设置。

字符格式和段落格式都可以采用上述方法设置。

2）格式设置工具。

方式一：单击"开始"→"字体"组的命令按钮，如图 5-30 所示。

图 5-30 "字体"组的命令按钮

方式二:"字体"对话框,如图 5-31 所示。单击"字体"命令组右下角的按钮或者选定文本后在快捷菜单选择"字体"命令弹出。

图 5-31 "字体"对话框

方式三:选定要设置的文字,在选定内容的右上侧出现浮动常用格式命令,单击要设置的字体格式按钮即可,如图 5-32 所示。

图 5-32 浮动常用格式命令

(2)段落格式:段落格式包括段落缩进(左缩进、右缩进、首行缩进和悬挂缩进)、段间距(段前距离、段后距离)、行间距、大纲级别和对齐方式等。

左右缩进是指段落文字距离左右边距的距离；首行缩进是指段落首行文字距离左缩进边距的距离；悬挂缩进是指段落中除首行外的其他文字距离左缩进边距的距离。图 5-33 中是第 1 段和第 2 段左右各缩进 4 个字符，第 1 段首行缩进 4 个字符，第 2 段悬挂缩进 4 个字符效果。

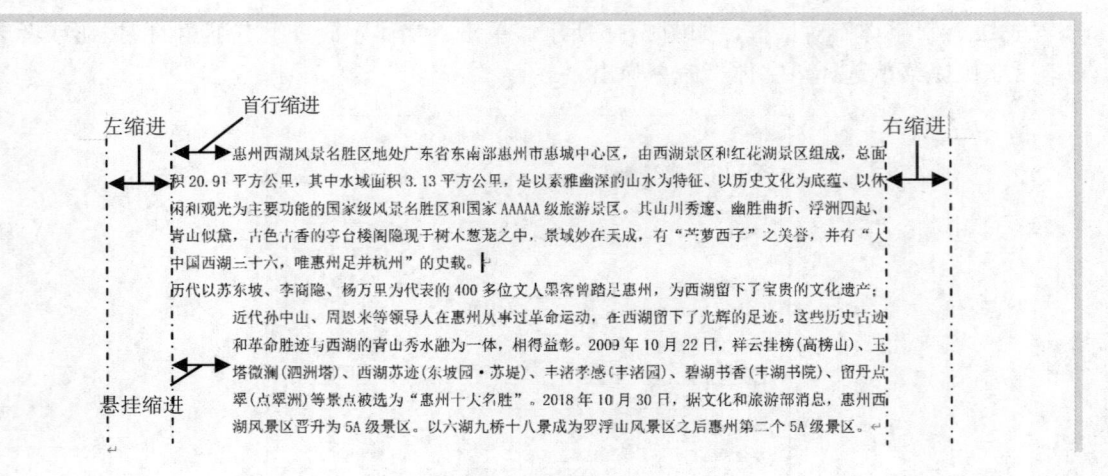

图 5-33　缩进效果

段落格式设置工具。

方法一：段落命令按钮。"开始"→"段落"组命令按钮，如图 5-34 所示。

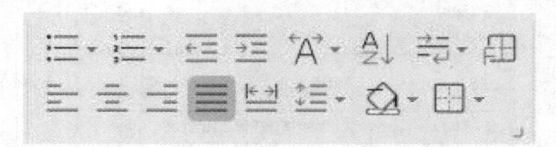

图 5-34　"段落"组命令按钮

方法二："段落"对话框，如图 5-35 所示。单击"段落"命令组右下角的按钮或者选定文本后在快捷菜单中选择"段落"命令弹出。

（3）格式刷：格式刷位于"开始"→"剪贴板"组，用于帮助用户排版过程中将设置好的格式快速地应用于到其他文本或段落。

【案例操作演示】

【例 5-9】使用 WPS 2019 打开"例 5-9 素材"文档，完成以下操作，设置效果如图 5-36 所示。

（1）设置第 1 段（标题）文档的文字字符缩放 150%，字符间距加宽 2 磅，其中文字"过河"字符位置上升 8 磅。

（2）设置文中对话内容的字体格式，字体为楷体，字形为加粗、倾斜，字号为小四号，字体颜色为标准色绿色，标准色橙色双下划线。

（3）除第 1 段外，所有段落首行缩进 2 个字符，段后 0.5 行。

（4）保存文件。

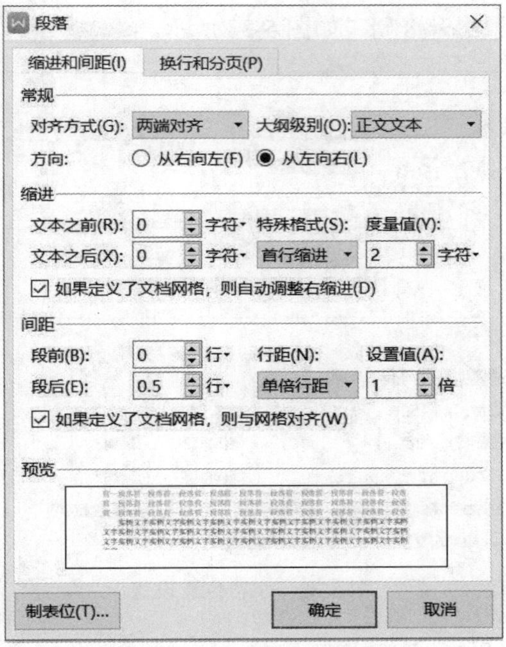

图 5-35　“段落”对话框

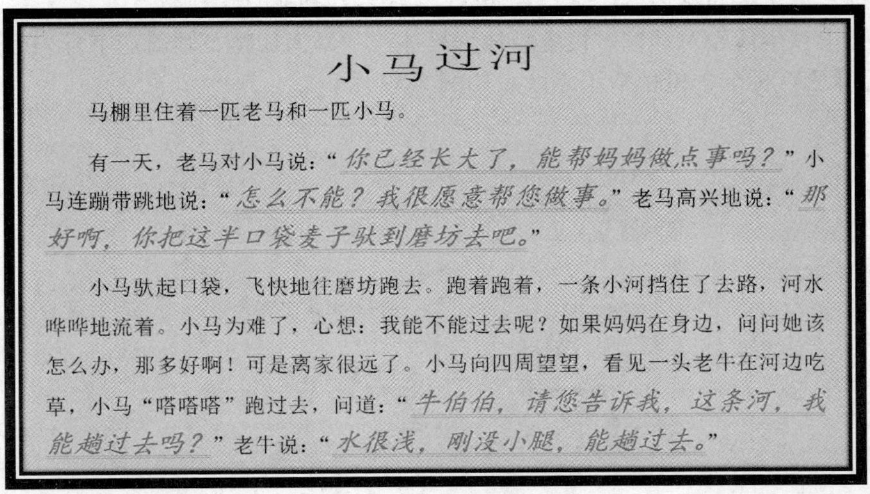

小马过河

马棚里住着一匹老马和一匹小马。

有一天，老马对小马说：“你已经长大了，能帮妈妈做点事吗？”小马连蹦带跳地说：“怎么不能？我很愿意帮您做事。”老马高兴地说：“那好啊，你把这半口袋麦子驮到磨坊去吧。”

小马驮起口袋，飞快地往磨坊跑去。跑着跑着，一条小河挡住了去路，河水哗哗地流着。小马为难了，心想：我能不能过去呢？如果妈妈在身边，问问她该怎么办，那多好啊！可是离家很远了。小马向四周望望，看见一头老牛在河边吃草，小马“嗒嗒嗒”跑过去，问道：“牛伯伯，请您告诉我，这条河，我能趟过去吗？”老牛说：“水很浅，刚没小腿，能趟过去。”

图 5-36　设置效果

步骤 1： 设置第 1 段的文字缩放和字符间距。

（1）选定第 1 段文字。

（2）右击选定文字，在弹出的快捷菜单中单击“字体”命令，弹出“字体”对话框，切换到字符间距，并设置字符缩放 150%，字符间距加宽 2 磅，如图 5-37 所示。

步骤 2： 设置标题“过河”字符位置上升 8 磅。

（1）选定标题中的文字“过河”。

（2）单击“开始”→“字体”组右下角⌟按钮，弹出“字体”对话框，切换到“字符间距"选项卡，设置字符位置上升 8 磅。如图 5-38 所示。

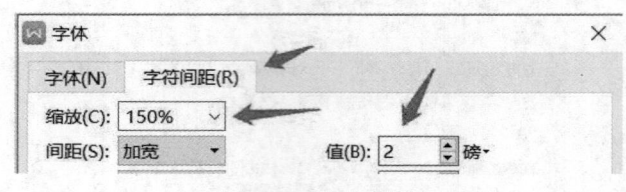

图 5-37　字体设置

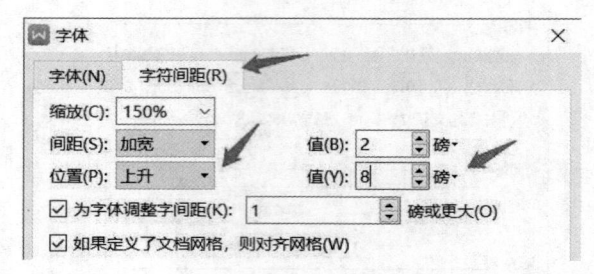

图 5-38　字符位置设置

（3）单击"确定"按钮。

步骤 3：设置第 1 句对话内容的字体格式。

（1）选定第 1 句对话内容"你已经长大了，能帮妈妈做点事吗？"。

（2）弹出"字体"对话框，设置字体为楷体，字形为加粗、倾斜，字号为五号，字体颜色为标准色绿色，标准色橙色双下划线，如图 5-39 所示。

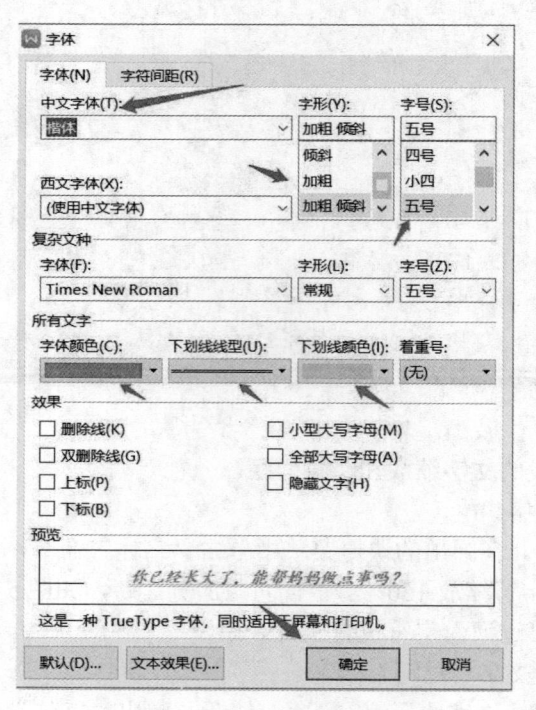

图 5-39　字体格式设置

(3) 单击"确定"按钮。

步骤4：设置剩余对话内容的字体格式。利用格式刷将第 1 句话的字体格式应用到其他内容。

(1) 单击设置好格式的对话内容"你已经长大了，能帮妈妈做点事吗？"的任意位置。

(2) 双击"格式刷"按钮 ，鼠标指针变成"刷子"形状。因为要应用格式刷设置多次格式，所以双击；如果只需应用 1 次，则可单击。

(3) 把鼠标指针移到要应用与选定文本相同格式的文本区域（文字内容"怎么不能？我很愿意帮您做事。"）之前。

(4) 按住鼠标左键，并拖动鼠标经过要排版的文本区域（选定文本"怎么不能？我很愿意帮您做事。"）。

(5) 松开鼠标左键，可见被选定的文本（"怎么不能？我很愿意帮您做事。"）与步骤（1）中选定文本（"你已经长大了，能帮妈妈做点事吗？"）的格式相同。

重复步骤（2）至步骤（5）完成其他内容格式设置，单击"格式刷"按钮或者按 Esc 键，即可取消格式刷。

步骤5：除第 1 段外，设置所有段落的段落格式。

(1) 选定除第 1 段外的所有段落。

(2) 从快捷菜单选择"段落"命令，在弹出的"段落"对话框（图 5-40）中设置首行缩进 2 个字符，段后 0.5 行。

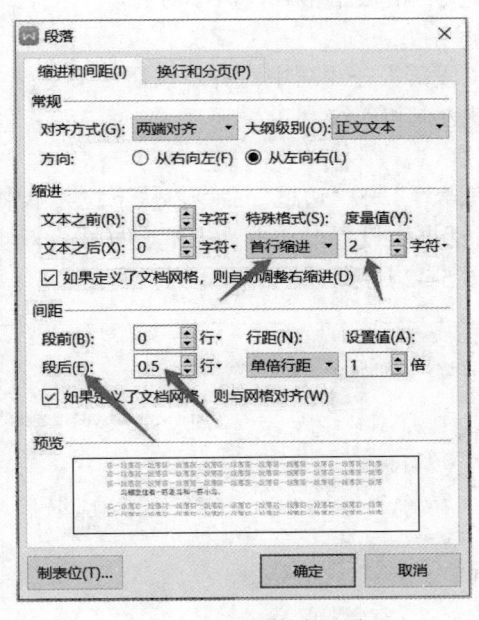

图 5-40　段落格式设置

(3) 单击"确定"按钮。

操作效果如图 5-36 所示。

【例 5-10】 使用 WPS 2019 打开"例 5-10 素材"文档，完成以下操作。操作完毕后效果如图 5-41 所示。

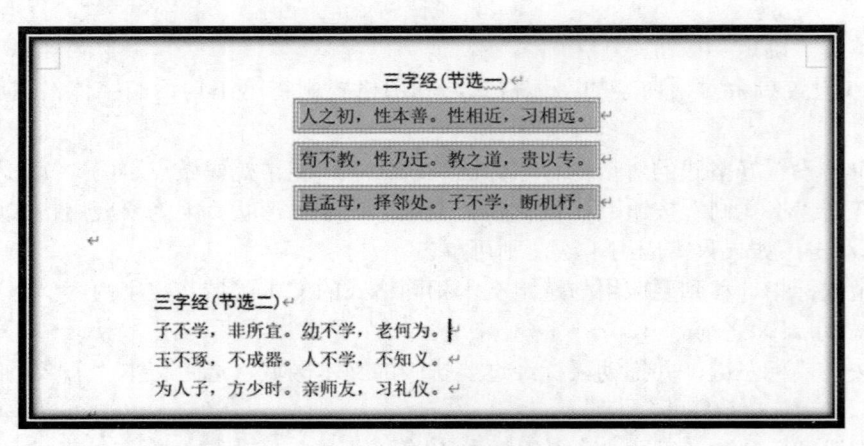

图 5-41　操作效果

(1) 设置第 1～4 段文档的段落格式：把文字"三字经（节选一）"设置为居中对齐。

(2) 设置第 2～4 段边框和底纹，设置边框宽度为 1.5 磅、标准色浅绿色的双实线方框，应用于文字；底纹填充为标准色绿色，应用于文字。

(3) 设置第 6 段文字"三字经（节选一）"段前间距为 26 磅。

(4) 设置第 6～9 段左缩进 30 磅。

(5) 保存文件。

步骤 1：设置第 1～4 段文档的段落格式，居中对齐。

(1) 选定第 1～4 段文字。

(2) 单击"开始"→"段落"→"居中对齐"按钮，或者按 Ctrl+E 组合键。

步骤 2：设置第 2～4 段边框和底纹。

(1) 选定第 2～4 段文字。

(2) 单击"开始"→"段落"→"边框"命令，从下拉菜单中选择"边框和底纹"命令，在弹出的"边框和底纹"对话框中设置，边框为方框，样式为双实线，颜色为绿色，宽度为 1.5 磅，应用于为文字，如图 5-42 所示。

图 5-42　边框设置

（3）单击"底纹"选项卡，设置填充为浅绿色，应用于为文字。如图 5-43 所示。

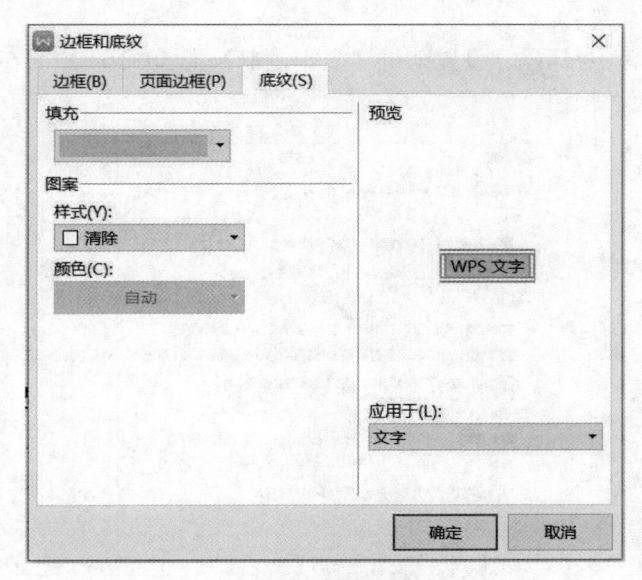

图 5-43　底纹设置

步骤 3：设置第 6 段段前间距为 26 磅。

（1）单击第 6 段文字"三字经（节选二）"。

（2）从快捷菜单选择"段落"命令，弹出"段落"对话框，设置间距（段前）为 26 磅。单位"磅"可以直接输入，如图 5-44 所示。

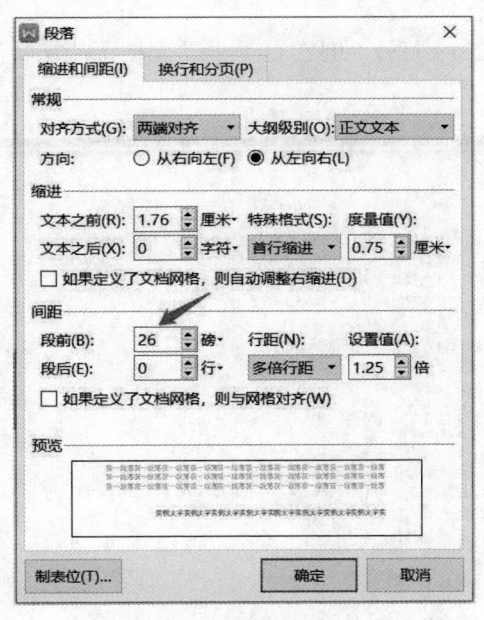

图 5-44　设置段前间距

（3）单击"确定"按钮。

步骤 4：设置第 6～9 段左缩进 30 磅。

（1）选定第 6～9 段。

（2）弹出"段落"对话框。设置缩进（文本之前）为 50 磅，如图 5-45 所示。

（3）单击"确定"按钮。

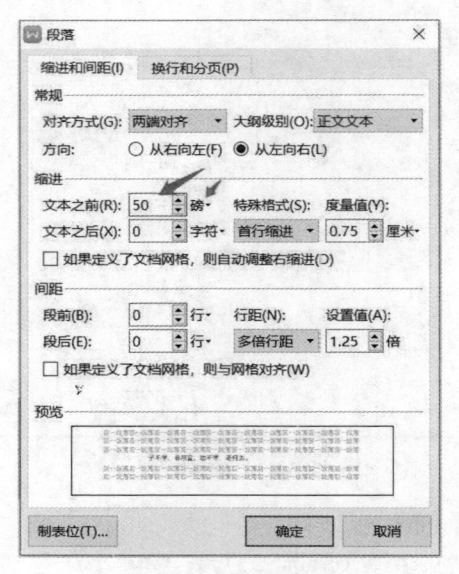

图 5-45　段落对话框

步骤 5：保存文件。

操作效果如图 5-41 所示。

【**例 5-11**】使用 WPS 2019 打开"例 5-11 素材"文档，完成以下操作，操作效果如图 5-46 所示。

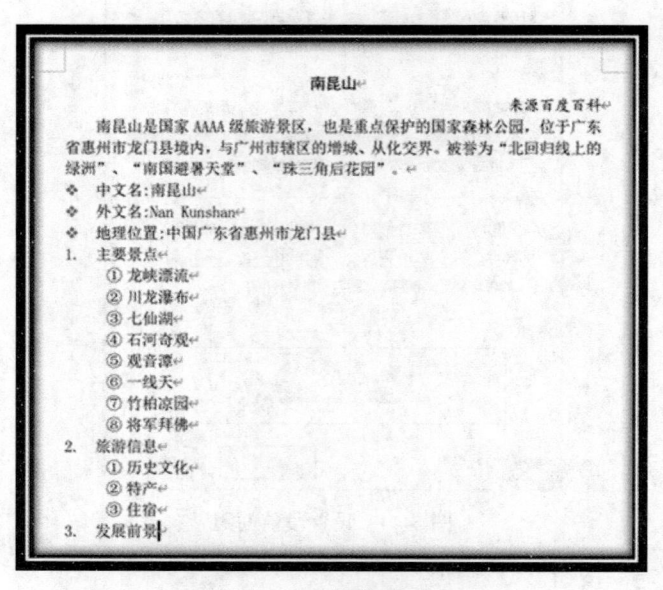

图 5-46　操作效果

（1）选择文档第 4~6 段，插入项目符号，符号字体 Wingdings，字符代码 118，符号值来自十进制，红色字体。

（2）按图 5-47 设置项目符号和编号，一级编号位置为左对齐，对齐位置为 0 厘米，文字缩进位置为 0 厘米。

（3）二级编号位置为左对齐，对齐位置为 1 厘米，文字缩进位置为 1 厘米（编号含有半角句号符号）。

（4）保存文件。

步骤 1：设置第 4~6 段的项目符号。

（1）选定第 4~6 段。

（2）单击"开始"→"段落"→"预设项目符号"右侧箭头，从下拉菜单中选择"自定义新项目符号"命令，弹出"项目符号和编号"对话框，如图 5-47 所示。单击"自定义"按钮设置项目符号，设置符号字体为 Wingdings，字符代码为 118，符号值来自十进制，设置方法与插入"符号"相同。单击"字体"按钮，弹出"字体"对话框，设置字体（符号）颜色为红色。

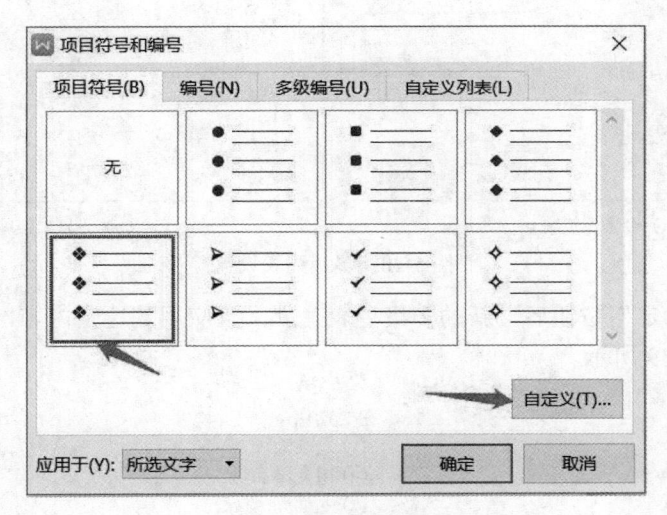

图 5-47 "项目符号和编号"对话框

（3）单击"确定"按钮。

步骤 2：设置多级列表（项目符号和编号）。

（1）选定设置内容。从"主要景点"到"发展前景"。

（2）单击"开始"→"段落"→"多级列表"右侧箭头，从下拉菜单中选择"定义新的多级列表"命令，在弹出的对话框中单击"更多"按钮，然后按要求设置一级编号和二级编号格式。

一级编号设置如下。

（1）选择级别：1。

（2）选择此级别编号样式：1,2,3…。

（3）输入编号格式：1。带阴影的 1 不可以删除，如果 1 后面没有"."，则输入"."。

（4）设置编号位置：左对齐，对齐位置 0 厘米，左缩进位置 0 厘米。

设置效果如图 5-48（a）所示。

二级编号设置如下。

（1）选择级别：2。

（2）选择此级别编号样式：(1)，(2)，(3)…。

注意：如果"此级别编号样式"下拉列表中没有"(1)，(2)，(3)…"这个选项。需要通过"文件"→选项，弹出"WPS 2019 选项"对话框，切换到"语言"面板，然后通过"添加"按钮添加"朝鲜语"。在重启 WPS 2019 便可以在此级别编号样式中看到(1)，(2)，(3)…样式。

（3）设置编号位置：左对齐，对齐位置 1 厘米，左缩进位置 1 厘米。

设置效果如图 5-48（b）所示。

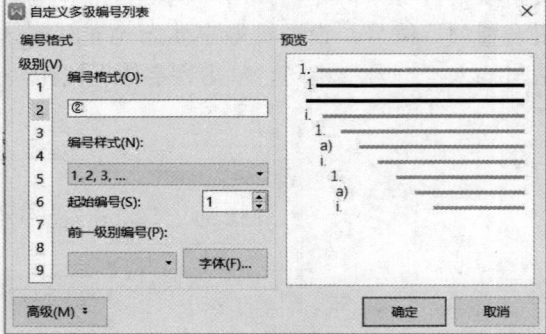

（a）设置一级编号　　　　（b）设置二级编号

图 5-48　多级列表设置

（4）单击"确定"按钮后，新的多级列表建立，且应用到选定内容，默认所有内容都为一级编号，如图 5-49 所示。

1. 主要景点
   ① 龙峡漂流
   ② 川龙瀑布
   ③ 七仙湖
   ④ 石河奇观
   ⑤ 观音潭
   ⑥ 一线天
   ⑦ 竹柏凉园
   ⑧ 将军拜佛
2. 旅游信息
   ① 历史文化
   ② 特产
   ③ 住宿
3. 发展前景

图 5-49　多级列表应用

步骤 3：设置内容级别。因为一级编号的内容已经设置好，下面讲述二级内容编号的设置。

（1）选定二级内容"龙峡漂流……将军拜佛"，然后按 Tab 键，或者单击"开始"→"段落"→"增加缩进量" 命令。

(2) 选定二级内容"历史文化……住宿",然后按 Tab 键。

设置效果如图 5-46 所示。

【小贴士】按 Shift+Tab 组合键或者单击"段落"→"减少缩进量"命令，可以提升内容的编号级别，比如选定二级编号内容，按 Shift+Tab 组合键就会变为一级编号。

【应用实践】

练 5-12　使用 WPS 2019 打开"练 5-12 素材"文档，完成以下操作。

（1）将文档中绿色底纹的文字选中并删除。

（2）将文档中最后一段字体设置为粗体、着重号。

（3）保存文件。

练 5-13　使用"练 5-13 素材"档，完成以下操作，操作效果如图 5-50 中的第 1 段和第 3 段所示。

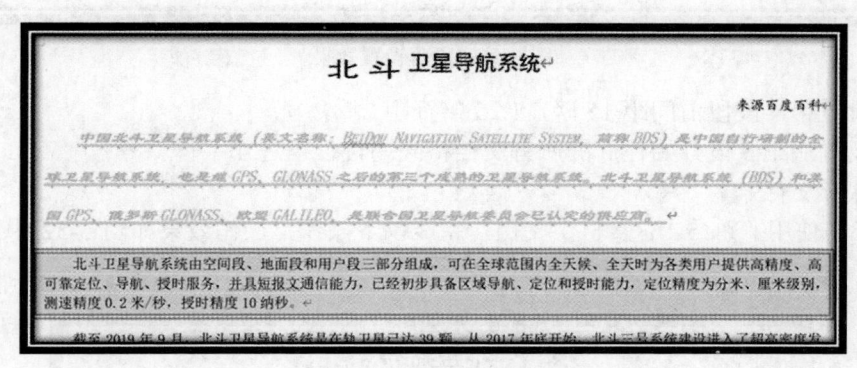

图 5-50　字体设置效果图

（1）设置第 1 段文档的文字"北斗"二字，字符缩放 150%，字符间距加宽 3 磅，字符位置降低 5 磅。

（2）设置第 3 段文档（包含内容"中国北斗卫星导航系统……"）的字体格式。字体为隶书，字形为加粗、倾斜，字号为小四，字体颜色为标准色橙色，标准色绿色双波浪下划线，效果为小型大写字母，加着重号。

（3）保存文件。

练 5-14　使用 WPS 2019 打开 C:\winks\24000164.docx 文档，完成以下操作，操作效果如图 5-50 中的第 4 段所示。

（1）为文档第 4 段（内容含"北斗卫星导航系统由空间段……"）设置边框和底纹为 1.5 磅、标准浅绿色、双实线边框，底纹为自定义颜色（红色 236，绿色 236，蓝色 178）。将边框和底纹应用于段落。

提示：自定义颜色，通过"边框底纹"对话框→底纹→填充→其他颜色，在弹出的"颜色"对话框中切换到"自定义"选项卡设置。

（2）保存文件。

练 5-15　使用"练 5-15 素材"文档，完成以下操作，操作效果如图 5-51 所示。

（1）设置第 1 段标题的段落格式为分散对齐。

（2）设置第 3 段左右侧缩进均为 0.7 厘米。

```
屠呦呦——诺贝尔医学奖获得者、药学家
                                          来源百度百科
    屠呦呦，女，汉族，1930年12月30日出生于浙江宁波，毕业于北京大学，中
共党员，药学家，抗疟药青蒿素和双氢青蒿素发现者，中国中医科学院终身研
究员兼首席研究员、青蒿素研究中心主任、博士生导师。
    1955年，屠呦呦毕业于北京医学院（今北京大学医学部），毕业后分配到中国中医
研究院（今中国中医科学院）工作。
        1969年，接受"523"抗疟药物研究项目，任中药抗疟科研组组长，开始抗疟药
研制。此后，领导团队从系统收集整理历代医籍、本草、民间方药入手，在收集2000
余方药基础上，编写了640种药物为主的《抗疟单验方集》，对其中的200多种中药展
开实验研究。
```

图 5-51 段落设置效果

（3）设置第 4 段段前间距 15 磅，1.25 倍行距。
（4）设置从第 5 段开始往后的所有文档格式为首行缩进 4 字符。
（5）保存文件。

练 5-16 使用"练 5-16 素材"文档，完成以下操作，操作效果如图 5-52 中红色字体部分所示。

```
                    北京故宫
                                          来源百度百科
        北京故宫是中国明清两代的皇家宫殿，旧称紫禁城，位于北京中轴线
    的中心。北京故宫以三大殿为中心，占地面积72万平方米，建筑面积约15
    万平方米，有大小宫殿七十多座，房屋九千余间。
    ✤ 中文名称：北京故宫
    ✤ 所属年代：明清
    ✤ 地理位置：北京
    ✤ 保护级别：世界文化遗产；第一批全国重点文物保护单位。
    一、 历史沿革
        1. 名称考义
        2. 营建原则
        3. 建造过程
        4. 现代状况
    二、 建筑形制
        1. 建筑规模
        2. 建筑造型
    三、 建筑布局
        1. 整体格局
        2. 外朝分布
        3. 故宫内廷
```

图 5-52 多级列表操作效果

（1）把文档最后一段（含"北京故宫是中国明清……"）的段落移动到文档第 3 段。
（2）为文档中含红色字体的段落设置项目符号。自定义项目符号字体为 Wingdings，字符代码为 122，符号（十进制），标准色绿色。

（3）保存文件。

练 5-17　打开"练 5-17"文档，完成以下操作。

（1）设置项目符号和编号，一级编号位置为左对齐，对齐位置为 0 厘米，文字缩进位置为 0 厘米，编号后空格。

（2）二级编号位置为左对齐，对齐位置为 0.75 厘米，文字缩进位置为 0.75 厘米，编号后空格（编号含有半角句号符号）。

（3）保存文件。

5.4　插入文档元素

5.4.1　表格

【学习成果】 能应用表格相关工具制作表格，并对表格进行格式化设置；处理表格数据，比如排序、计算等。

【知识点导览】

1. 建立表格

（1）制作表格：可以单击"插入"→"表格"按钮插入表格、绘制表格命令、文本转换成表格、插入内容型表格等，如图 5-53 所示。制作完成的表格中的每个小格子称为单元格，可以在单元格内输入文本、数字或插入图形等。

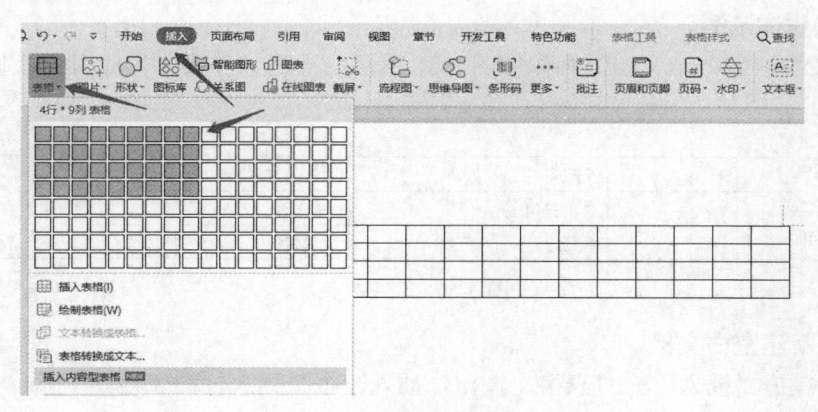

图 5-53　建立表格命令

（2）输入数据：单元格之间相互独立，每个单元格都有"段落标记"，如果将插入点移到单元格内，就可以在插入点所在单元格中进行输入和编辑操作。单元格中的文本编辑操作与其他文本编辑操作相同。

（3）单元格间插入点的移动：通过单击移动插入点到某单元格，按 Tab 键使插入点移到下一个单元格，按 Shift+Tab 组合键使插入点移到前一个单元格，上、下、左、右箭头键可使插入点分别向上、下、左、右移动。

2. 表格布局

建立表格后单击表格，会出现"布局"和"设计"选项卡，通过"布局"选项卡下的命令可以调整表格，包括查看表格属性、绘制表格、行列的插入与删除、单元格合并与拆分、拆分表格、单元格大小设置、对齐方式以及数据处理，如图 5-54 所示。

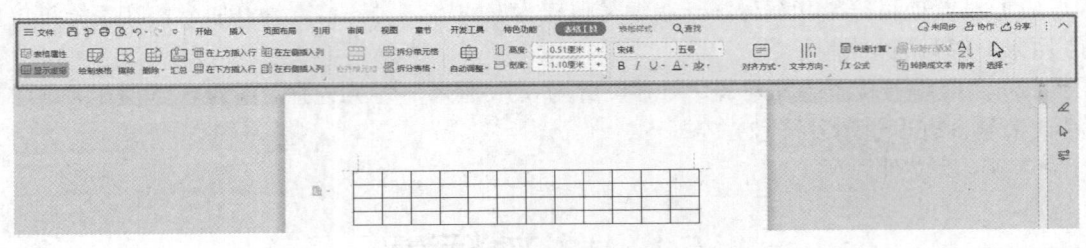

图 5-54　表格布局命令

3. 表格设计

通过"设计"选项卡下的命令可以设计表格样式，包括边框底纹的设置等，如图 5-55 所示。

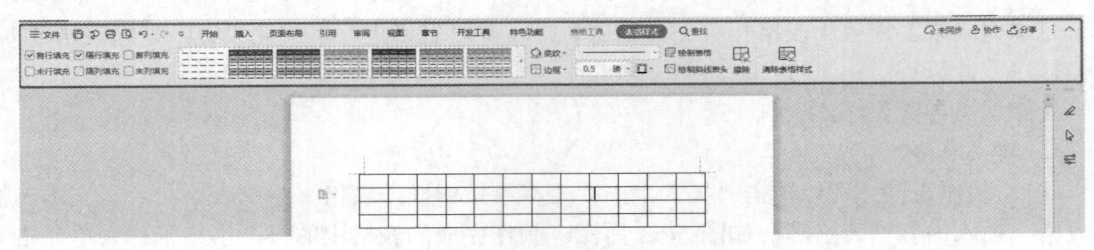

图 5-55　表格设计命令

【案例操作演示】

【例 5-12】新建一个文档，制作如图 5-56 所示的表格，并输入相应内容，制作完成后保存为"例 5-12"。

姓名		性别		出生年月		照片
民族		政治面貌		身高		
学制		学历		户籍		

图 5-56　表格样例

步骤 1：新建空白文档。

步骤 2：单击"插入"→"表格"按钮，插入一个 7 列 3 行的表格。

步骤 3：合并单元格。

（1）选定要合并的单元格（第 7 列）。将鼠标移到表格第 7 列上方，当鼠标指针变为向下实心箭头（↓）时，单击可以选定第 7 列。

【小贴士】表格的选定方法。

- 多列选定：将鼠标移动到表格上方，当鼠标指针变为实心箭头时，按住鼠标左键并拖动鼠标可以选定多列。
- 单行或者多行选定：将鼠标移动到表格左侧，当鼠标指针变为空心箭头时单击选定行，按住鼠标左键并拖动鼠标可以选定多行。
- 全选：将鼠标移动到表格上，表格左上方会出现带箭头十字图标⊞，单击该图标可选定整个表格。

- 部分单元格选定：单击再选定区域的第一个单元格，按住鼠标左键并拖动鼠标至要选定区域的最后一个单元格；或者将鼠标移到要选定区域的第一个单元格左侧，当鼠标指针变成向右上方实心箭头时，按住鼠标左键并拖动鼠标至要选定区域的最后一个单元格。

（2）执行合并命令。将鼠标移到选定单元格上，从快捷菜单中选择"合并单元格"命令，合并单元格，如图 5-57 所示。

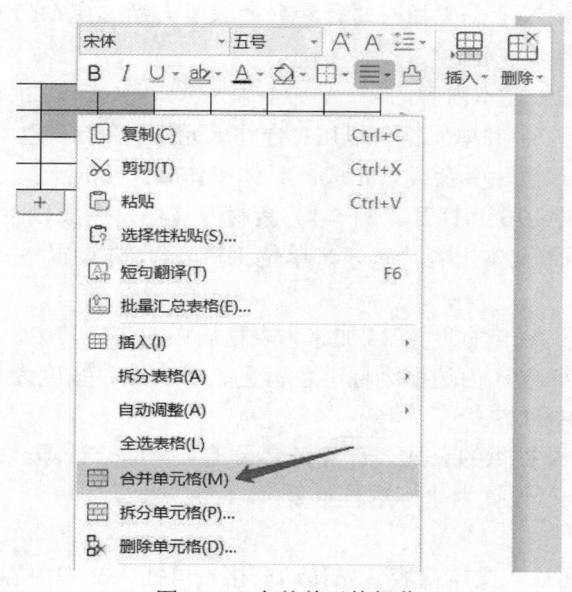

图 5-57　合并单元格操作

步骤 4：在表格中输入文本。

【例 5-13】打开"例 5-13 素材"，然后完成如下操作，设置效果如图 5-58 所示。

（1）在表格最后插入 3 行，然后在第 4 行第 1 列输入"专业"，第 4 行第 4 列输入"毕业学校"，第 5 行第 1 列输入"技能、特长"，第 5 行第 1 列输入"外语等级"，第 6 行第 4 列输入"计算机"。

（2）设置所有行高都为 1 厘米，第 2 列和第 4 列列宽为 2 厘米，表格内字体大小为小四号，第 5 行第 1 列单元格内容加粗。

（3）参照图 5-58 合并单元格。

图 5-58　设置效果

步骤1：在表格最后插入3行。

（1）选定表格最后3行。将鼠标移到表格最后一行左侧，当鼠标指针变成向右空心箭头时，按住鼠标左键并向上拖动选定3行。

（2）单击"布局"→"行和列"→"在下方插入"命令；也可以通过快捷菜单插入命令，选择"在下方插入行"命令完成插入。

注意：执行行或列插入命令所插入的行和列的数目与所选定的行和列相同。比如选定3行，执行插入命令后将插入3行。

步骤2：在表格中输入文本内容。

步骤3：合并单元格。合并单元格可以用"合并单元格"命令，也可以通过"布局"→"绘图"→"橡皮擦"按钮擦除多余线条完成。具体操作略。

【例5-14】 使用 WPS 2019 打开"例5-14 素材"文档，完成以下操作。

（1）在表格前面插入文本内容"×××单位工资表"，并设置格式为黑体、三号、居中、3倍行距。

（2）设置表格格式：表格宽度为14厘米，表格居中对齐。其中，表格外边框为标准色红色、双实线、宽度为0.75磅，内边框为标准色蓝色、单实线、宽度为0.25磅；表格内所有内容格式为水平及垂直居中对齐。

（3）利用 WPS 2019 提供的公式，计算每名员工工资的合计项。

（4）将表格的第一行设置为"标题行重复"。

（5）保存文件。

步骤1：在表格前面插入文本内容。先移动表格，再插入文本内容。下面操作通过拆分表格命令将表格向下移动一行。

（1）单击表格第一行。

（2）执行拆分表格命令。单击"布局"→"合并"→"拆分表格"命令。

注意：移动表格还可以通过按住表格左上角的控制按钮拖动表格来完成表格的移动。因为本题是下移一行，所以用拆分表格命令更方便。

（3）在表格前方输入内容"×××单位工资表"，并通过"字体"和"段落"对话框设置格式。

步骤2：设置表格格式。

（1）设置表格宽度为14厘米，表格居中对齐。

1）选定表格。单击表格左上角的按钮。

2）右击表格，从快捷菜单中选择"表格属性"命令，在弹出的"表格属性"对话框中设置，尺寸（指定宽度）为14厘米，对齐方式为居中，如图5-59所示。

（2）表格外边框为标准色红色、双实线、宽度为0.75磅，内边框为标准色蓝色、单实线、宽度为0.25磅。单击图5-59的"边框和底纹"按钮，在弹出"边框和底纹"对话框中完成设置，如图5-60所示。

设置外边框，如图5-60（a）所示。

1）单击对话框左侧的"方框"按钮。

2）选择样式为双实线。

3）选择颜色为标准红色。

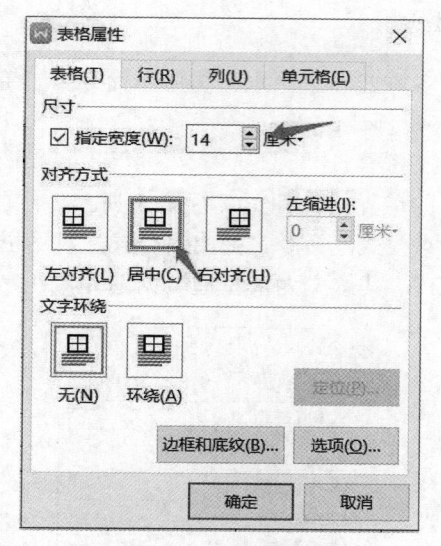

图 5-59 表格属性设置

4）选择宽度为 0.75 磅，设置内边框，如图 5-60（b）所示。

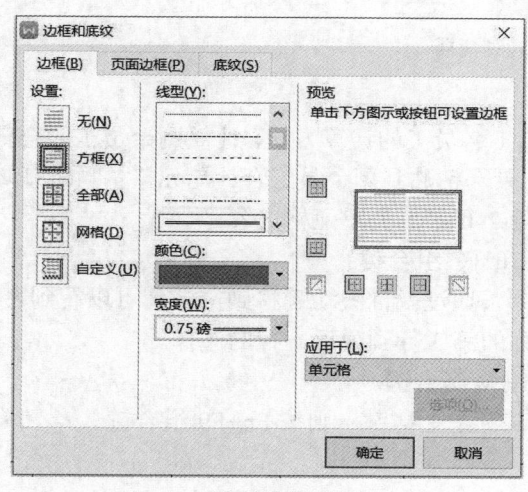

（a）设置外边框　　　　　　　　　　（b）设置内边框

图 5-60 表格边框和底纹设置

5）单击对话框中的"自定义"按钮。
6）选择样式为单实线。
7）选择颜色为标准蓝色。
8）选择宽度为 0.25 磅。
9）单击对话框右侧预览位置的内框横线。
10）单击对话框右侧预览位置的内框竖线。

设置完毕后，单击"边框和底纹"对话框的"确定"按钮，再单击"表格属性"对话框的"确定"按钮。

（3）表格内所有内容格式为水平及垂直居中对齐。

1）选定表格。

2）单击"布局"→"对齐方式"→"水平居中"命令，完成水平及垂直居中的设置。

步骤 3：利用公式计算工资合计。

（1）计算第 1 名员工的工资合计。

1）单击第 1 名员工合计的单元格，即第 2 行第 5 列。

2）单击"表格工具"→"公式"命令，弹出"公式"对话框，如图 5-61 所示。对话框中默认的公式为"=SUM(LEFT)"，其意义为求左边数据的和，正是题目要求的。

图 5-61　公式对话框

3）单击确定。完成第 1 名员工的计算。

（2）计算剩余员工的工资合计。可以重复第 1 名员工的计算方法，计算剩余员工的合计，但是比较麻烦。简略方法是复制第 1 名员工的结果，粘贴到剩余员工合计单元格，再更新域。

1）选定第 1 名员工合计单元格的内容，即第 2 行第 5 列单元格内容。

2）复制第 1 名员工合计单元格的内容，按 Ctrl+C 组合键。

3）选定剩余员工单元格，单击第 3 行第 5 列，通过鼠标滚动键移到文档到可以看到表格最后一行，按住 Shift 键的同时单击。完成第 5 列的第 3 行到最后一行的选择。

4）粘贴内容到剩余员工合计单元格。按 Ctrl+V 组合键。

5）更新计算结果。按 F9 键。如果键盘的 F9 键是上档键，则按 Fn+F9 组合键。

完成剩余员工的合计。

【小贴士】 WPS 2019 提供了简单的公式计算。输入公式时必须以等号"="开头，后跟公式的式子（由单元格编号、函数、运算符组成）。

单元格编号用于表示单元格中的值。通过如下方法确定单元格编号：单元格的列用字母表示（从 A 开始），行用数字表示（从 1 开始），因此第 1 行第 1 列的单元格编号为 A1，第 2 行第 2 列的单元格编号为 B2；如果是一组相邻的单元格（矩形区域），可用"左上角单元格编号，右下角的单元格编号"表示，如 A1:B2 表示单元格 A1、A2、B1、B2。

WPS 2019 还提供 LEFT、RIGHT 和 ABOVE 三个单元格名称，分别表示插入点左边、右边和上边的所有单元格。

WPS 2019 中的函数其实是用于帮助用户计算的预定义的公式，包括求和函数 SUM、求平均值函数 AVERAGE、求最小值函数 MIN、求最大值函数 MAX 等。

注意：在计算时尽量使用 LEFT、RIGHT、ABOVE 完成，这样在复制粘贴公式时可以通过更新域更新计算结果，达到使用同一公式计算不同行的结果的目的。

步骤 4：将表格的第 1 行设为"标题行重复"。通过"重复标题行"命令完成。

（1）单击表格第 1 行。

（2）单击"布局"→"数据"→"重复标题行"命令，完成设置。

【小贴士】设置完重复标题行后，每页的开始都是重复标题行的内容。如果是多行重复，则在第（1）步选定要重复的多行内容。

【例 5-15】使用 WPS 2019 打开"例 5-15 素材"文档，完成以下操作，操作效果如图 5-62 所示。

图 5-62　操作效果

（1）将文档中的内容转换为 6 列 5 行的表格。

（2）为表格套用名称为"清单表 6 彩色 着色 4"的表格样式。

（3）设置表格根据内容自动调整。

（4）设置单元格内文字水平、垂直对齐方式为居中，整张表格水平居中。

（5）使用排序功能使表格数据按"姓名"拼音升序排序，列表有标题行。

（6）保存文件。

步骤 1：将文档中的内容转换为 6 列 5 行表格。通过"文字转换成表格"命令完成。

（1）选定要转换为表格的文档内容。

（2）执行"文字转换成表格"命令。单击"插入"→"表格"→"将文字转换成表格"命令，弹出图 5-63 所示的"将文字转换成表格"对话框。

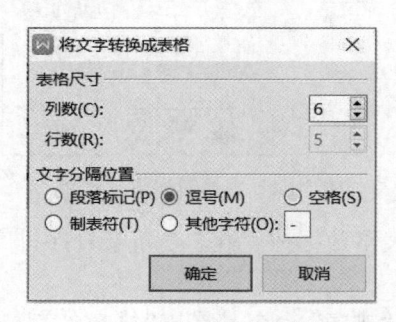

图 5-63　"将文字转换成表格"对话框

【小贴士】因为 WPS 2019 可自动识别文字内容通过逗号分隔，所以自动识别出转换后的表格是 6 列 5 行。如果没有自动识别出，则可以通过"文字分割位置"的"其他字符"设置内容的分割符号。

（3）单击"确定"按钮，完成文字到表格的转换。

步骤2：为表格套用名称为"清单表3 彩色 着色3"的表格样式。

(1) 单击表格。

(2) 单击"表格样式"选项卡，从表格样式列表中找到清单组的"清单表3 彩色 着色3"，单击此样式。

步骤3：设置表格根据内容自动调整。

(1) 单击表格。

(2) 单击"表格工具"→"自动调整"命令，从下拉菜单中选择"根据内容自动调整表格"命令。

【小贴士】将内容转换为表格时，进行"自动调整"操作，如果选择"根据内容调整表格"，则与该步骤操作效果相同。

步骤4：设置单元格内文字水平靠左、垂直为居中，整张表格水平居中。

(1) 选定表格。

(2) 设置单元格内文字对齐方式。单击"表格工具"→"对齐方式"→"中部左对齐"命令，完成单元格内文字水平靠左、垂直居中的设置。

(3) 设置表格水平居中。单击"表格工具"→"表格属性"命令，弹出"属性"对话框，在"对齐方式"组单击"居中"图标，如图5-64所示，单击"确定"按钮。

图5-64 表格对齐方式设置

步骤5：使用排序功能使表格数据按"姓名"拼音升序排序。

(1) 选定表格。

(2) 单击"表格工具"→"排序"命令，弹出"排序文字"对话框，如图5-65所示，设置主要关键字为姓名，类型为拼音，升序，选中"有标题行"单选项，设置完毕后单击"确定"按钮。

所有要求设置完毕。

【应用实践】

练5-18 打开WPS 2019素材中的"练5-18 素材"文档，在此基础上制作成"练5-18 操作效果.pdf"所示的表格，操作完成后，以"练5-18 个人简历"为文件名保存。

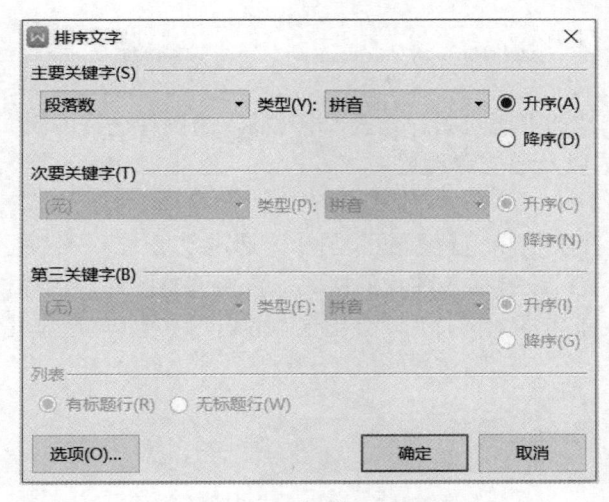

图 5-65 "排序文字"对话框

练 5-19 按照 WPS 2019 中 "练 5-19 操作效果.pdf" 制作一个表格，并保存为 "练 5-19 日程安排表.docx"。

练 5-20 打开 WPS 2019 素材中 "练 5-20 素材.docx"，参考 "练 5-20 操作效果.pdf" 完成如下操作，操作完成后保存为 "练 5-20 课表"。

（1）将文档中提供的文字转换为一个 6 列 7 行的表格，并设置表格文字对齐方式为上下左右居中。

（2）在表格的最前面增加 1 列，设置不变，将第 1 列的第 2～5 个单元格合并输入"上午"，第 2 列的第 6、7 个单元格合并输入"下午"，并设置居中，再将"上午""下午"所在单元格设置为红色底纹。

（3）设置表格外边框为标准色橙色、双实线、宽度为 1.5 磅，内边框为标准色蓝色、单实线、宽度为 0.75 磅。

（4）设置第 1 行行高为 2 厘米，将第 1 行的第 1 个和第 2 个单元格合并，为合并后的单元格添加斜线，并输入"节次"，参考"练 5-20 操作效果.pdf"调整"星期"和"节次"的位置。

练 5-21 打开 WPS 2019 素材 "练 5-21 素材.docx"，按照要求完成下列操作，并以文件名 "练 5-21 学时统计.docx" 保存文档。

（1）利用 WPS 2019 公式计算平均分，保留 2 位小数，编号格式为 0.00。

（2）将文档中提供的表格设置成文字对齐方式为垂直居中、水平居中。

（3）将表格外边框线设置成实线 1.5 磅，内边框为实线 0.75 磅，第一行加浅绿色底纹。

练 5-22 打开 WPS 2019 素材中 "练 5-22 素材.docx"，按照要求完成下列操作并以 "练 5-22 销售统计" 为文件名保存文档。

（1）设置表格宽度为 18 厘米，表格居中对齐。

（2）为表格套用名称为 "网格表 4 -着色 2" 的表格样式。

（3）表格设置文字对齐方式为垂直居中，水平对齐方式为右对齐。

（4）设置第 1 行标题行重复。

（5）将表格内容按"销售数量"的递减次序排序。

5.4.2 图片

【学习成果】能在文档中插入图片元素,并对插入的图片进行编辑和格式设置,包括缩放、剪裁、位置、环绕方式以及边框等设置。

【知识点导览】

（1）插入图片：在文档指定位置插入图片。通过"插入"→"插图"组的图片完成。

（2）图片格式设置：设置插入图片的格式,包括调整图片,图片样式、图片位置与环绕方式以及图片大小等。单击插入图片后,会出现"格式"选项卡,通过此选项卡下的命令完成,如图 5-66 所示。

图 5-66　图片格式设置工具

【案例操作演示】

【例 5-16】使用 WPS 2019 打开"例 5-16 素材"文档,完成以下操作后保存文档,操作效果如图 5-67 所示。

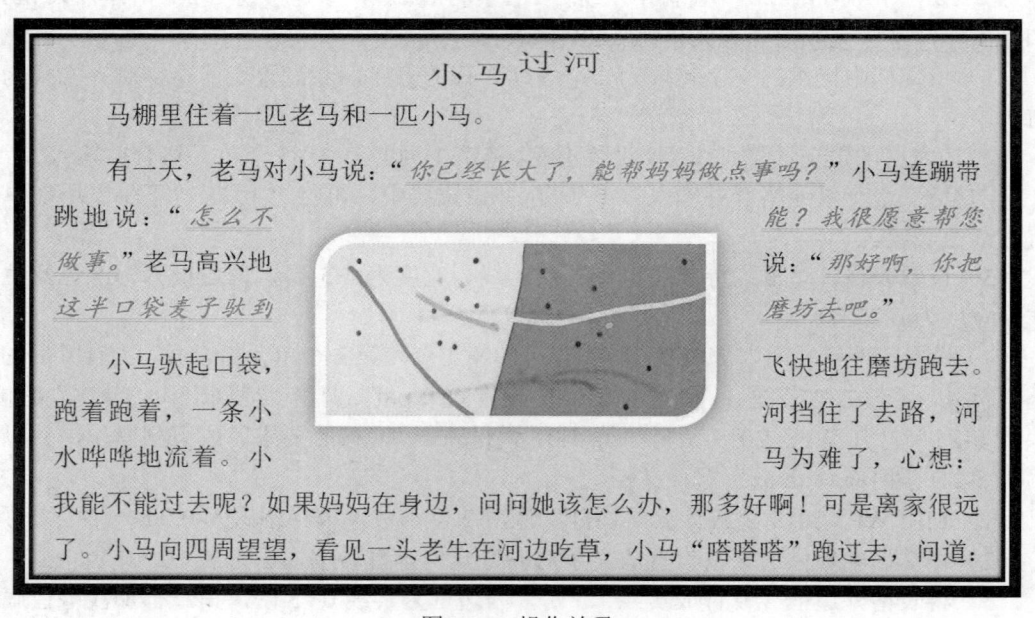

图 5-67　操作效果

（1）在文档中插入一张名为"例 5-16 图片.jpg"的图片。
（2）图片的大小设置成锁定纵横比,并相对原图缩放高度 40%。
（3）图片文字环绕方式设置为四周型文字环绕方式。
（4）布局位置设置为水平、垂直对齐方式均相对于页边距居中。
（5）套用图片样式模板,模板名称为"圆形对角,白色"。

步骤 1：插入图片。

（1）单击文档中的任意位置。

（2）单击"插入"→"插图"组的图片命令，从下拉菜单中选择"本地图片（P）"命令，弹出"插入图片"对话框，找到要插入的图片，然后单击"确定"按钮。

步骤2：设置图片大小。

（1）单击图片。

（2）右击图片，在弹出快捷菜单中选择"其他布局选项"命令，打开"布局"对话框，从快捷菜单中选择"大小和位置"命令或者单击"格式"→"大小"组右下角的 按钮。在弹出的"布局"对话框中，设置缩放高度40%、宽度40%，如图5-68所示。

步骤3：设置图片文字环绕方式为四周型环绕。

（1）单击图片。

（2）单击"格式"→"排列"→"环绕文字"命令，从下拉菜单中选择"四周型"命令。

步骤4：设置图片位置。

（1）单击图片。

（2）单击"格式"→"排列"→"位置"命令，从下拉菜单中选择"其他布局选项"命令，在弹出的"布局"对话框的"位置"选项卡中设置，水平相对于页面居中，垂直相对于页面居中，如图5-69所示。

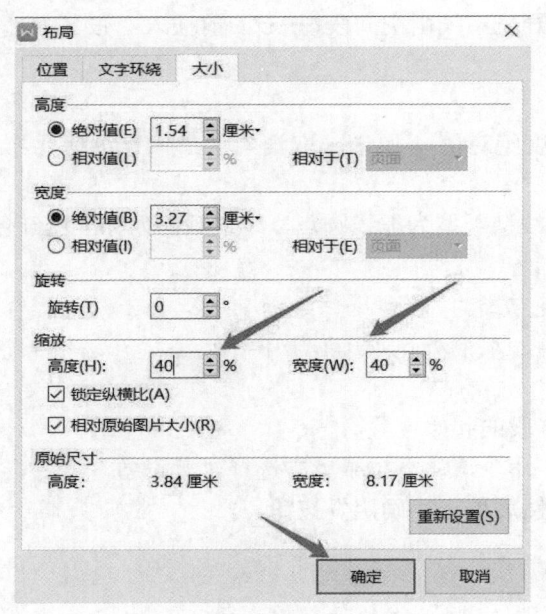

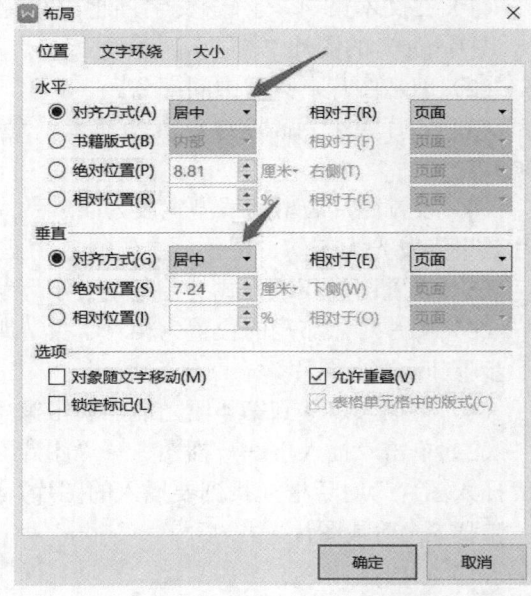

图 5-68　图片缩放设置　　　　　　　图 5-69　图片对齐方式设置

步骤5：套用图片样式。

（1）单击图片。

（2）单击"格式"→"图片样式"命令，从图片样式列表中选择"圆形对角，白色"样式模板。

【例5-17】 使用 WPS 2019 打开"例5-17素材.docx"文档，完成以下操作保存文档，操作效果如图5-70所示。

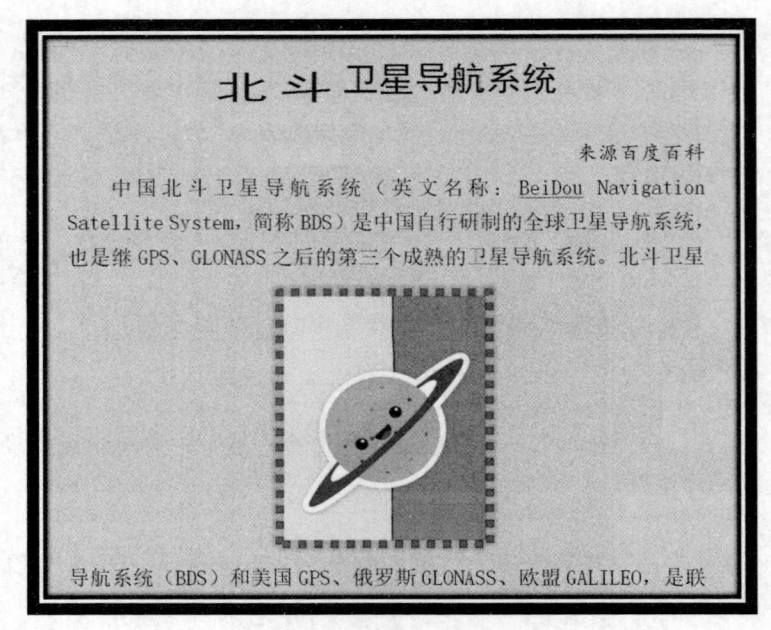

图 5-70 操作效果

（1）在文本第 4 段（含文字"北斗卫星导航系统由空间段……"）前插入一张名为"例 5-18 图片.jpg"的图片。

（2）剪裁图片，只留中间部分。

（3）图片大小为高度绝对值 5 厘米、宽度绝对值 4 厘米（取消勾选"锁定纵横比"复选项）。

（4）设置图片边框的线型宽度为 4.5 磅，线型类型为虚线圆点，线条颜色为标准色红色；图片效果为发光为 5 磅、橙色、主题色 2。

（5）设置图片环绕方式为上下型文字环绕方式。

（6）图片对象布局的位置为相对于页边距，水平对齐方式为居中。

步骤 1：插入图片。

（1）将插入点移到第 4 段之前，单击第 4 段的起始位置。

（2）单击"插入"→"插图"→"图片"命令，从下拉菜单中选择"此设备"命令，弹出"插入图片"对话框，找到要插入的图片，然后单击"确定"按钮。

步骤 2：剪裁图片。

（1）单击图片。

（2）单击"图片工具"→"剪裁"，从下拉菜单中选择"剪裁"命令，此时图片四周会出现 8 个剪裁控制点，如图 5-71 所示。将鼠标移到剪裁控制点，改变形状后，拖动鼠标左键剪裁图片。参考图 5-70 剪裁图片。

步骤 3：图片大小设置。

右击图片，从弹出的快捷菜单中选择"其他布局选项"命令，在弹出的"布局"对话框的"大小"选项卡中设置，如图 5-72 所示。先取消勾选"锁定纵横比"复选框，再设置高度绝对值 5 厘米，宽度绝对值 4 厘米。

图 5-71　剪裁图片

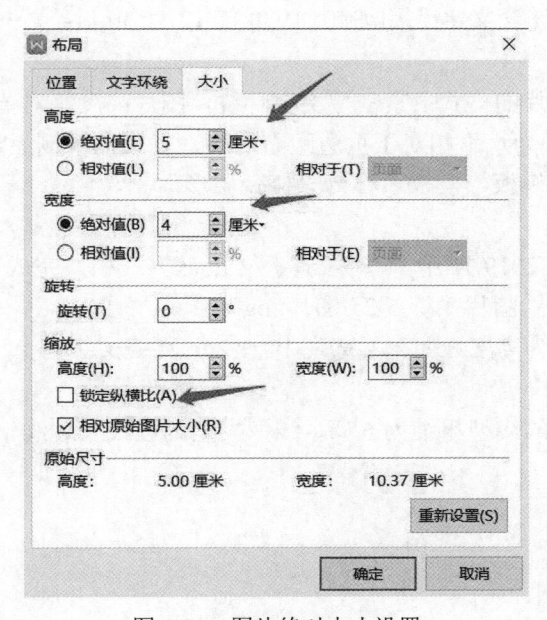

图 5-72　图片绝对大小设置

步骤 4：设置图片边框及效果。

（1）单击图片。

（2）单击"格式"→"图片样式"→"图片边框"命令，从下拉菜单中选择"粗细"→"4.5 磅"命令。

（3）单击"格式"→"图片样式"→"图片边框"命令，从下拉菜单中选择"虚线"→"圆点"命令。

（4）单击"格式"→"图片样式"→"图片边框"命令，从下拉菜单中选择标准红色，设置边框颜色。

（5）单击"格式"→"图片样式"→"图片效果"命令，从下拉菜单中选择"发光"→"5 磅、橙色、主题色 2"命令。

步骤 5：设置图片环绕方式。

（1）单击图片。

（2）单击"格式"→"排列"→"环绕文字"命令，从下拉菜单中选择"上下型环绕"命令。

步骤 6：设置图片位置。同例 5-16 的步骤 4 类似，这里只需要设置水平位置。

【应用实践】

练 5-23　使用 WPS 2019 打开"练 5-23 素材.docx"文档，完成以下操作。

（1）在文档中插入一张名为"练 5-23 图片.jpg"的图片。

（2）图片格式布局：环绕方式为四周型文字环绕方式；位置设置为水平相对于页面右对齐、垂直对齐方式相对于页边距居中；图片的大小设置成锁定纵横比，并相对原图缩放高度 20%。

（3）保存文件。

练 5-24　使用 WPS 2019 打开"练 5-24 素材.docx"文档，完成以下操作。

（1）在文本第 4 段［含文字"屠呦呦（1930 年 12 月 30 日- ）…"］前插入一张名为"练 5-24 图片.jpg"的图片。

（2）设置文档中图片的格式：紧密型文字环绕，图片高度绝对值为 5.45 厘米、宽度绝对值为 4.2 厘米；布局位置为水平相对于页边距右对齐，垂直为下侧上边距绝对位置 5.98 厘米。

（3）套用图片样式模板，模板名称为"棱台矩形"。

（4）保存文档。

练 5-25　使用 WPS 2019 打开"练 5-25 素材.docx"文档，完成以下操作：

（1）在标题之后插入图片"练 5-25 图片.jpg"。

（2）设置图片大小为高度 8 厘米、宽度 10 厘米，环绕文字为上下型环绕，位置为水平相对于页面居中对齐方式。

（3）设置图片边框的线型粗细为 6 磅，线型类型为虚线长划线-点，线条颜色为标准色深蓝色。

（4）保存文件。

5.4.3　形状

【学习成果】能通过插入形状中的命令画出各种图形，并能调整图形、设置图形的格式。

【知识点导览】

（1）插入形状：位于"插入"→"插图"→"形状"命令的下拉菜单，用于插入各种形状，如图 5-73 所示。单击选择要插入的形状，按住鼠标左键并拖动可以画出对应形状。可以直接在 WPS 2019 文档中画形状；也可以建立画布，将形状画在画布中。

图 5-73　形状格式设置命令

（2）格式设置：单击要插入的形状，出现形状"格式"的选项卡，通过该选项卡可以设置形状的边框、填充、文本、位置、环绕方式、层次关系以及大小。

【案例操作演示】

【例 5-18】 新建一个 WPS 2019 文档，绘制图 5-74（a）所示的笑脸；然后设置将笑脸改为哭脸，并向右倾斜，效果如图 5-74（b）所示。

（a）设置前　　　　　　　　　　（b）设置后

图 5-74　绘制形状举例

步骤 1：单击"插入"→"插图"→"形状"，弹出"形状"列表，从"基本形状"类别中，选择"笑脸"☺形状，拖动鼠标画出笑脸。

步骤 2：单击绘制的笑脸，向上拖动黄色控制点，使其变为哭脸。

步骤 3：单击绘制的笑脸，拖动绿色控制点向右旋转图形，使其向右倾斜。

【例 5-19】 在新建的文档中绘制图 5-75 所示图形。

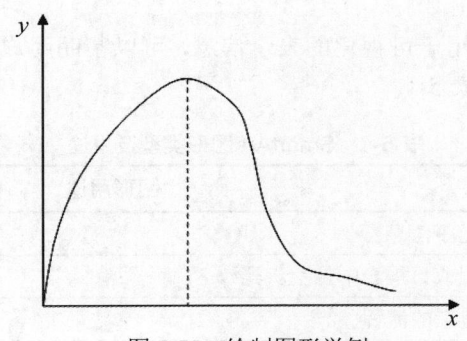

图 5-75　绘制图形举例

步骤 1：绘制坐标。单击"插入"→"插图"→"形状"命令，弹出"形状"列表，从"线条"类别中选择"直线箭头"↘形状，拖动鼠标画出水平 x 轴；再次选择"直线箭头"，拖动鼠标画出垂直 y 轴。

步骤 2：绘制曲线。在"形状"列表的"线条"类别中选择"曲线"⌒形状，画出平面上的曲线。单击坐标原点，移动鼠标，继续单击曲线经过的点，完成之后按 Esc 键，产生一条经过单击点的光滑曲线。

步骤 3：绘制虚直线。

（1）在"形状"列表的"线条"类别中选择"直线"↘形状，通过单击左键拖动画出平面上的直线。

（2）设置直线格式。单击选定绘制的直线，单击"格式"→"形状样式"→"形状轮廓"命令，在下拉菜单中选择"虚线"→"短横线"选项。

步骤 4：添加 x 轴和 y 轴文字。

（1）在输入位置绘制矩形。在"形状"列表的"矩形"类别中选择"矩形"▢形状并单击，在输入"x"的位置画出一个矩形。

（2）在矩形框内输入文字。右击矩形，在弹出的快捷菜单中选择"添加文字"选项，输入"x"。

（3）设置矩形边框透明。单击选定矩形，单击"格式"→"形状样式"→"形状轮廓"命令，在下拉菜单中选择"无轮廓"选项。

（4）设置矩形填充为透明。单击选定矩形，单击"格式"→"形状样式"→"形状填充"命令，从下拉菜单中选择"无填充"选项。

（5）用相同方法添加 y 轴文字。

【应用实践】

练 5-26　新建文档，利用插入形状中的命令绘制新年福字贴，并保存为"练 5-26 福.docx"。

练 5-27　新建文档，利用插入形状中的命令绘制奥运五环标志，并保存为"练 5-27 奥运五环.docx"。

5.4.4　SmartArt 图形-智能图形

【学习成果】能通过 SmartArt 的相关命令插入 SmartArt 图形，进行编辑比如常见的组织（层次）结构图、流程图、列表图等；并能编辑插入的 SmartArt 图形。

【知识点导览】

（1）SmartArt 图形：可用于可视化的表示信息，可以帮助用户快速建立各种布局的图形。SmartArt 图形类型及用途见表 5-1。

表 5-1　SmartArt 图形类型及用途

图形类型	图形用途
列表	显示无序信息
流程	在流程或日程表中显示步骤
循环	显示连续的流程
层次结构	显示决策树、创建组织结构图
关系	图示连接
矩阵	显示各部分如何与整体关联
棱锥图	显示与顶部或底部最大部分的比例关系
图片	绘制带图片的族谱

（2）创建 SmartArt 图形：单击"插入"→"插图"→"SmartArt"命令，选择创建各种 SmartArt 图形。

（3）设计 SmartArt 图形：单击插入的 SmartArt，弹出"设计"选项卡，通过该选项卡编辑 SmartArt 图形，比如添加形状、改变形状的级别等，也可以设计 SmartArt 的版式和样式等。SmartArt 图形设计命令如图 5-76 所示。

（4）SmartArt 格式设置：单击插入的 SmartArt，弹出"格式"选项卡，通过该选项卡设置 SmartArt 图形中形状的大小、样式等，如图 5-77 所示。

【案例操作演示】

【例 5-20】请使用 WPS 2019 新一个文档，完成以下操作后保存为"例 5-20 结构图.docx"：

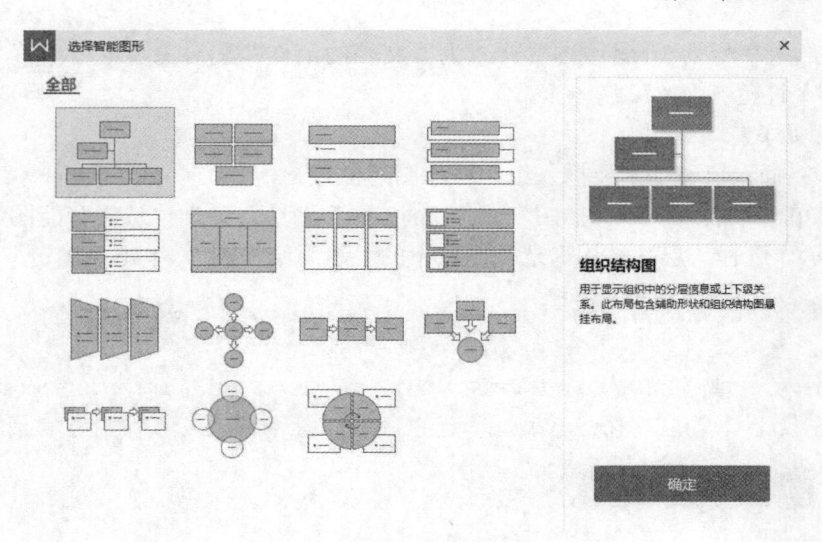

图 5-76　SmartArt 图形设计命令

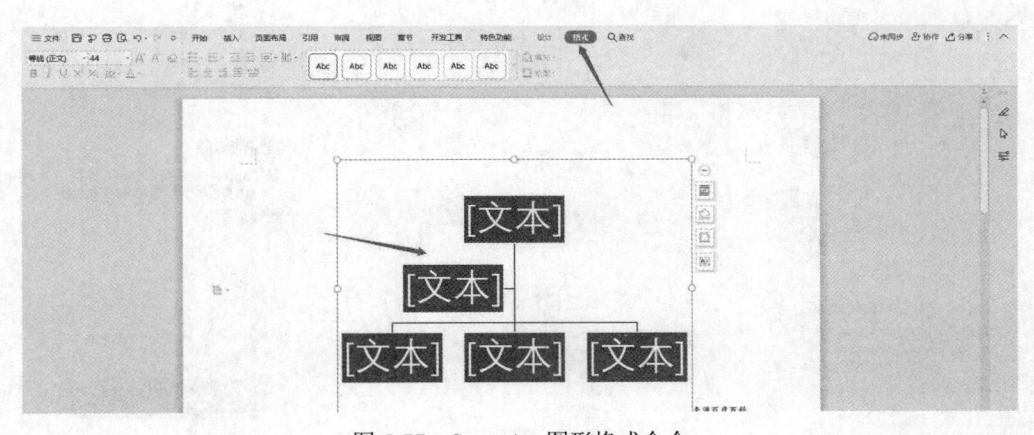

图 5-77　SmartArt 图形格式命令

（1）参考图 5-78，在文档中按样图插入一个 SmartArt 图形中的组织结构图，并按图 5-78 输入相应内容。

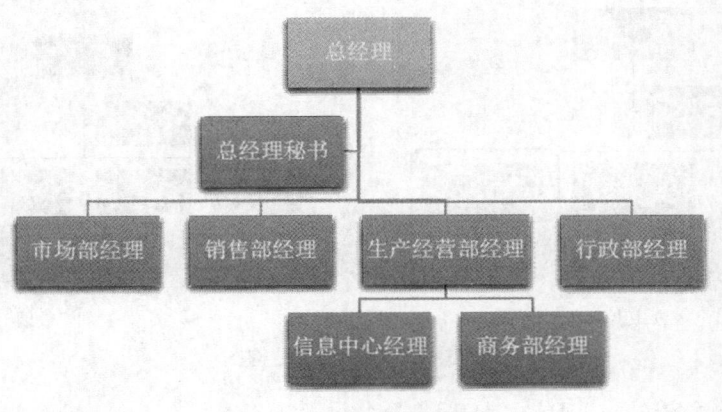

图 5-78　组织结构图示例

（2）图形内字号为10号，图形样式为"文档的最佳匹配对象-强烈效果"，颜色为"彩色-彩色范围-个性色5至6"。

操作步骤如下。

步骤1：将插入点移动到要插入组织结构图的位置。

步骤2：单击"插入"→"插图"→"SmartArt"命令，弹出"选择智能图形"对话框，如图5-79所示，选择"层次结构"选项面板下的"组织结构图"，单击"确定"按钮。

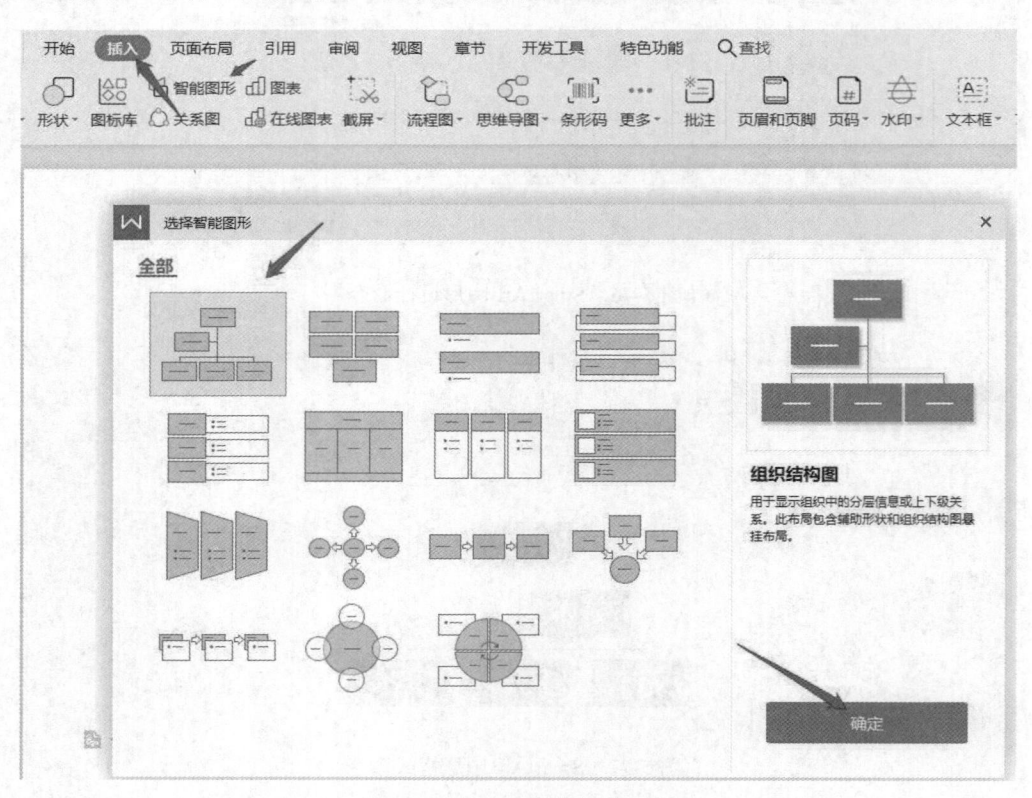

图5-79 插入"组织结构图"

步骤3：插入后的状态如图5-80（a）所示，在此基础上创建图5-78的组织结构图。

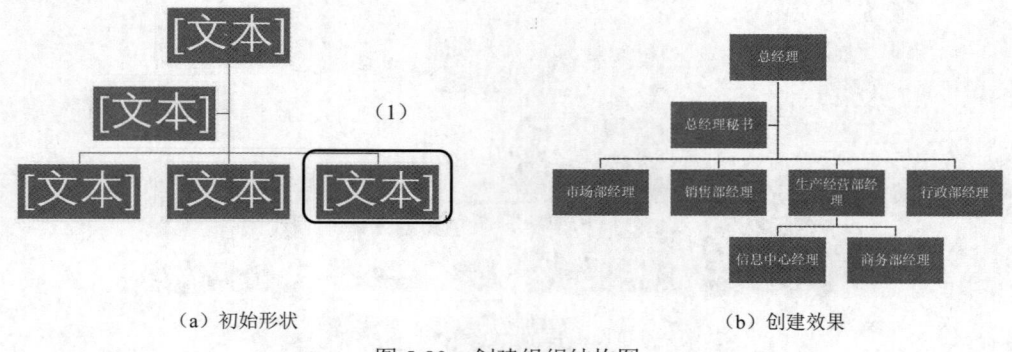

图5-80 创建组织结构图

（a）初始形状　　　　　　　　　　　　（b）创建效果

（1）单击图5-80（a）中标记为（1）的形状。

（2）单击"设计"→"创建图形"→"添加形状"命令右侧箭头，在弹出的下拉菜单中选择"在后面添加形状"命令。

（3）继续单击图 5-80（a）中标记为（1）的形状。

（4）单击"设计"→"创建图形"→"添加形状"命令右侧箭头，在弹出的下拉菜单中选择"在下方添加形状"命令。

（5）重复步骤（3）和步骤（4）。

（6）参考图 5-78 输入图形内容。单击形状，输入对应内容。输入内容后如图 5-80（b）所示。

步骤 4：修改组织结构图布局。

单击"生产经营部经理"所在图形，单击"设计"→"布局"命令按钮，在弹出的下拉菜单中选择"标准"命令。

步骤 5：图形样式的设置。

（1）修改内容文字大小：单击组织结构图的外边框，然后用"开始"选项卡下"字体"组的"字号"框，将文本内容大小设置为 10 号字。

（2）更改图形颜色：选择"设计"→"更改颜色"→"彩色"→"彩色范围-个性色 5 至 6"（最后一个）选项。

（3）更改图形样式：选择"设计"→"SmartArt 样式列表"→"文档的最佳匹配对象"→"强烈效果"选项。

【应用实践】

练 5-28　使用 WPS 2019 打开"练 5-28 素材.docx"文档，完成以下操作。

（1）在文档最后插入一个 SmartArt 图形中层次结构类别中的组织结构图，并按图 5-81 创建图形和输入相应内容。

（2）设置图形样式为"文档的最佳匹配对象"→"白色轮廓"。

（3）更改图形颜色为"彩色"组的"彩色范围-个性色 3 至 4"。

（4）保存文件为"练 5-28 热带鱼"。

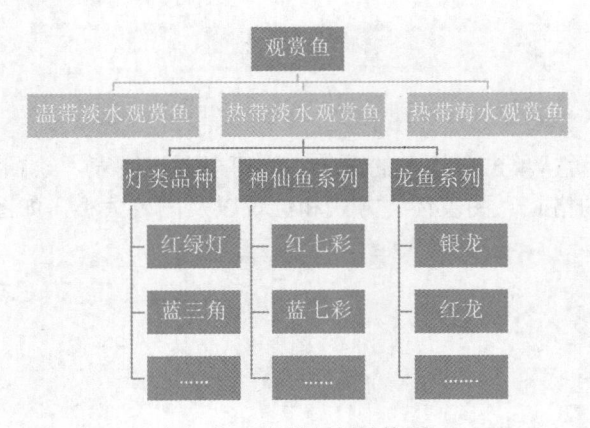

图 5-81　鱼类组织结构图

练 5-29　使用 WPS 2019"练 5-29 素材"文档完成以下操作，保存为"练 5-29 会议安排流程.docx"。

（1）在文档第 2 段（空行）按样图插入一个 SmartArt 图形中流程的连续块状流程图，并输入相应文字内容；设计更改颜色为"彩色范围-个性色 4 至 5"；样式更改为"文档的最佳匹配对象-中等效果"。

（2）设置 SmartArt 图形布局：上下型环绕方式；位置相对于页面水平居中对齐，效果如图 5-82 所示。

提示：右击图形，在弹出的快捷菜单中选择"其他布局"命令设置。

图 5-82　SmartArt 流程图

5.4.5　图表

【学习成果】能利用 WPS 2019 以更加直观的图表形式展示表格数据，如折线图、柱状图、饼图等。比如以饼图形式展示表格。

【知识点导览】

（1）创建图表：单击"插入"→"插图"组的图表命令，创建不同类型的图表，所提供的图表类型与 Excel 中的相同。

（2）图表设计：单击插入的图表后，可以通过图表"图表工具"选项卡下的命令设计图表布局、颜色、样式、编辑数据并更改类型，如图 5-83 所示。

图 5-83　图表设计工具

（3）图表格式设置：单击所插入的图表后，可以通过图表"绘图工具"选项卡下的命令设置图表各组成部分的格式、图表环绕方式和位置以及图表大小，如图 5-84 所示。

图 5-84　图表格式工具

【案例操作演示】

【例 5-21】新建一个空白文档，在文档中完成以下操作并保存为"例 5-21 图表.docx"。

（1）在文档中插入一个饼状型图表，图表布局为布局 6，图表样式为样式 3，并按照表 5-2 编辑图表的数据。

表 5-2　样例数据

分数段	人数
<60	3
[60,70)	12
[70,80)	15
[80,90)	18
[90,100]	6

（2）保存文件。操作效果如图 5-85 所示。

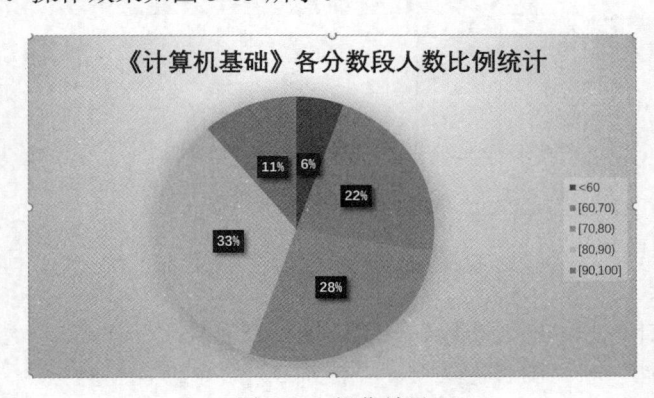

图 5-85　操作效果

步骤 1：插入图表。

单击"插入"→"插图"→"图表"命令，在弹出的"插入图表"对话框中选择"饼图"，然后单击"插入"按钮，如图 5-86 所示。

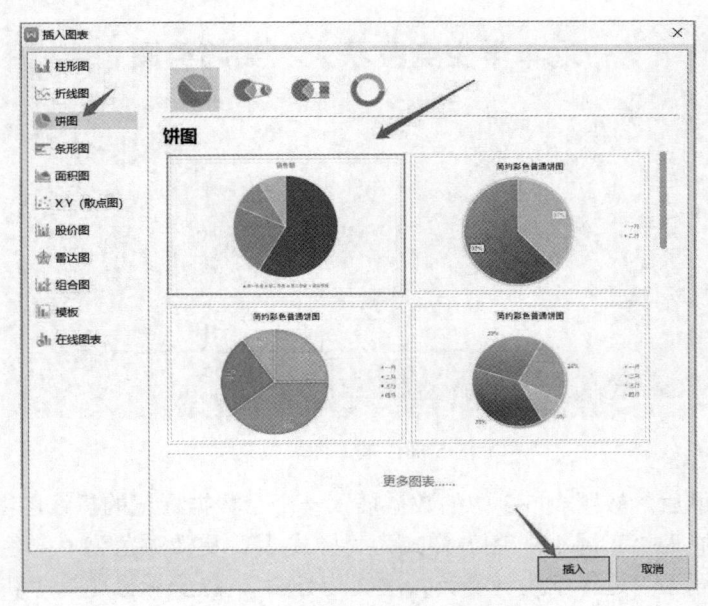

图 5-86　"插入图表"对话框

步骤 2：编辑图表数据。

插入图表后在"图表工具中"单击"编辑数据"用于编辑图表数据，参看表 5-2 输入数据，效果如图 5-87 所示。然后单击电子表格窗口的"关闭"按钮。

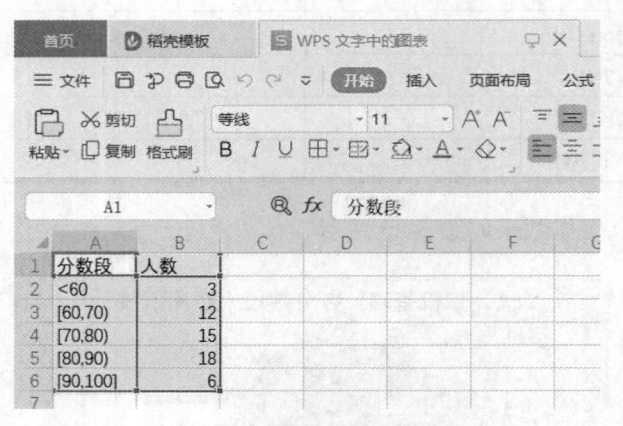

图 5-87　编辑图表数据

步骤 3：设计图表。

（1）单击图表。

（2）单击"设计"→"图表布局"→"快速图表布局"→"布局 6"命令。

（3）单击"设计"→"图表样式"→"样式 3"命令。

（4）单击图表中的标题，修改为"《计算机基础》各分数段人数比例统计"。

【应用实践】

练 5-30　使用 WPS 2019 打开"练 5-30.docx"文档，完成以下操作，插入图表效果如图 5-88 所示。

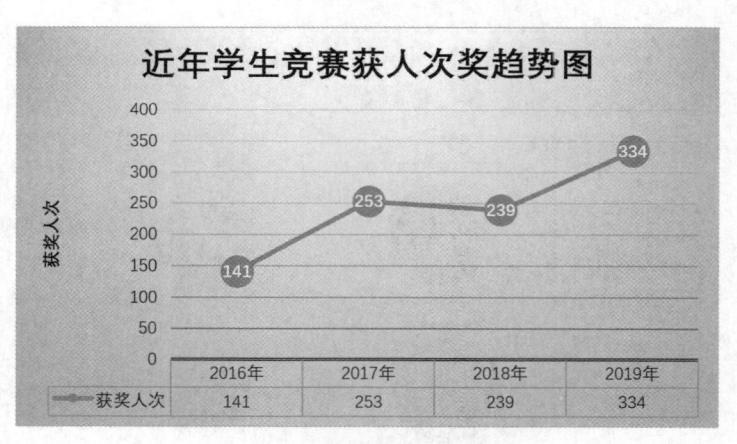

图 5-88　插入图表效果

（1）在文档最后，按照表 5-3 中的数据插入一个带数据标记的折线图图表。

（2）图表布局为"布局 5"，图表样式为"样式 2"，更改颜色为"彩色-彩色调色板 3"。

（3）图表标题为"近年学生竞赛获人次奖趋势图"，纵坐标标题为"获奖人次"。

（4）图表的数据标签包括值-居中。

(5) 保存文件为"练 5-30 计算机学院简介.docx"。

表 5-3 图表数据

年份	2016	2017	2018	2019
获奖人次	141	253	239	334

5.4.6 书签与超级链接

【学习成果】能在 WPS 2019 文档中插入书签和超级链接，并应用书签和超级链接更好地组织管理 WPS 2019 文档内容。

【知识点导览】

（1）书签：书签用于对 WPS 2019 文档的位置做标记，好比平时所用"书签"，可方便用户定位到书签所在位置。

1）插入书签：可以单击"插入"→"链接"→"书签"命令插入书签。

2）书签定位：插入书签后，可以通过 WPS 2019 提供的定位功能找到书签位置。单击"开始"→"编辑"→"查找"按钮，在弹出的下拉菜单中单击"转到"命令定位。

3）删除书签：单击"插入"→"链接"→"书签"命令按钮，在弹出的对话框中删除书签。

（2）超级链接：WPS 2019 提供超级链接，以实现与文档内的书签、网址、其他文件或者电子邮件之间的链接。

1）插入超级链接：单击"插入"→"链接"→"超链接"命令按钮，在弹出的对话框中设置超级链接信息。

2）打开超级链接：对某文本内容建立超级链接后，在按住 Ctrl 键的同时单击超级链接文本，可打开超级链接，跳转到链接对象。此外，也可右击超级链接，从弹出的快捷菜单中选择"打开超级链接"命令打开。

3）编辑超级链接：选定超级链接文本，然后右击，在弹出的快捷菜单中选择"编辑超级链接"命令可重新编辑超级链接内容。

4）删除超级链接：选定超级链接文本，然后右击，在弹出的快捷菜单中选择"取消超级链接"命令可删除超级链接。

【案例操作演示】

【例 5-22】打开素材文件"例 5-22 素材.docx"，完成如下操作。

（1）在文档中所有"植物名称"（仙人掌、垂叶榕、千年木、黄金葛）的前面插入书签，书签名为植物的名称。

（2）将标题链接到网址 http://baike.baidu.com/view/583456.htm，屏幕提示为"百度百科"。

（3）制作内容超级链接目录。即在标题后插入文本"仙人掌""垂叶榕""千年木""黄金葛"，各占一段，如图 5-89 所示。为这些文本建立超级链接，分别链接到对应名称的书签。

（4）在文档末尾输入"联系我们"，链接到电子邮件地址 snzw@163.com，主题为"室内植物咨询"。

（5）在文档末尾输入"返回"，将此文本链接到"文档顶端"。

（6）保存文档为"例 5-22 植物.docx"。

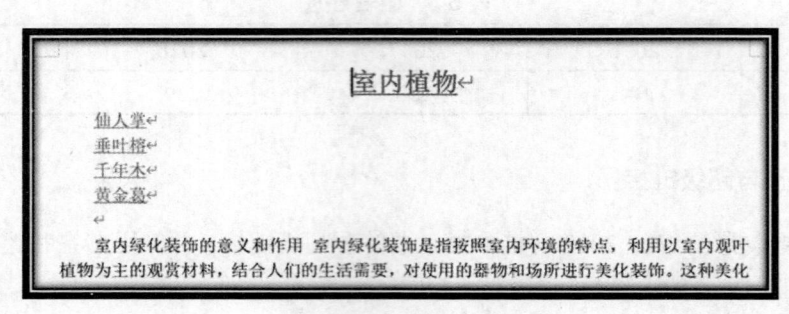

图 5-89 操作效果

步骤 1：插入书签。

（1）将插入点移到要插入书签的位置，即文本内容"仙人掌"前。

（2）单击"插入"→"链接"→"书签"命令按钮，弹出"书签"对话框，如图 5-90 所示，在"书签名"文本框中输入"仙人掌"。

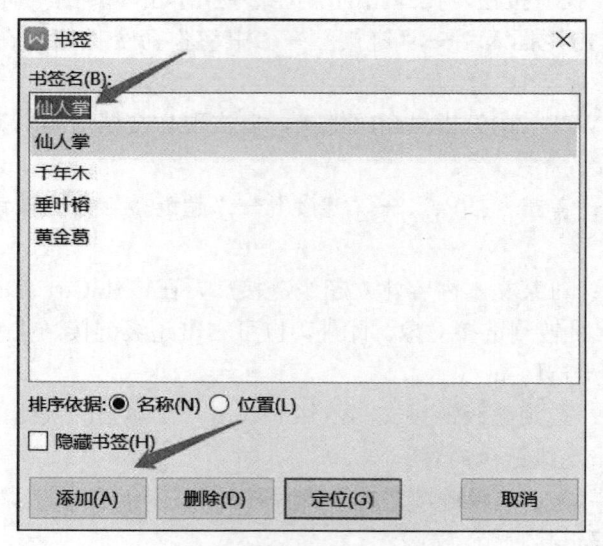

图 5-90 "书签"对话框

（3）单击"添加"按钮，插入第 1 个书签。

（4）使用步骤（1）至步骤（3）的方法插入垂叶榕、千年木、黄金葛三个书签。

步骤 2：为标题插入超级链接。

（1）选定标题"室内植物"。

（2）单击"插入"→"链接"→"超链接"命令按钮，弹出"编辑超链接"对话框，如图 5-91 所示。单击"屏幕提示"按钮，在弹出的对话框中输入"百度百科"，在地址框中输入网址。

图 5-91 "编辑超链接"对话框

步骤 3:制作内容超级链接目录。

(1)在标题后输入如下文本内容。

仙人掌
垂叶榕
千年木
黄金葛

(2)选择文本内容"仙人掌"。

(3)单击"插入"→"链接"→"超链接"命令按钮,弹出"编辑超链接"对话框,如图 5-91 所示,单击"书签"按钮,在弹出的对话框中的"书签"列表中选择"仙人掌"选项,如图 5-92 所示,单击"确定"按钮。

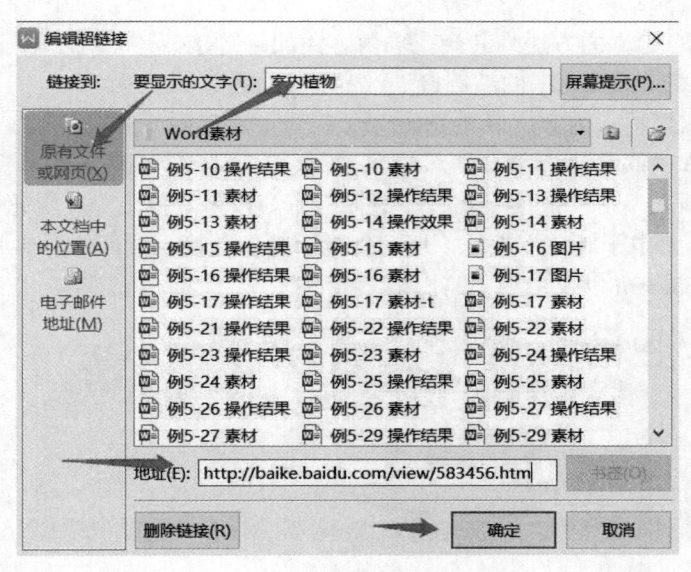

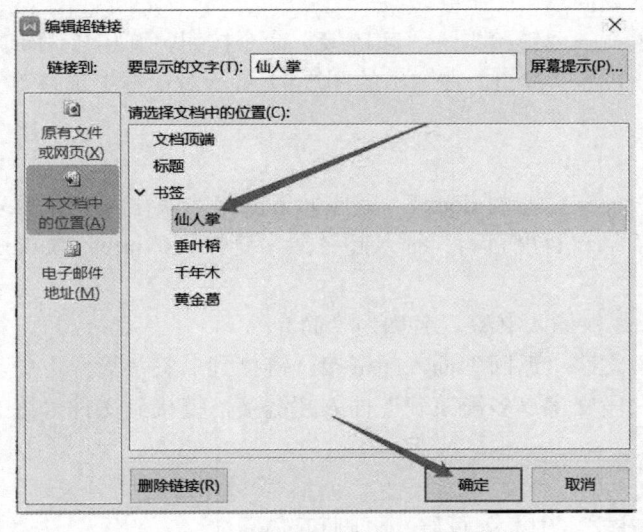

图 5-92 选择超级链接书签对话框

（4）按照步骤（3）的方法为其余三项内容添加超链接。

步骤 4：插入"联系我们"的超链接。

（1）在文本末尾输入内容"联系我们"。

（2）选定文本"联系我们"。

（3）单击"插入"→"链接"→"超链接"命令按钮，弹出"编辑超链接"对话框，如图 5-91 所示，单击"电子邮件"按钮，切换到电子邮件链接设置，如图 5-93 所示。输入电子邮件地址 snzw@163.com 以及主题"室内植物咨询"。

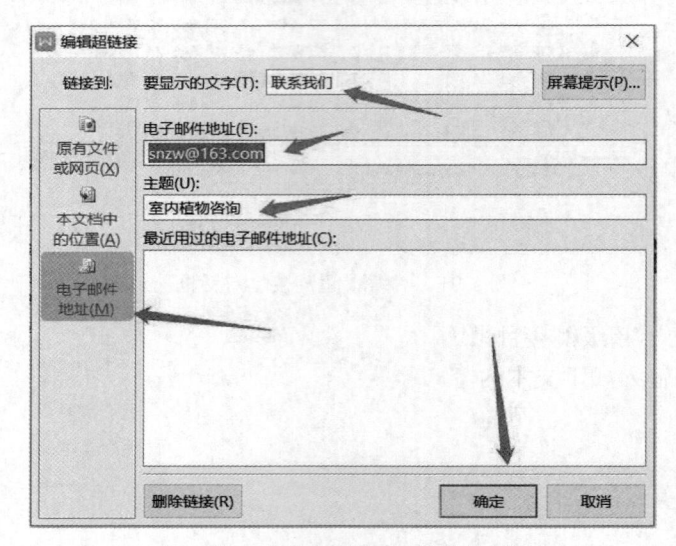

图 5-93 插入电子邮件超链接设置

（4）单击"确定"按钮。

步骤 5：插入返回超级链接。

（1）在文本末尾输入内容"返回"。

（2）选定文本"返回"。

（3）单击"插入"→"链接"→"超链接"命令按钮，弹出"编辑超链接"对话框，如图 5-91 所示，单击"书签"按钮，在弹出的图 5-92 所示对话框中选择"文档顶部"位置，然后单击"确定"按钮。

【应用实践】

练 5-31　打开"练 5-31 素材.docx"，完成如下操作并保存为"练 5-31 茉莉花.docx"。

（1）为第二段"摘自百度百科"插入超链接，链接到"https://baike.baidu.com/item/茉莉花/4951"。

（2）在**简介**前插入书签，名称为"简介"。

（3）为最后一段文字"返回"插入超链接，链接到书签"简介"处。

（4）为倒数第二段文字"多瓣茉莉"插入超链接，链接到文件"练 5-31 图片.jpg"。

5.4.7　页眉、页脚、页码

【学习成果】能在文本中插入页眉、页脚和页码。

【知识点导览】
1. 页眉

页眉是指显示在每个页面的顶部（页眉）的信息（文本或图形）。

（1）插入页眉：单击"插入"→"页眉页脚"→"页眉"命令按钮，可根据需要从下拉列表中选择要插入的页眉样式，再输入页眉的内容。

（2）编辑页眉：单击"插入"→"页眉页脚"→"页眉"命令按钮，从弹出的下拉菜单中选择"编辑页眉"命令，可以编辑页眉；或者双击页眉位置，进入页眉编辑状态进行编辑。

（3）删除页眉：单击"插入"→"页眉页脚"→"页眉"命令按钮，从弹出的下拉菜单中"删除页眉"命令，删除页眉。

2. 页脚

页脚是指显示在每个页面的底部（页脚）的信息（文本或图形）。可以通过单击"插入"→"页眉页脚"→"页脚"命令按钮，从弹出的下拉列表/菜单中单击命令完成插入、编辑和删除页脚操作。

3. 页眉页脚设计

执行"插入页眉"命令后，自动出现"页眉和页脚"选项卡，用于帮助设置页眉页脚，如图 5-94 所示。

图 5-94 "页眉和页脚"选项卡

（1）设置首页或奇偶页不同。在默认情况下，WPS 2019 在文档中的每页显示相同的页眉和页脚。用户也可以通过图 5-94 的"页眉和页脚"选项卡，单击"页眉页脚选项"功能，在弹出的"页眉/页脚设置"对话框中，选择相应复选框，设置成"首页不同"（"首页不同"复选框选中）、或"奇偶页不同"（"奇偶页不同"复选框选中）、也可设置为"首页不同"且"奇偶页不同"（"首页不同"和"奇偶页不同"复选框同时选中）。

（2）页眉页脚位置设置。通过图 5-94 的"页眉顶端距离"编辑框设置页眉（上边）到纸张上边缘的距离，"页脚底端距离"编辑框设置页脚（下边）到纸张下边缘的距离。

4. 页码

（1）插入页码：单击"插入"→"页眉页脚"→"页码"命令按钮，从弹出的下拉菜单中选择"页面顶端"/"页面底端"/"页边距"/"当前位置"命令，然后从子菜单中选择要插入的样式。

（2）设置页码格式：单击"插入"→"页眉页脚"→"页码"命令按钮，从下拉菜单中选择"设置页码格式"命令，在弹出的"页码格式"对话框中设置格式，包括编号样式、位置、以及是否包含章节号和页码应用范围等属性的设置。

（3）删除页码：单击"插入"→"页眉页脚"→"页码"命令按钮，从下拉菜单中选择"删除页码"命令，可以删除插入的页码。

【例 5-23】使用 WPS 2019 打开"例 5-23 素材.docx"，完成如下操作并保存为"例 5-23 操作结果.docx"。

(1) 为文档插入"空白"页眉，并输入文字内容为"室内植物"（内容为双引号里面的字符）。

(2) 在页面底端插入"普通数字2"格式的页码，并设置页码格式为罗马数字格式（Ⅰ，Ⅱ，Ⅲ…）。

步骤1：插入页眉。

(1) 单击"插入"→"页眉和页脚"命令，单击页眉，在弹出的下拉列表中的内置样式中有许多样式，WPS 默认选择"空白"，如图 5-95 所示。

图 5-95　插入页眉步骤

(2) 在页眉位置输入"室内植物"。

(3) 单击文档任意位置可退出页眉页脚编辑设置状态。

步骤2：插入页码。

(1) 单击"插入"→"页眉和页脚"→"页码"命令按钮，在弹出的菜单中选择"页面底端"命令，然后从子菜单的内置样式中选择"普通数字2"，插入页码，如图 5-96 所示。

图 5-96　插入页码

(2) 第(1)步操作后，会出现"页眉和页脚"选项卡，单击"页码"命令按钮，在弹出的菜单中选择"页码"命令，弹出"页码"对话框，设置编号格式为"Ⅰ,Ⅱ,Ⅲ…"，如图 5-97 所示。

(3) 单击"关闭"按钮，退出页眉页脚编辑设置状态。

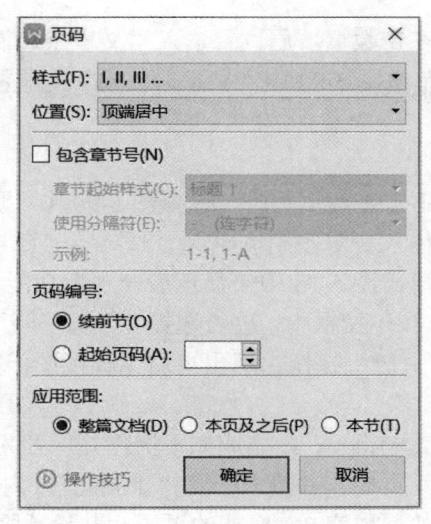

图 5-97 "页码"对话框

【例 5-24】使用 WPS 2019 打开"例 5-24 素材.docx",完成如下操作并保存为"例 5-24 操作结果.docx"。

(1) 为文档插入奇偶不同的页眉,奇数页页眉为"文章杂烩",偶数页页眉为"励志故事"。
(2) 在页面插入页码,页码格式为"1,2,3…",奇数页右对齐,偶数页左对齐。

步骤 1:插入奇偶页不同的页眉。

(1) 单击"插入"→"页眉和页脚"→"页眉页脚选项"命令按钮,在弹出的下拉菜单中的内置样式中选择"空白",文档进入"页眉页脚"设计模式,勾选"页面不同设置"→"奇偶页不同"复选框,设置文档奇偶页的页眉页脚不同,如图 5-98 所示。

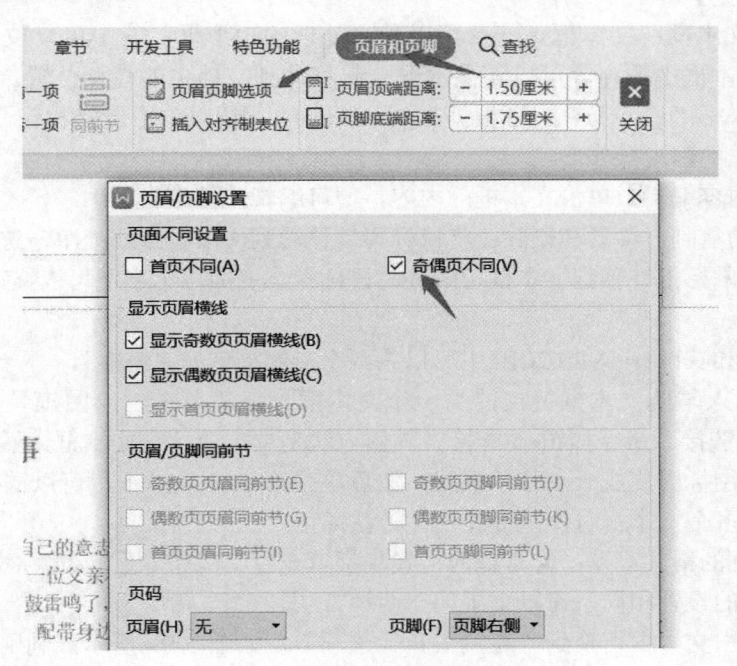

图 5-98 设置奇偶页的页眉页脚不同

（2）设置奇数页页眉。在奇数页页眉位置输入"文章杂烩"。

（3）设置偶数页页眉。单击图 5-98 中"显示后一项"功能按钮或者滚动文档内容到偶数页页眉位置，输入"励志故事"。

步骤 2：插入页码。

（1）插入奇数页页码。单击奇数页页脚，选择图 5-98 中"页码"功能，在下拉框中，单击选择"页脚右侧"，在页脚插入右对齐的页码。

（2）插入偶数页页码。单击图 5-98 中"显示后一项"功能按钮切换到偶数页页脚位置，选择图 5-98 中"页码"功能，在下拉框中，单击选择"页脚左侧"，在页脚插入左对齐的页码。

步骤 3：单击"关闭页眉页脚"按钮，退出页眉页脚视图，完成设置。

【应用实践】

练 5-32 打开"练 5-32 素材.docx"，完成如下操作并保存为"练 5-32 操作结果.docx"。

（1）为文档插入"空白"页眉，并输入内容"茉莉花"（内容为双引号里面的字符）。

（2）在页面底端插入"普通数字 2"格式的页码，并设置页码格式为罗马数字格式（Ⅰ,Ⅱ,Ⅲ…）。

练 5-33 打开"练 5-33 素材.docx"，完成如下操作并保存为"练 5-33 操作结果.docx"。

（1）为文档插入奇偶页不同的页眉，奇数页页眉为"笑话大全"，偶数页页眉为"儿童经典笑话"。

（2）在页面插入页码，页码格式为"1,2,3…"，奇数页右对齐，偶数页左对齐。

5.4.8 文本框

【学习成果】能插入文本框，并对文本框进行编辑。

【知识点导览】

（1）插入文本框：文本框是一个可以独立处理的矩形框，其中可以放置文本、图形、表格等内容。文本框中的内容可以随文本框一起移动到文档中的任意位置。单击"插入"→"文本"→"文本框"命令按钮，可根据需要从弹出的下拉菜单中选择相应命令插入文本框。

（2）文本框的基本操作。

1）文本框内容编辑：单击文本框的内容，便可编辑其内容。

2）文本框的复制、移动和删除：将鼠标指针移动到文本框边线处单击选定文本框，便可以进行移动（将鼠标指针移到文本框边线处，鼠标状态变成双十字便可以拖动鼠标移动）、复制、删除等操作。

3）文本框间的链接：WPS 2019 中可以为两个文本框创建"链接"，一个文本框中文字满了之后会自动写入与此文本框链接的另一个文本框。一般单击"绘图工具格式"→"文本工具"→"创建链接"命令按钮 链接。具体方法是单击第一个文本框，然后单击"创建链接"命令，鼠标图标会变成一个杯子形状，然后单击第 2 个文本框，可以链接第 1 个和第 2 个文本框。链接多个文本框时，重复使用该方法即可。

（3）文本框的格式设置：文本框的格式包括填充色、线条颜色、线型、环绕方式等的设置，与"形状"的设置相同，可以采用如下两种方法。

方法一：单击文本框切换到"绘图工具"选项卡，如图 5-99 所示，利用此选项卡下的命令设置。

方法二：右击文本框边框，在弹出的快捷菜单中选择"编辑形状"命令，在弹出的选项卡中设置。

图 5-99　"绘图工具"选项卡

【案例操作演示】

【例 5-25】使用 WPS 2019 打开"例 5-25 素材.docx"，完成如下操作并保存为"例 5-25 操作结果.docx"。

（1）在文档任意位置绘制一个横排文本框。

（2）设置文本框高为 2 厘米，宽为 8 厘米；环绕方式为四周型环绕；位置为水平相对于页面居中对齐，垂直下侧页边距绝对位置 13.9 厘米。

（3）将文中最后一个段落内容移动到文本框内；文本框内文字字体格式为隶书，标准色为红色，四号字。

（4）设置文本框形状样轮廓为红色，粗细为 3 磅；形状填充为黄色。

步骤 1：插入文本框。

（1）单击"插入"→"文本工具"→"文本框"命令按钮，如图 5-100 所示。

图 5-100　插入文本框

（2）移动鼠标指针到文档任意位置并单击，再拖动鼠标以确定文本框的大小，拖动到合适大小后松开左键，完成插入鼠标拖动时所画大小的文本框。

步骤 2：设置文本框大小、环绕方式和位置。

（1）单击文本框。

（2）单击"绘图工具"→"大小"组的高度输入框，输入 2 厘米；再单击宽度输入框，输入 8 厘米。

（3）单击"绘图工具"→"排列"→"环绕"命令按钮，从下拉菜单中选择"四周型"命令。

（4）右击文本框边缘，从弹出的下拉菜单中选择"其他布局选项"命令，从弹出的对话框中根据题目要求设置文本框位置。

步骤 3：复制文字到文本框，并设置文本框内字体格式。

（1）选定最后一个段落文本内容。

（2）按 Ctrl+X 组合键剪切文本。

（3）单击文本框，按 Ctr+V 组合键粘贴文字到文本框内。

（4）通过字体格式，设置文本框内字体为隶书、四号字。

步骤 4：设置文本框形状轮廓和填充。

（1）单击文本框。

（2）选择"绘图工具"选项卡，在"轮廓"的下拉列表中选择"红色"，"粗细"的子菜单中选择"3 磅"。

（3）选择"绘图工具"选项卡，从"填充"的下拉列表中选择"黄色"。

【例 5-26】使用 WPS 2019 打开"例 5-26 素材.docx"，完成如下操作并保存为"例 5-26 操作结果.docx"。

（1）设置文本框样式为"彩色填充-橙色-强调颜色 2"。

（2）将倒数第 2 段文字复制到第 2 个文本框中。

（3）将第 2 个文本框链接到第 1 个文本框。

步骤 1：设置文本框样式。

（1）单击第 1 个文本框。

（2）选择"绘图工具"选项卡，在"预设样式"的下拉列表中选择"彩色填充-橙色-强调颜色 2"样式。

（3）用相同方法设置第 2 个文本框。

步骤 2：将倒数第 2 段文字复制到第 2 个文本框中（具体操作步骤略）。

步骤 3：将第 2 个文本框链接到第 1 个文本框。

（1）单击第 2 个文本框。

（2）选择"文本工具"选项卡，单击"创建文本框链接"按钮，之后鼠标的图标会变成一个杯子形状。

（3）移动鼠标，单击第 1 个文本框。

【应用实践】

练 5-34 使用 WPS 2019 打开"练 5-34 素材.docx"文档，完成以下操作。

（1）在文档内容任意位置插入一个横排文本框，文本框内容为"小马过河"。文字字体格式为隶书，标准色绿色、三号字。

（2）设置文本框形状样轮廓为红色，粗细为 3 磅。

（3）文本对齐：中部对齐。

（4）将文档保存为"练 5-34 小马过河.docx"。

练 5-35 使用 WPS 2019 打开"练 5-35 素材.docx"文档，完成以下操作。

（1）在文档任意空白位置绘制一竖排文本框，文本框内文字内容为"五星红旗"，文本框形状样式为"强烈效果-橙色，强调颜色 2"。

（2）文本框内字体格式为黑体、三号字；文字方向为居中。

（3）文本框高为 3 厘米，宽为 2 厘米。

（4）文本框环绕方式为"四周型环绕"。

（5）将文档保存为"练 5-35 五星红旗.docx"。

5.4.9 艺术字

【学习成果】能在文档中插入艺术字，并设置艺术字格式。

【知识点导览】

（1）插入艺术字：通过选择"插入"→"文本工具"→"艺术字"按钮，从弹出的艺术字库列表中选择一种艺术字式样,完成艺术字的插入,如图 5-101 所示。

(2)设置艺术字:插入艺术字后,可以设置其文字环绕方式、大小等。单击插入的艺术字,会出现"格式"选项卡,通过该选项卡下命令完成对艺术字格式的设置。

图 5-101 艺术字格式工具

【案例操作演示】

【例 5-27】用 WPS 2019 打开"例 5-27 素材.docx"文档,完成以下操作并保存为"例 5-27 北斗卫星导航系统.doc"。

(1)在文档第 1 段(空行)中插入艺术字"北斗卫星导航系统",样式为第 1 行第 5 列。

(2)设置艺术字对象位置为"嵌入文本行中,居中",字体格式为"华文彩云"。

步骤 1:插入艺术字。

(1)单击文档第 1 段。

(2)单击"插入"→"文本"→"艺术字"按钮,弹出艺术字库下拉列表,选择第 1 行第 5 列样式,如图 5-102 所示。

图 5-102 插入艺术字

(3)在艺术字框中输入"北斗卫星导航系统",如图 5-103 所示。

图 5-103 输入艺术字内容

步骤 2:设置艺术字格式。

(1)单击艺术字。

(2)单击"格式"→"排列"→"位置"命令按钮,从弹出的下拉菜单中选择"嵌入文本中"命令。

(3)单击艺术字框右侧,将插入点移到艺术字框外面右侧。

(4）通过"开始"→"段落"→"居中"命令按钮，设置艺术字内容居中。

注意：艺术字是嵌入型，所以不能通过"布局"对话框设置艺术字的位置。

（5）选定艺术字：单击艺术字框内任意位置，再按 Ctrl+A 组合键。
（6）设置字体格式为"华文彩云"。

【应用实践】

练 5-36   使用 WPS 2019 打开"练 5-36 素材.docx"文档，完成以下操作。
（1）在文档第 2 段中插入（样式第 2 行第 2 列）艺术字"李白"。
（2）设置艺术字对象位置为"嵌入文本行中"，字体格式为"华文隶书、四号字"。
（3）保存文档为"练 5-36 静夜思.docx"。

练 5-37   使用 WPS 2019 打开"练 5-37 素材.docx"文档，完成以下操作。
（1）在文档第 1 段中插入艺术字"北京故宫"，样式为第 3 行第 4 列。
（2）设置艺术字对象环绕方式为"上下型环绕"，位置为"相对于页面水平居中对齐"。
（3）设置艺术字形状填充样式为"彩色填充-金色"，强调颜色 4。

5.4.10 公式

【学习成果】能插入各类数学公式，能编辑已插入的数学公式。

【知识点导览】

（1）插入公式：单击"插入"→"符号"→"公式"按钮，在弹出的列表中选择内置公式或者选择"公式"命令，弹出"公式编辑器"窗口，如图 5-104 所示。单击文档中的灰色公式输入框，再利用选项卡下的命令输入公式内容。

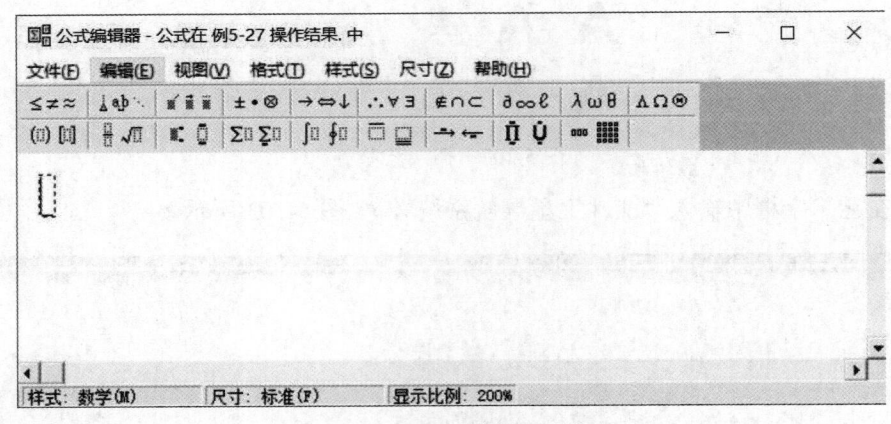

图 5-104 "公式编辑器"窗口

【案例操作演示】

【例 5-28】新建文档并输入 $s = \sum_{i=1}^{100} 2i + \prod_{k=1}^{50} k$ 公式，输入完毕后保存为"例 5-28 公式.docx"。

步骤 1：新建 WPS 2019 文档。
步骤 2：单击"插入"→"符号"→"公式"按钮。
步骤 3：单击公式输入框，输入"s="。

步骤 4：单击"设计"→"结构"→"大型运算符"按钮 $\sum_{i=1}^{n}$，然后从列表中选择 $\sum_{\square}^{\square}$，单击下标输入 i=1，单击上标输入 100，单击右侧输入框输入 2i+。

步骤 5：单击"设计"→"结构"→"大型运算符"按钮 $\sum_{i=1}^{n}$，然后选择 $\prod_{\square}^{\square}$，单击下标输入 k=1，单击上标输入 50。

步骤 6：输入公式后，单击文档公式以外的任意位置，切换回 WPS 2019 界面。如果要编辑公式，可以单击公式进入编辑界面。

【应用实践】

练 5-38 使用 WPS 2019 打开"练 5-38 素材.docx"文档，完成以下操作。
（1）在文档第 2 段输入一道内置的数学公式，公式名称为泰勒展开式。
（2）保存文档为"练 5-38 泰勒展开式.docx"。

练 5-39 使用 WPS 2019 打开"练 5-39 素材.docx"文档，完成以下操作。
（1）在文档最后一段输入如下公式。

$$f(x) = \frac{1}{\sigma\sqrt{2\pi}} e^{\frac{x-\mu}{2\sigma^2}}$$

（2）保存文件为"练 5-39 圆周率.docx"。

5.4.11 WPS 2019 图形元素间的叠放层次与组合

【学习成果】能改变图形元素直接的层次关系，能根据需要组合图形元素。

【知识点导览】

（1）上移一层：选项位于"格式"选项卡排列组，其子菜单中包含有"上移一层""置于顶层""浮于文字上方"选项，用于设置图形对象层次。

（2）下移一层：位于"格式"选项卡排列组，其子菜单中包含有"下移一层""置于底层""衬于文字上方"选项，用于设置图形对象。

（3）组合/取消组合：WPS 2019 对象之间都是独立的，可以独立地随意拖动位置。有时编辑过程中需要将对象变为一个整体，需要将它们组合在一起。选中要组合的对象，然后执行组合命令。组合命令位于"格式"选项卡排列组，如图 5-105 所示。快捷菜单中也有"组合"→"组合"命令。如果要取消组合，则右击已组合的对象，从弹出的快捷菜单中选择"组合"→"取消组合"命令即可。

注意：组合或者取消组合的图形对象的"文字环绕方式"都不能为"嵌入型"。

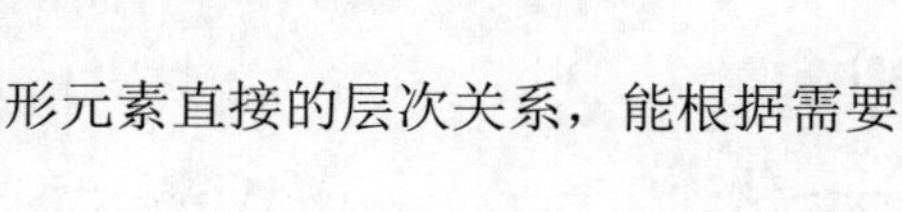

图 5-105 设置图形层次关系工具

【案例操作演示】

【例 5-29】打开素材文件中的"例 5-29 素材.docx",选择名为"x"的对象并置于底层,把文档中第 1 页的所有图形组合在一起。

步骤 1:打开素材文件。

步骤 2:选择图形,置于底层。

(1)打开选择窗格。单击"开始"→"编辑"→"选择"命令按钮,从弹出的下拉菜单中选择"选择窗格"命令。

(2)单击"选择窗格"中名为"x"的对象,选中相应的图形。

(3)执行"置于底层"命令,如图 5-106 所示。

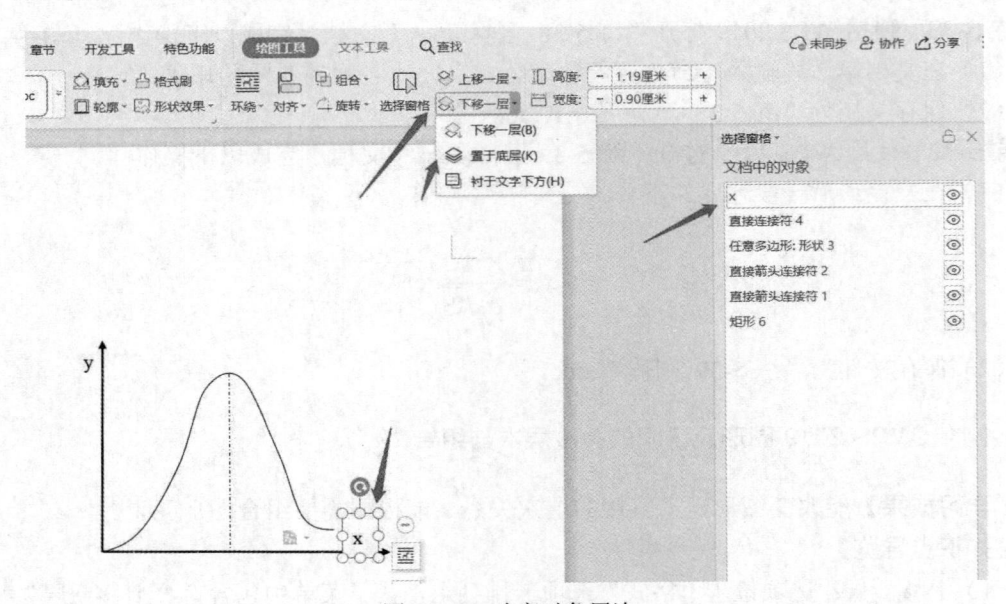

图 5-106 改变对象层次

步骤 3:组合对象。

(1)选定所有的对象。通过选择窗格,单击对象的同时按住 Ctrl 键。

(2)执行"组合"命令。

【应用实践】

练 5-40 打开素材文件中的"练 5-40 素材.docx",把文档中第 2 页所有图形组合在一起,然后另存为"练 5-40 操作结果.docx"。

5.5 文档页面布局与设计

5.5.1 文档页面布局

【学习成果】能应用页面设置、分栏、页眉页脚、分隔符功能对页面进行排版布局。

【知识点导览】

(1)页面设置:页面设置是指对文档整个页面进行设置,如设置纸张大小、页边距、页眉/页脚等。从制作文档的顺序角度讲，设置页面格式应当先于字符和段落格式等排版文档，这样才方便文档排版过程中的版式安排。如果最后设置页面格式，比如最后改变纸张大小，就可能造成有的表格、图片等对象在页面打印范围外。

（2）文字方向设置：WPS 2019 中默认的文字方向为横向，但也允许用户改变文字方向。可以单击"布局"→"页面设置"→"文字方向"命令按钮，从弹出的下拉菜单中选择需要设置的文字方向，如果没有需要的，则可选择"文字方向选项"命令，弹出"文字方向"对话框，选择需要设置的方向后，单击"确定"按钮。也可以右击要设置的文字，从弹出的快捷菜单中选择"文字方向"命令，弹出"文字方向"对话框。

（3）页边距：页边距指正文区与纸张边缘的距离。单击"布局"→"页面设置"→"页边距"命令按钮，从弹出的下拉菜单中选择需要设置的页边距，如果没有需要的，则可选择"自定义边距"命令，弹出"页面设置"对话框，分别在页边距的上、下、左、右框中选择或输入需要的值，然后单击"确定"按钮。

创建一个新文档时，系统已经按照默认的格式（模板）设置了页面。例如"空白文档"模板的默认页面格式为 A4 纸大小，上、下页边距均为 2.54 厘米，左、右页边距均为 3.17 厘米等。因此，若无特别要求，可不用进行页面设置。纸张大小和页边距决定了正文区域的大小，如图 5-107 所示，其关系如下：

正文区宽度=纸张宽度-左边距-右边距　　正文区高度=纸张高度-上边距-下边距

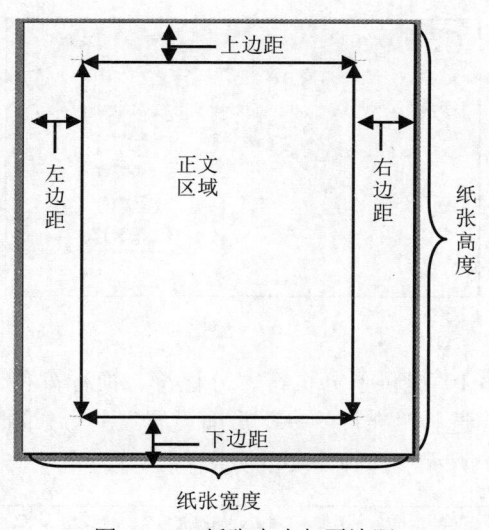

图 5-107　纸张大小与页边距

（4）纸张方向：WPS 2019 文档方向分为横向或纵向，可以通过单击"布局"→"页面设置"→"纸张方向"命令按钮，从弹出的下拉菜单中选择"纵向"或者"横向"命令进行设置。

（5）纸张大小：WPS 2019 支持多种规格纸张。单击"页面布局"→"页面设置"→"纸张大小"命令按钮，从弹出的下拉菜单（图 5-108）中选择需要设置的大小，如果没有需要的大小，可选择"其他页面大小"，在弹出的对话框中，再次选择"自定义大小"，然后，在"宽度"和"高度"栏直接输入合适的值。

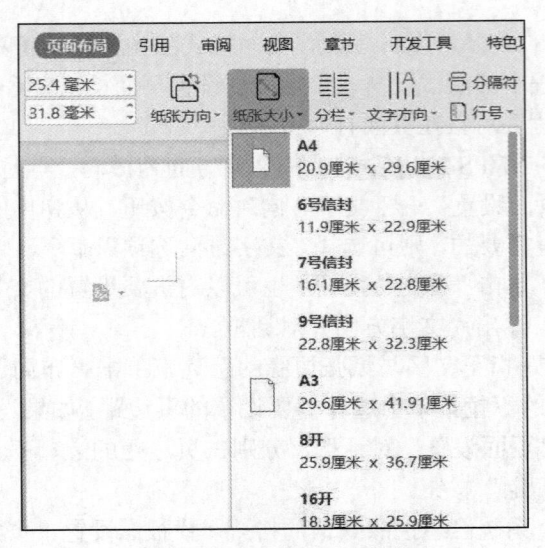

图 5-108　纸张大小设置

（6）分栏。分栏是指类似于报纸编辑将文档的版面划分为若干栏，但要在"页面"视图下显示多栏排版的效果。WPS 2019 文档默认一栏，可以通过"布局"→"页面设置"→"分栏"命令按钮（图 5-109）对内容分栏，每栏内容都是由系统自动设置的。

图 5-109　分栏命令

（7）分隔符。WPS 2019 提供了分页符、分栏符、换行符和分节符用于排版。将插入点移到要插入分隔符的位置，选择"布局"→"页面设置"→"分隔符"命令按钮，弹出"分隔符"下拉菜单，如图 5-110 所示，选择需要的分隔符。

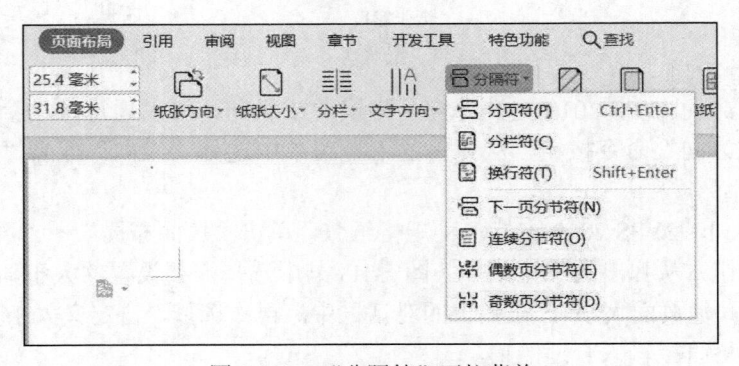

图 5-110　"分隔符"下拉菜单

1）分页符：将插入点前后的内容分到不同页面。
2）分栏符：可以指定分栏的具体位置。
3）自动换行符：可以将插入点后的内容换到下一行，但是与插入点前面的内容仍然属于同一段落。
4）分节符：插入分节符后，可以将插入点前后的内容分为不同的节。分节后，可以对不同的节独立设置页边距、纸张大小和方向、页眉页脚等，即可以为不同的节设置不同的页面格式，比如可以为一本书的不同章设置不同的页眉。如果不分节，则页面设置应用于整个文档。分节符的类型有下一页、连续、偶数页、奇数页，分别使插入点后的文本位于下一页、当前页连续、偶数页、奇数页。

插入分节符后可以在草稿视图下查看，如果要删除某个分节符，则单击分节符位置，然后 Delete 键即可。

【案例操作演示】

【例 5-30】打开"例 5-30 素材.docx"，完成如下操作并保存为"例 5-30 操作结果.docx"（文本中每个回车符都作为一段落）。

（1）设置该文档纸张的高度为 21 厘米、宽度为 22 厘米，左、右边距均为 3.2 厘米，上、下边距均为 2.5 厘米，装订线 1.0 厘米，装订线位置为左，纸张方向为横向。

（2）页眉距边界 1 厘米，页脚距边界 1.5 厘米，页面垂直对齐方式为两端对齐。

（3）将文档第 3、第 4、第 5 段（第 3 段含文字"中国北斗卫星导航系统……"）偏左分为 2 栏：第 1 栏宽度 13 字符、间距 2 字符，添加分隔线。

步骤 1：设置纸张大小。单击"页面布局"→"页面设置"命令，弹出"页面设置"对话框，在"纸张大小"组中选择"自定义大小"选项，在"宽度"和"高度"文本框中分别输入 22 和 21，如图 5-111 所示。

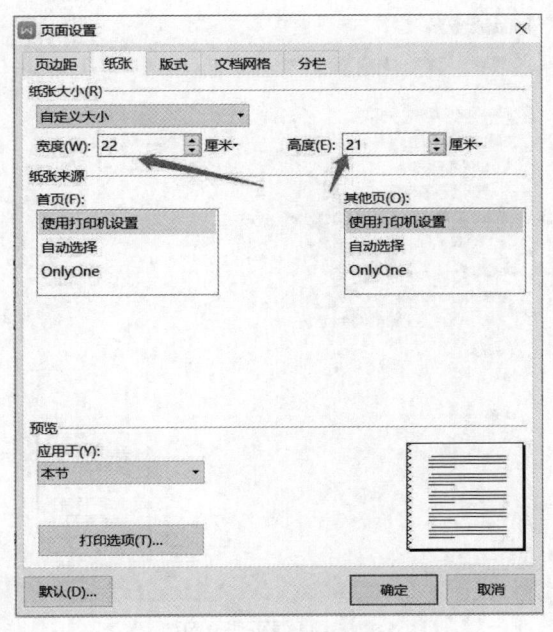

图 5-111 设置纸张大小

步骤 2：设置页边距和纸张方向。单击"布局"→"页面设置"命令，弹出"页面设置"对话框，在"页边距"组设置上、下边距均为 2.5 厘米，左、右边距均为 3.2 厘米，装订线宽 1 厘米，装订线位置为左，纸张方向为横向，如图 5-112 所示。

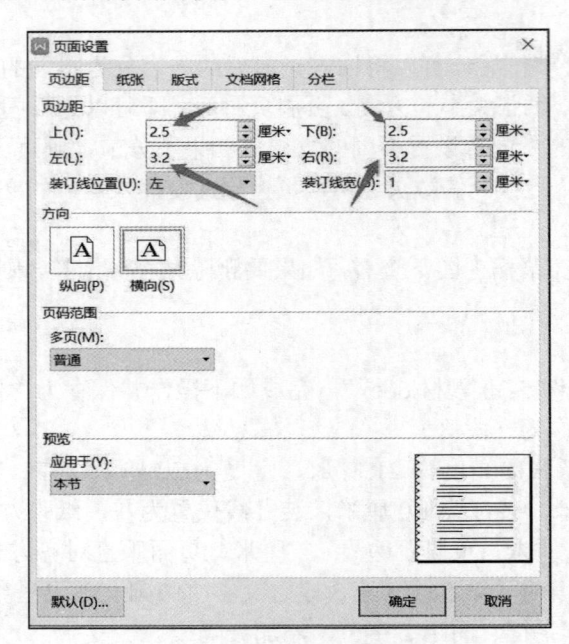

图 5-112　页边距设置

步骤 3：设置页眉边距。切换到"版式"选项卡，设置页眉距边界 1 厘米，页脚距边界 1.5 厘米，页面垂直对齐方式为两端对齐，如图 5-113 所示。

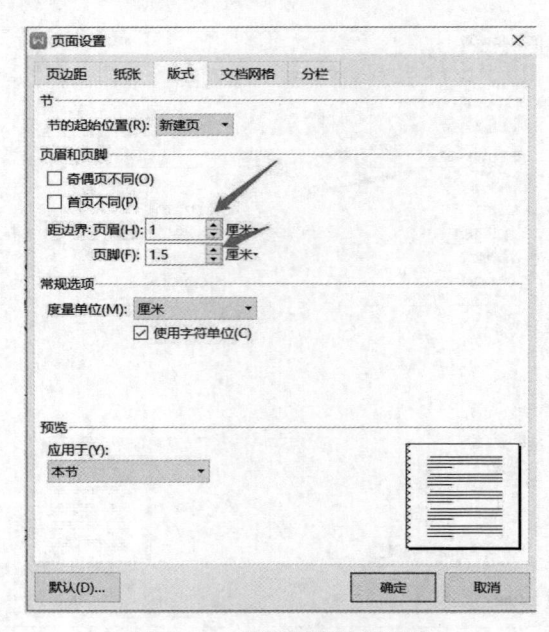

图 5-113　页眉页脚边距设置

步骤 4：分栏。选定文档的第 3、第 4、第 5 段，单击"布局"→"页面设置"→"分栏"→"更多分栏"命令，在弹出的"分栏"对话框中设置偏左、2 栏、选中"分割线"复选框、第 1 栏（13 字符），间距（2 字符），如图 5-114 所示，然后单击确定按钮。

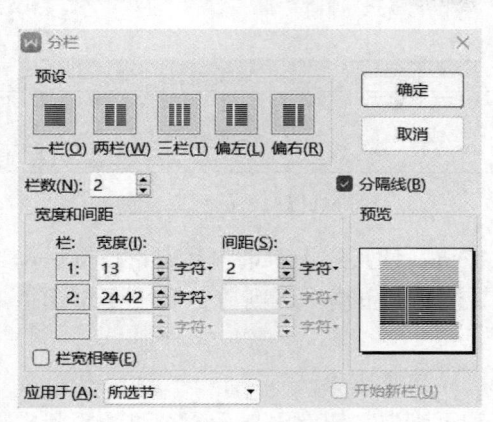

图 5-114　分栏设置

【例 5-31】打开"例 5-31 素材.docx"，完成如下操作并保存为"例 5-31 操作结果.docx"（文本中每个回车符都作为一段落）。

（1）在第 5 段文字内容"——不相信自己的意志，永远也做不成将军。"后插入一个自动换行符。

（2）在第 11 段（"生命的价值"）前插入一个分页符。

（3）在"经典励志美文"前插入一个下一页分节符。

（4）设置文档第 2 节内容的纸张方向为横向，文字方向为垂直，页眉为"经典励志美文"。

步骤 1：插入换行符。

（1）将插入点移到第 5 段文字内容"——不相信自己的意志，永远也做不成将军。"后。

（2）单击"页面布局"→"页面设置"→分隔符→自动换行符。

步骤 2：插入分页符。

（1）将插入点移到"生命的价值"前。

（2）单击"页面布局"→"页面设置"→分隔符→分页符。

步骤 3：插入分节符。

（1）将插入点移到"经典励志美文"前。

（2）单击"页面布局"→"页面设置"→分隔符→分节符（下一页）。

步骤 4：设置文档第 2 节格式。

（1）将插入点移动到文档第 2 节位置，即单击"经典励志美文"后任意内容。

（2）单击"页面布局"→"页面设置"→纸张方向→横向。默认设置所在节的纸张方向，可以通过页面设置对话框设置应用范围为"本节"或者"整篇文档"。

（3）单击"页面布局"→"页面设置"→文字方向→垂直。

（4）双击第 2 节的页眉位置，进入第 2 节页眉设计，如图 5-115 所示。

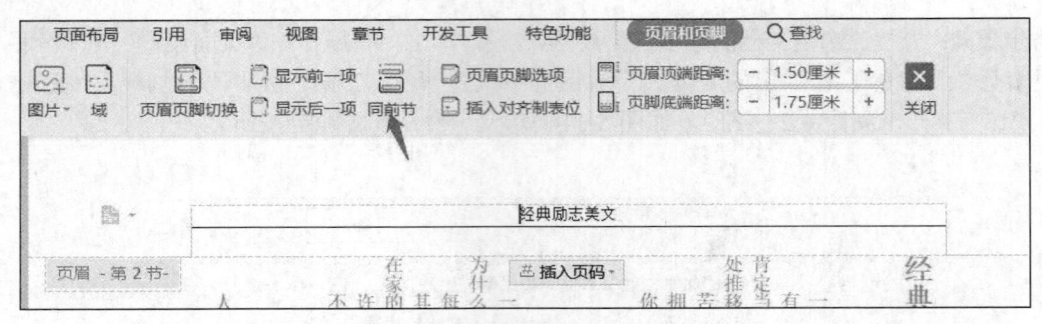

图 5-115 节的页眉设置

（1）单击"同前节"按钮，使其处于未选中状态。设置后，当前节（第 2 节）的页眉设置不会影响到前一节（第 1 节）的页眉，否则前一节（第 1 节）的页眉会随着当前节（第 2 节）页眉的改变而改变。

（2）在页眉位置输入"经典励志美文"。

（3）单击"关闭页眉和页脚"按钮，退出页眉页脚编辑状态。

【应用实践】

练 5-41 打开"练 5-41 素材.docx"，完成如下操作并保存为"练 5-41 操作结果.docx"。

（1）设置文档纸张大小为 B5（JIS）（纸张宽度为 18.2 厘米，高度为 25.7 厘米），左、右页边距均为 2.8 厘米，页面垂直对齐方式为居中，纸张方向横向。

（2）将文档第 3 段分为偏左的两栏，加分隔线。

练 5-42 打开"练 5-42 素材.docx"，完成如下操作并保存为"练 5-42 操作结果.docx"。

（1）设置文档纸张大小为 16 开（纸张宽度为 18.4 厘米，高度为 26 厘米），左、右页边距均为 3 厘米，页面垂直对齐方式为顶端对齐；装订线 1.0 厘米，装订线在左。

（2）设置文档网格为文字对齐字符网络，设置每行字符数为 38，每页行数为 40。

（3）将文档最后一段设置分栏，分为两栏，栏宽不相等，第一栏栏宽为 15 个字符，第二栏栏宽为 20 个字符。

练 5-43 打开"练 5-43 素材.docx"，完成如下操作并保存为"练 5-43 操作结果.docx"。

（1）在第 3 段（开头文字是"这种美化装饰是"）前插入一个分页符。

（2）在第 4 段（文字内容为"仙人掌"）前插入一个下一页的分节符。

（3）设置第 1 节页眉为"室内植物简介"，第 2 节页眉为"常见室内植物"。

5.5.2 文档页面设计

【学习成果】能设置文档格式，包括主题、样式集、颜色、字体等；能设置页面背景，包括页面水印、背景颜色、页面边框。

【知识点导览】

（1）文档格式：WPS 2019 提供统一设计文档格式的相关命令，位于"页面布局"下的"文档格式"组，如图 5-116 左侧矩形框所示。单击"主题"按钮设计文档整体的颜色、字体、段落间距、绘图效果等。也可以通过"颜色""字体""页边距""效果"按钮修改主题中的对应部分或者自定义文档格式。"文档格式"→"样式集"可以设置内置样式的格式。

图 5-116 文档格式设置命令

（2）页面背景：位于"页面布局"下的"页面背景"组（如图 5-116 右侧矩形框所示）的命令，可以用于设置文档的水印、背景颜色和页面边框。

【案例操作演示】

【例 5-32】打开"例 5-32 素材.docx"，完成如下操作并保存为"例 5-32 操作结果.docx"。

（1）将文档的主题格式设置为"环保"的选项效果。

（2）文档字体采用"字体"列表中的第 7 种。

步骤 1：设置文档主题。单击"设计"→"文档格式"→"主题"命令，从弹出的列表中选择"环保"主题。

步骤 2：设置文档"字体"。单击"设计"→"文档格式"→"字体"命令，从弹出的列表中选择第 7 种。

【例 5-33】打开"例 5-33 素材.docx"，完成如下操作并保存为"例 5-33 操作结果.docx"。

（1）在文档中插入文字为"励志小故事"的自定义水印，字体颜色为"标准色：橙色"，字体为隶书，字号为 96。

（2）设置文档的页面背景填充效果，效果类型为渐变，颜色为双色，颜色 1 为标准色绿色，颜色 2 为标准色浅绿，底纹样式为斜上。

（3）添加页面边框为宽度 10 磅、5 个红苹果图案的艺术型方框。

步骤 1：水印设置。单击"插入"→"水印"→"自定义水印"命令，弹出"水印"对话框，如图 5-117 所示。选中"文字水印"复选框，输入文字内容"经典励志小故事"，设置字体为隶书，字号为 96，颜色为橙色。

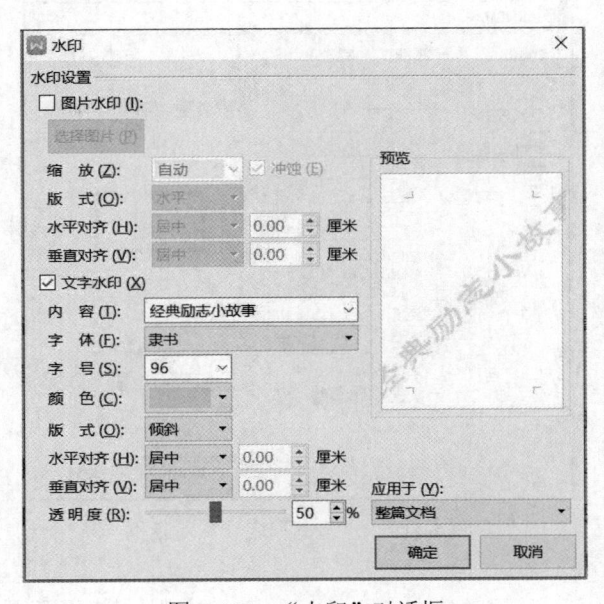

图 5-117 "水印"对话框

步骤 2：背景设置。单击"页面布局"→"背景"→"其他背景"→"渐变"命令，弹出"填充效果"对话框，如图 5-118 所示。在"渐变"选项卡下设置：颜色为双色，颜色 1 为绿色，颜色 2 为浅绿色；底纹样式为斜上。

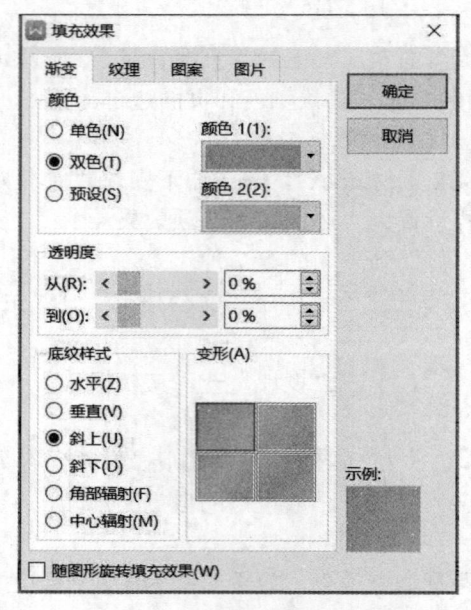

图 5-118 "填充效果"对话框

步骤 3：页面边框设置。单击"设计"→"页面背景"→"页面边框"命令，弹出"边框和底纹"对话框，如图 5-119 所示。在"页面边框"选项卡下设置宽度为 10 磅，艺术型为苹果。

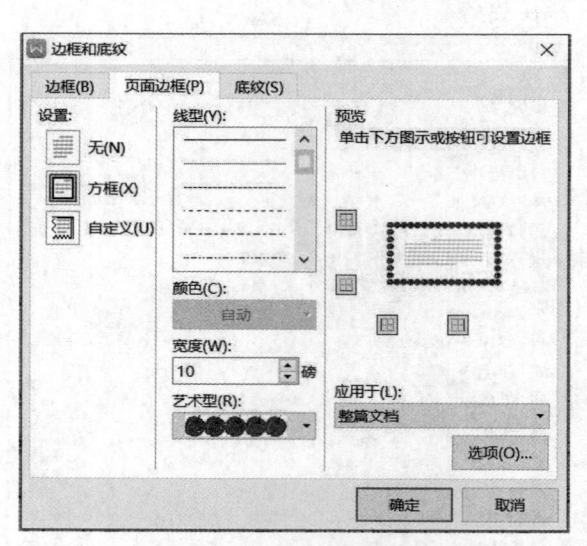

图 5-119 "边框和底纹"对话框

【应用实践】

练 5-44 打开"练 5-44 素材.docx"，完成如下操作并保存为"练 5-44 操作结果.docx"。

(1) 将文档的主题格式设置为"柏林"的选项效果。

练 5-45 打开"练 5-45 素材.docx",完成如下操作并保存为"练 5-45 操作结果.docx"。

(1) 将文档设置页面背景中的页面填充效果,套用纹理填充效果样式,样式名称为"羊皮纸"。

(2) 添加页面边框为宽度 12 磅、倒数第 2 个选项艺术型方框,颜色为红色。

(3) 为文档添加文字水印,水印文字为"五星红旗",字体为黑体,字号为 105,颜色为红色,半透明,版式为斜式。

5.6　WPS 2019 高级应用

5.6.1　WPS 2019 样式

【学习成果】能应用内置样式,新建、修改、删除、应用自定义样式。

【知识点导览】

(1) 样式。样式是用样式名保存的一组预先设置好的格式,包括字体格式、段落格式、边框等。对于定义好的样式,可以在文档中直接套用选定的文本。如果修改了样式的格式,则文档中所有应用该样式的段落或文本块的格式自动随之改变。

文本的样式有两种类型,即字符样式和段落样式。字符样式用来定义字符的格式,如字体、字形、字号、字间距等,不能定义段落格式;段落样式除可以定义各种字符格式外,还可以定义段落的格式,如缩进、对齐方式、行间距等。

(2) WPS 2019 内置样式。WPS 2019 提供许多定义好的样式,即内置样式,如"标题 1""标题 2""标题 3"等,如图 5-120 所示。用户可以直接将这些样式应用到自己的文档中,操作步骤如下:先选定要应用样式的文本,再单击"开始"→"样式"命令,在弹出的下拉菜单中选择所需样式名,选定文本的格式就会变为所选样式定义的格式。文档内容的默认样式是"正文"样式。

图 5-120　WPS 2019 内置样式

(3) 新建样式。如果在 WPS 2019 内置样式中没有所需样式,用户就可以自己创建新样式。单击"开始"→"样式"右侧的按钮,弹出"样式"窗格,然后单击"样式"窗格中的"新样式"按钮,如图 5-121 所示。在弹出的对话框中新建样式。

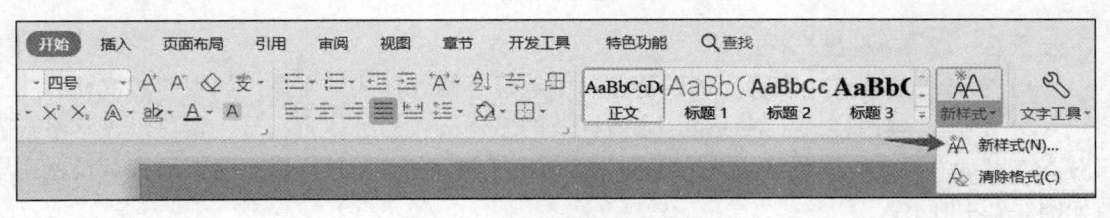

图 5-121　新建样式操作步骤

注意：由于新建样式会基于当前插入点位置的段落/字体格式，因此在单击"格式和样式"任务窗格的"新样式"按钮时，要注意当前插入点位置的段落/字体格式。

新样式建立后，会出现在"样式"下拉菜单中。

（4）应用样式：创建一个样式后，可以应用它对其他段落或文本块进行格式化。选定要设置的段落（如果要同时选定则结合 Ctrl 键完成，也可分别选定设置），然后单击"样式"下拉菜单中要应用的样式。

（5）修改样式：可以修改新建样式。方法是右击要修改的样式名，从弹出的快捷菜单中选择"修改"命令。修改完毕后，文档中所有应用被修改样式的文档内容都将随之改变。可见应用样式可以节约时间。

（6）删除样式：WPS 2019 不允许删除内置样式，但可以删除自定义样式。方法是在样式窗格中右击要删除的样式，从弹出的快捷菜单中选择"删除"命令。

注意：如果文档中有文本应用了删除的样式，那么该文本应用样式的格式将消失，变为正文样式。

【案例操作演示】

【例 5-34】打开"例 5-34 素材.docx"，完成如下操作并保存为"例 5-34 操作结果.docx"。

（1）将文档颜色为深红色的文字应用内置"标题"样式。

（2）修改"标题"样式字体大小为楷体，二号，紫色，左对齐。

步骤 1：应用"标题"样式。单击素材的深红色字体所在段落，然后单击"样式"列表中的"标题"样式，如图 5-122 所示。重复将"经典励志美文"应用为"标题"样式。

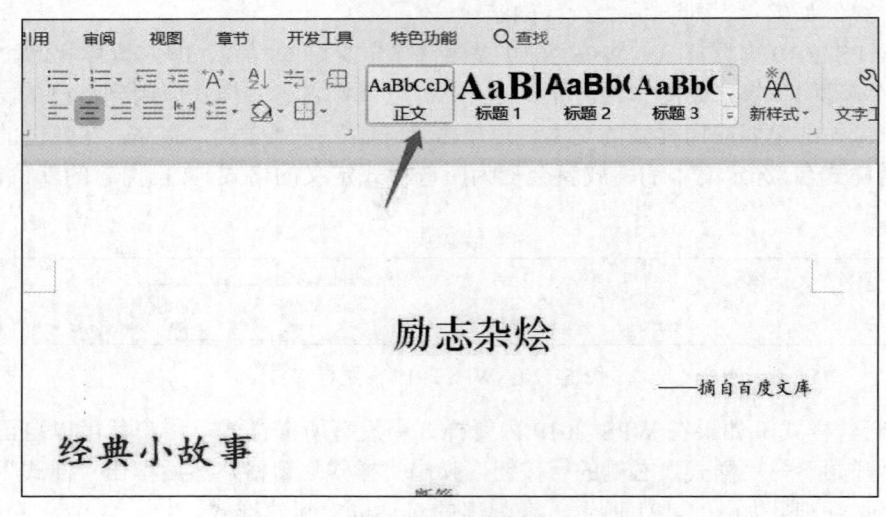

图 5-122　应用样式

步骤 2：修改"标题"样式。

（1）右击标题样式，在弹出的快捷菜单中选择"修改样式"命令，如图 5-123 所示。

（2）弹出"修改样式"对话框，修改样式的字体格式为楷体、二号、紫色，段落格式为左对齐。单击"格式"按钮，从下拉列表中选择"字体"和"段落"进行格式设置。设置完毕后如图 5-124 所示。

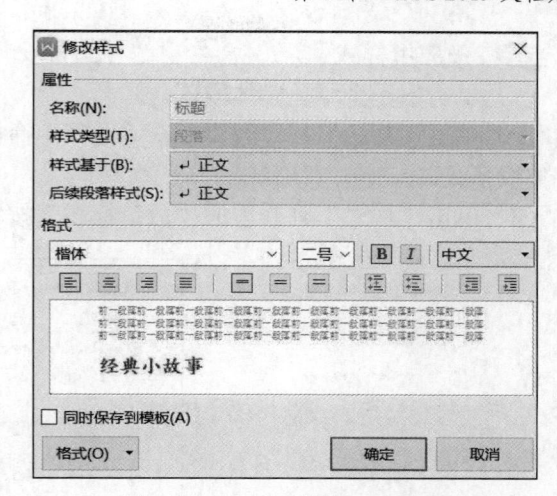

图 5-123 修改样式命令　　　　　图 5-124 "修改样式"对话框

【例 5-35】在例 5-35 基础上完成如下操作，并保存为"例 5-35 操作结果.docx"。

（1）建立一个名为"故事标题"的新样式。样式类型为段落，样式基于为正文，后续样式正文，其格式为标准色红色、华文隶书、四号字体，段落居中。

（2）将该样式应用到文档中所有绿色字体文字。

（3）修改样式的字体颜色为橙色。

步骤 1：新建样式。

（1）将插入点移到第 1 个绿色段落位置，即单击文档第 4 段。

（2）单击"开始"→"样式"组名右边的"新样式"按钮，然后，在下拉列表中再次选择"新样式"，如图 5-121 所示。

（3）弹出"新建样式"对话框。按要求设置样式名称为故事标题，样式类型为段落，样式基于为正文，后续段落样式为正文，字体格式为华文隶书、四号、红色，段落格式为居中。设置完毕后如图 5-125 所示。

图 5-125 新建样式

步骤2：应用样式。

（1）单击下一个绿色字体段落。

（2）单击"开始"→"编辑"→"选择"命令，选择样式相似的文本，从而选中所有绿色字体段落。

（3）单击"样式"列表里的"故事标题"按钮，如图5-126所示。

图5-126 应用"故事标题"样式

步骤3：修改样式。右击"标题故事"，从弹出的快捷菜单中选择"修改"命令，在弹出的"修改样式"对话框中修改样式的字体颜色为深蓝色。

【应用实践】

练5-46 打开"练5-46素材.docx"，完成如下操作并保存为"练5-46操作结果.docx"。

将文档颜色为红色的文字应用内置"标题1"样式。

练5-47 在练5-46基础上完成如下操作，并保存为"练5-47操作结果.docx"。

（1）建立一个名为"绿植标题"的新样式。新建样式类型为段落，样式基于为正文，后续样式为正文，其格式为标准色紫色、华文中宋、四号字体、段落居中。

（2）将该样式应用到文档中所有蓝色字体文字。

练5-48 在练5-47基础上完成如下操作，并保存为"练5-48操作结果.docx"。

修改"绿植标题"样式的字体颜色为"绿色"。

5.6.2 目录

【学习成果】能基于样式或者大纲级别自定义目录。

【知识点导览】

（1）自定义目录。编排比较长的文档时，有时需要为文档建立一个目录。手动生成目录比较费时，而且如果文档内容更新，更新目录就比较麻烦。因此，WPS 2019提供了自动生成目录功能。单击"引用"→"目录"命令按钮，从弹出的下拉菜单中选择"自定义目录"命令，如图5-127所示，弹出"目录"对话框，在对话框中通过设置生成目录。可以基于样式或大纲级别，前提是文档中作为目录的内容应用了样式或者设置了大纲级别。

（2）更新目录。如果文档中增加新的内容，就需要插入目录，将对应级别的样式或者大纲级别应用到要作为目录的文本，然后右击目录，在弹出的快捷菜单中选择"更新域"命令，在弹出的对话框中选择"更新整个目录"（如果只有页码改变，可以选择"只更新页码"），然后单击"确定"按钮。

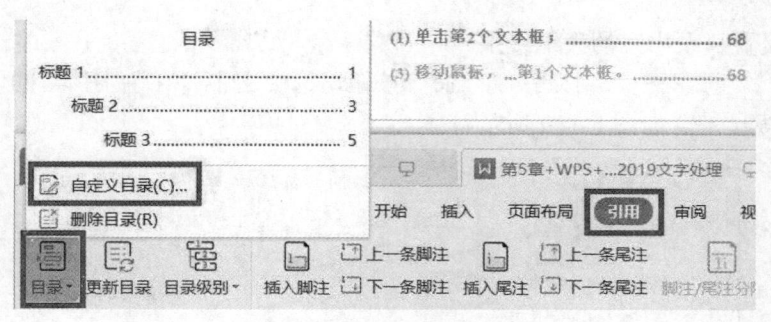

图 5-127 自定义目录命令

【案例操作演示】

【例 5-36】在例 5-35 基础上，在第 2 段"——摘自百度文库"后插入目录，要求应用为"标题"的样式作为一级目录，应用为"故事标题"的样式作为二级目录，目录中显示页码且页码右对齐，制表符前导符为断截线"------"。

步骤 1：将插入点移动到要插入目录位置，即"——摘自百度文库"后的空白段落。
步骤 2：单击"引用"→"目录"→"自定义目录"命令。
步骤 3：在弹出的"目录"对话框中设置如下。

（1）单击"选项"按钮，弹出"目录选项"对话框，如图 5-128 所示，设置目录建自"样式"，其中"标题"样式的目录级别输入 1，"故事标题样"式的目录级别输入 2，然后单击"确定"按钮。

（2）返回"目录"对话框，勾选"页面右对齐"复选框，制表符前导符为------，如图 5-129 所示。

图 5-128 "目录选项"对话框   图 5-129 "目录"对话框

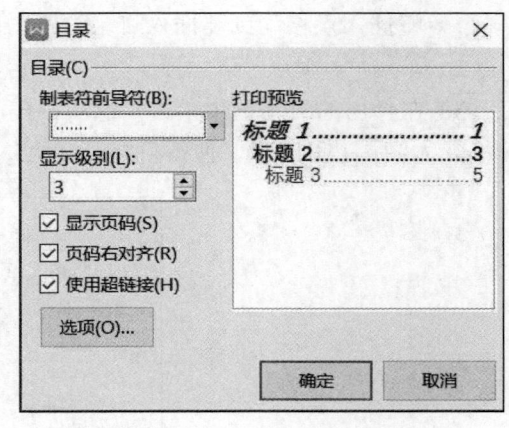

（3）单击"确定"按钮，插入目录。

【例 5-37】打开"例 5-37 素材.docx"，完成如下操作并保存为"例 5-37 操作结果.docx"。
（1）设置文中"红色字体"内容的大纲级别为 1 级。
（2）设置文中"绿色字体"内容的大纲级别为 2 级。
（3）基于大纲级别，在第 2 段"——摘自百度文库"后插入目录，目录格式为正式，显示级别为 2。

步骤 1：设置目录内容的大纲级别。

（1）单击"引用"→"目录级别"命令按钮，选中文中"红色字体"的内容，然后设置大纲级别为 1 级目录，如图 5-130 所示。

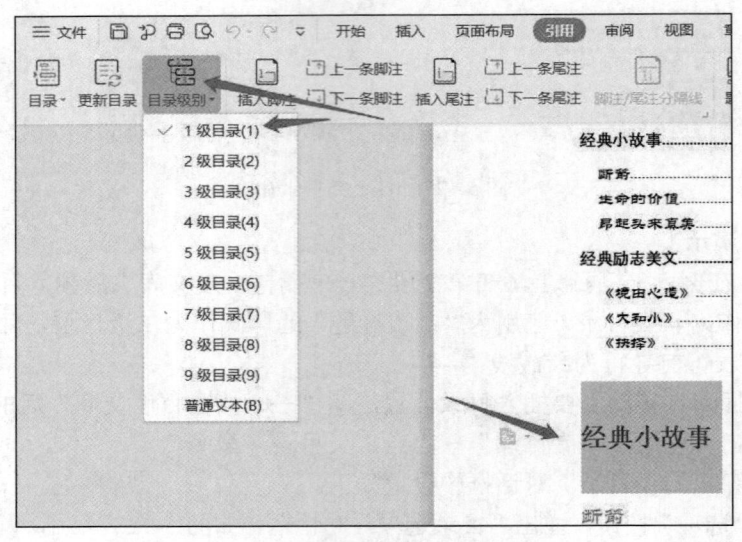

图 5-130　设置大纲级别

（2）选中文中"绿色字体"的内容，然后设置大纲级别为 2 级。

（3）单击"关闭大纲视图"按钮，退出大纲视图。

步骤 2：基于大纲级别插入目录。

（1）将插入点移动到要插入目录位置，即"——摘自百度文库"后的空白段落。

（2）单击"引用"→"目录"→"自定义目录"命令。

（3）在弹出的对话框中单击"选项"按钮，弹出"目录选项"对话框，勾选"大纲级别"复选框，如图 5-131 所示，使得目录基于大纲级别创建，然后单击"确定"按钮。

图 5-131　设置目录选项

（4）返回"目录"对话框，设置格式为正式，显示级别为 2，如图 5-132 所示。

（5）单击"确定"按钮，插入目录。

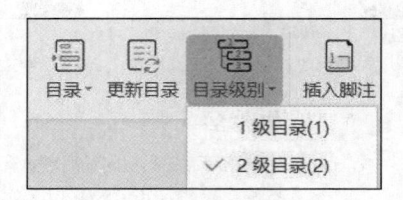

图 5-132　目录设置

【应用实践】

练 5-49　在练 5-48 基础上，在第 2 段"选自百度文库"后插入目录，要求应用"标题 1"的样式作为一级目录，应用"绿值标题"的样式作为 2 级目录，目录格式为优雅。

练 5-50　打开"练 5-50 素材.docx"，完成如下操作并保存为"练 5-50 操作结果.docx"。

（1）设置文中"红色字体"内容的大纲级别为 1 级。

（2）设置文中"蓝色字体"内容的大纲级别为 2 级。

（3）基于大纲级别，在第 2 段"选自百度文库"后插入目录，目录显示 2 级，目录中显示页码且页码右对齐。

5.6.3　脚注与尾注

【学习成果】了解并学会应用脚注与尾注。

【知识点导览】

脚注与尾注的功能是为文章添加注释，在页面底部加的注释是脚注，在文档末尾加的注释是尾注。

【案例操作演示】

【**例 5-38**】打开"例 5-38 素材.docx"，完成如下操作并保存为"例 5-38 操作结果.docx"。在标题"室内植物"后插入脚注，脚注位置为页面底端，内容为"常见室内植物"。

步骤 1：将鼠标移至标题"室内植物"后并单击，选择最上方的"引用"选项，然后单击该选项卡中靠左边位置处的"插入脚注"功能按钮。操作如图 5-133 所示。

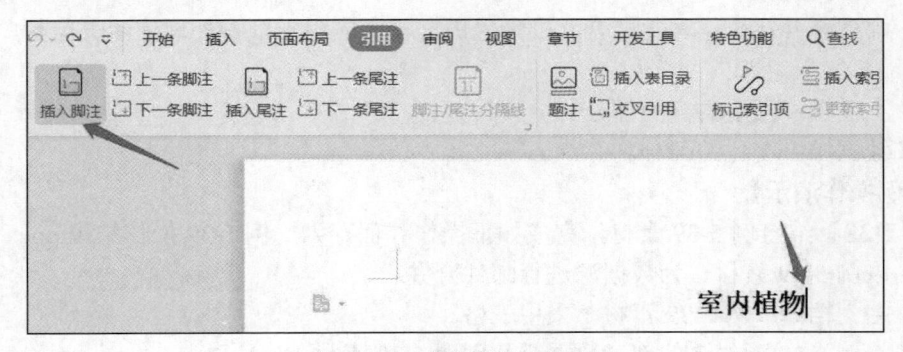

图 5-133　设置脚注和尾注

步骤 2：如图 5-134 所示，输入内容"常见室内植物"。

【应用实践】

练 5-51　在标题"六榕寺"后插入脚注，位置为页面底端，编号格式为 1，2，3。内容为"广州佛教五大丛林之一"。

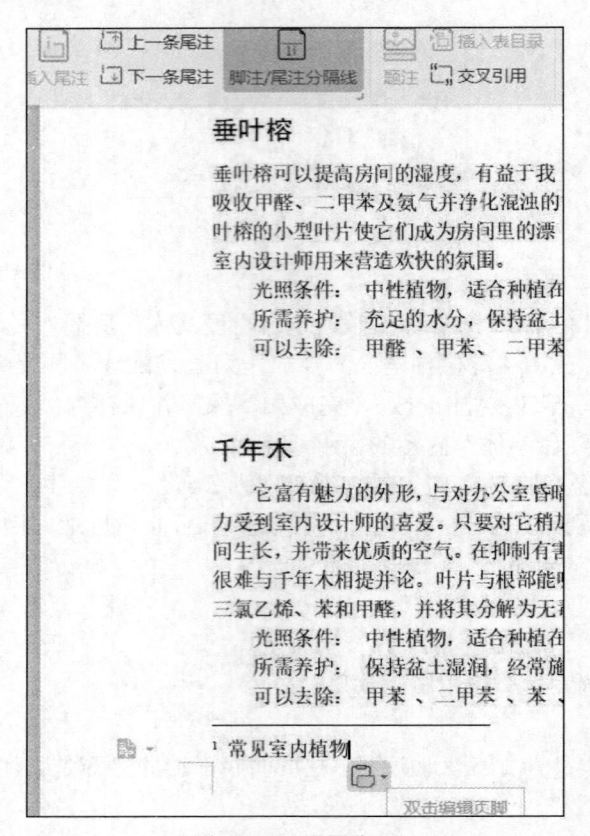

图 5-134　设置脚注

5.6.4　邮件合并

【学习成果】能够在日常生活中应用邮件合并，了解邮件合并的便利性。

【知识点导览】

（1）邮件合并：数据与文档合并批量生成文档，应用于批量处理信函、信封、邮件、工资条、成绩单等。

（2）主文档：固定内容的部分。

（3）数据源：变化的部分。

【案例操作演示】

【例 5-39】结合例 5-39 素材，完成如下操作并保存为"例 5-39 操作结果.docx"。

（1）以例 5-39 素材 2 为数据源进行邮件合并。

（2）主文档——例 5-39 素材 1 采用表格。

（3）将例 5-39 素材 2 的部分数据合并到例 5-39 素材 1 中。

（4）保存主文档。最后合并全部记录并保存为新文档"例 5-39 操作结果.docx"。

步骤 1：打开主文档——例 5-39 素材 1，单击"引用"→"邮件"按钮，如图 5-135 所示。

步骤 2：选择例 5-39 素材 2 数据源，如图 5-136 所示。

步骤 3：如图 5-137 所示，插入合并域。

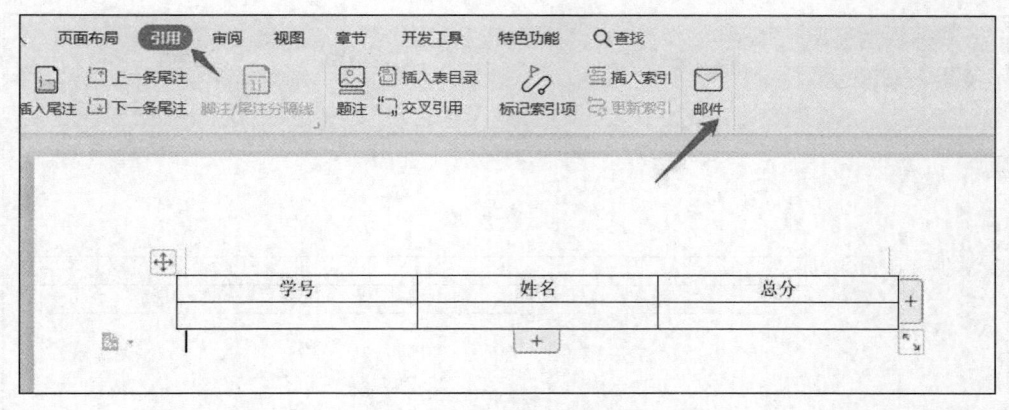

图 5-135 单击"引用"→"邮件"按钮

图 5-136 选择例 5-39 素材 2 数据源

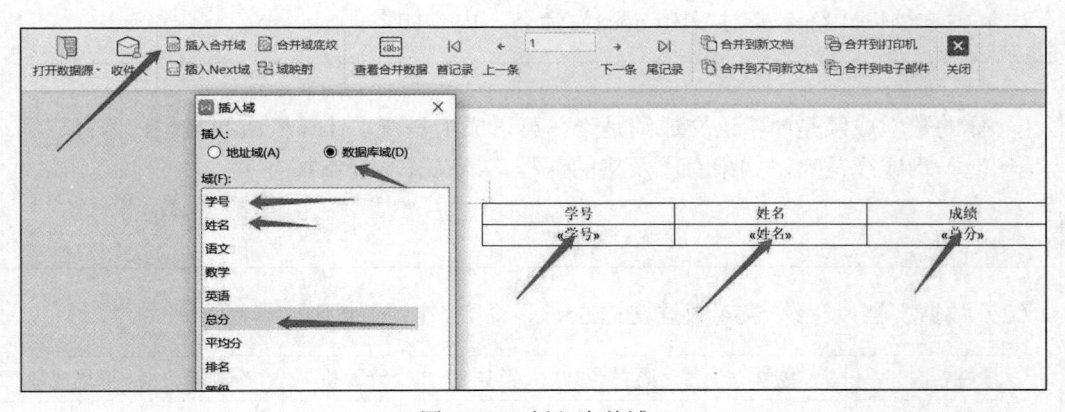

图 5-137 插入合并域

步骤 4：如图 5-138 所示，合并邮件。
步骤 5：合并邮件效果如图 5-139 所示。

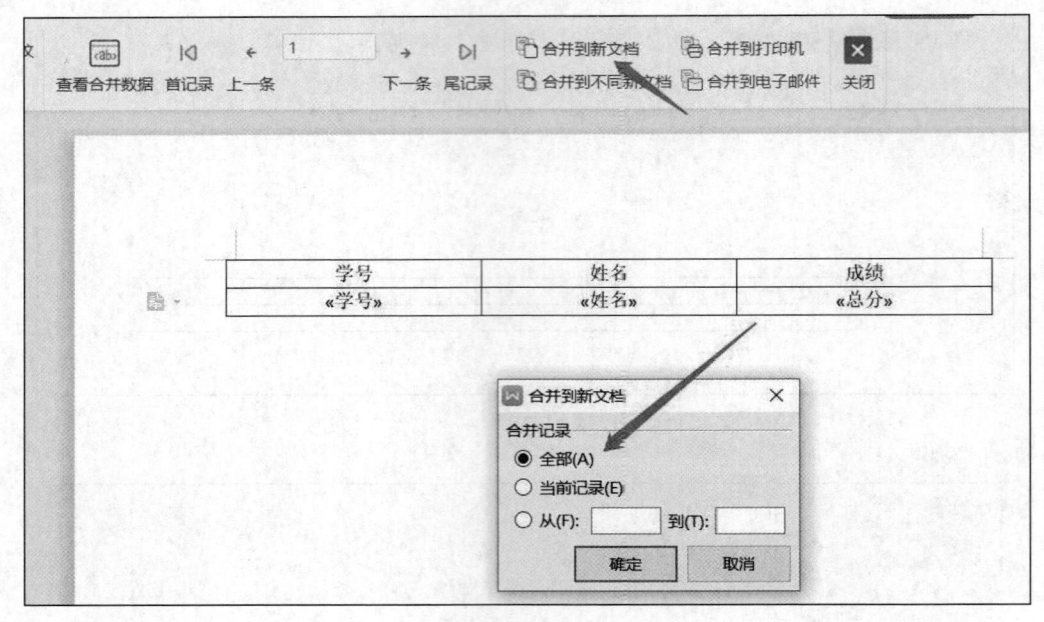

图 5-138　合并邮件

学号	姓名	成绩
95001	张三	251

图 5-139　合并邮件效果

【应用实践】

练 5-52　按以下要求练习 WPS 2019 合并文档操作。

（1）主文档以"练 5-54 主文档.docx"命名，内容如下。

> ***同学：
> 　　你的数学成绩是**，语文成绩是**，英语成绩是**，计算机成绩是**，体育成绩是**，平均成绩是**，如果有不及格的课程，请在开学前参加补考。
> 　　　　　　　　　　　　　　　　　　　　　　　　　教 务 处
> 　　　　　　　　　　　　　　　　　　　　　　　　　2024.7.1

（2）数据文档以"练 5-54 数据文档.docx"命名，数据如下。

姓名	数学	语文	英语	计算机	体育	平均成绩
张三	95	97	85	83	75	87
李四	78	75	59	79	93	76.8
王五	90	70	77	70	58	73
赵六	55	62	69	63	51	60
吴七	44	55	62	47	49	51.4

(3) 新生成的合并文档以"练5-54 合并文档.docx"命名。

5.6.5 文档模板及应用

【学习成果】能够根据需要选择并应用适合的文档模板。

【知识点导览】

模板是一种特殊的文档，它决定了文档的基本结构和文档设置。

【案例操作演示】

【例5-40】新建一个文档模板并保存为"例5-40操作结果.docx"。

单击"文件"→"新建"命令，可看到图5-140所示的模板，根据需要选择适合的模板。新建后按Ctrl+S组合键保存并命名为"例5-40操作结果"。

图5-140　WPS 2019模板

5.7　打印文档

完成文档的录入和排版后，可以先预览文档，设置相应内容，如页面布局、打印份数、纸张大小、打印方向等，满意后方可打印文档，避免纸张浪费。

5.7.1　打印预览

执行"文件"→"打印"→"打印预览"命令，或者单击快速访问工具栏中的"打印预览"按钮，可以查看文档打印预览的效果，如用户所做的纸张方向、页面边距等设置；图文并茂等效果。并且用户还可以通过调整显示比例改变预览视图的大小。

如果要退出打印预览，单击"打印"窗口右上角的"关闭"按钮，即可返回到文档编辑窗口。

5.7.2 打印

在 WPS 2019 中，用户可以通过设置打印选项使打印设置更适合实际应用，且所做的设置适用于所有 WPS 2019 文档。在 WPS 2019 中设置 WPS 2019 文档打印选项的步骤如下。

（1）打开 WPS 2019 文档窗口，单击"文件"→"选项"命令。

（2）弹出"选项"对话框，选择"打印"标签，如图 5-141 所示。

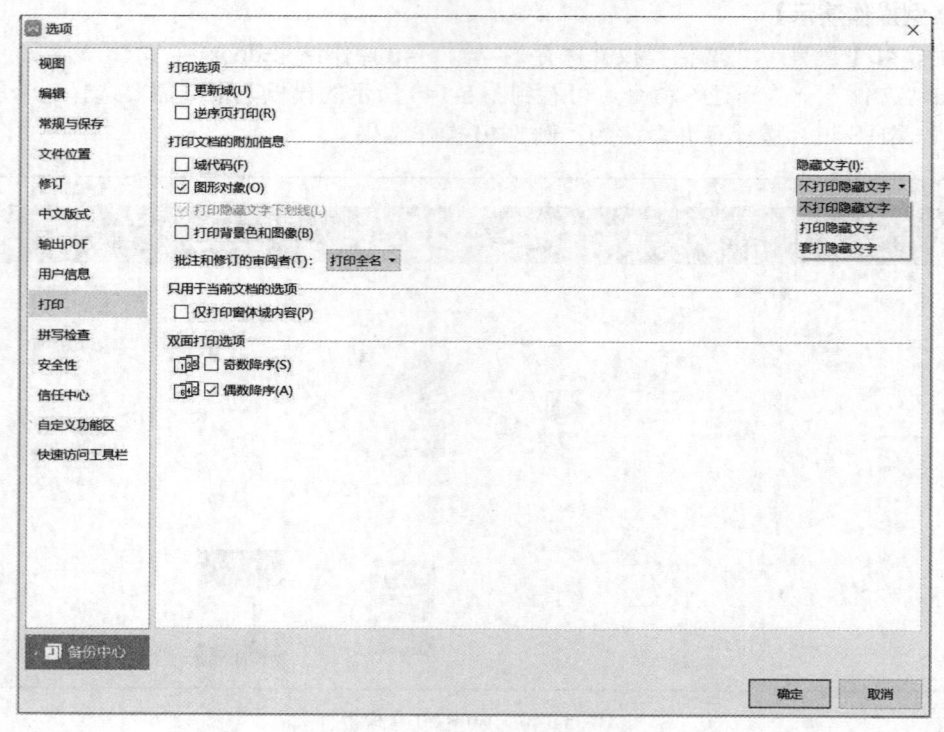

图 5-141 选择"打印"标签

在"打印选项"区域列出了可选的打印选项，选中各项的作用如下。

1）选中"图形对象"选项，可以打印使用 WPS 2019 绘图工具创建的图形。

2）选中"打印背景色和图像"选项，可以打印为 WPS 2019 文档设置的背景颜色和在 WPS 2019 文档中插入的图片。

3）选中"打印隐藏文字"选项，可以打印 WPS 2019 文档中设置为隐藏属性的文字。

4）选中"更新域"选项，在打印 WPS 2019 文档以前首先更新 WPS 2019 文档中的域。

（3）在"文件"选项卡下拉菜单中的"打印"命令的子菜单中执行"打印"功能（快捷键为 Ctrl+P），或者单击快速访问工具栏中的"打印"按钮，会弹出"打印"对话框，如图 5-142 所示。

在这里，可以进一步设置相关打印选项，常用打印选项的作用介绍如下：

1）选择打印设备。在名称后的下拉列表框中，选择合适的打印机，同时，可以查看当前选中的打印机的状态、类型、位置等信息。

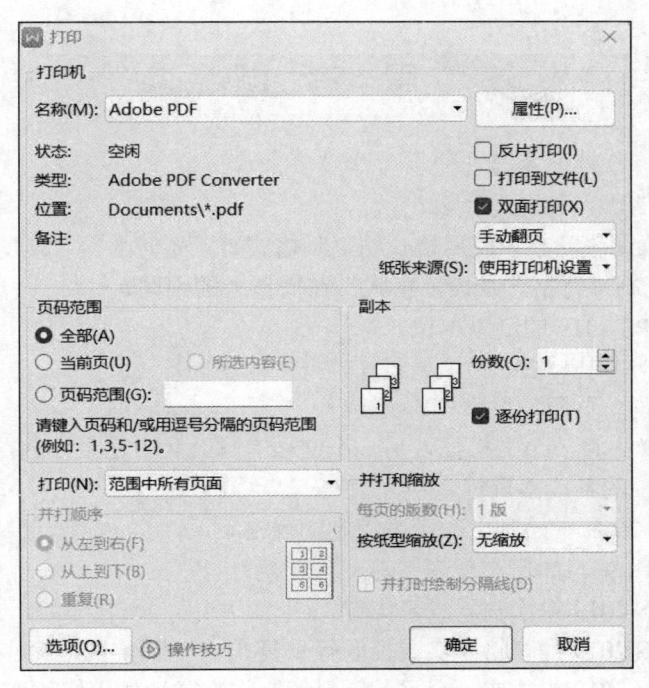

图 5-142 "打印"对话框

2）页码范围设置。这里有 4 个单选按钮可供选择："全部"表示打印当前文档的所有页面；"当前页"只打印鼠标点击的当前页面；"页码范围"可以打印连续或不连续的多个页面；"所选内容"只打印鼠标选中的文字。用户可以根据自己的需求，选择单选按钮组里面的任一选项。用户还可以在"打印"下拉列表中，选择只打印页码范围里面的奇数页或偶数页，默认是打印范围中的所有页面。

3）打印副本的份数。可以根据自己的需要设置打印的份数。选中逐份打印复选框，表示当需要打印多份副本时，只有完整打印完当前这一份后，才会打印下一份副本。

4）并打和缩放。这里可以设置每页打印的版数，以及并打顺序，另外，当电子文档页面与打印用的纸张的实际大小不相符时，可以设置按纸型缩放打印。

5）反片打印。以镜像方式显示电子文档，可满足一些用户的特殊排版印刷需求。

6）打印到文件。可以将文档保存为一种其他打印机可使用的格式。例如，如果希望用高分辨率打印机打印某个文档，则可将该文档打印到文件，然后将该文件发送到高分辨率打印机上。

7）双面打印，可以将打印纸张的正面和反面都利用起来，使纸张成本降低为原来的一半。用户对文档的打印预览效果满意后，准备好打印机，就可以开始打印文档了。

本 章 小 结

本章介绍了 WPS 2019 的基本知识，包括功能概述、启动和退出、工作环境；WPS 2019 的基本操作；文本的编辑和文档排版；WPS 2019 中表格的操作和图文混排，以及 WPS 2019 的高级操作，包括创建目录和邮件合并等功能；打印文档。

思 考 题

1. 简述文字处理软件的主要功能。
2. 模板、样式的优点分别是什么？
3. 在 WPS 2019 编辑状态，使用格式刷复制格式时，如何区分"只复制字符格式""只复制段落格式"和"复制字符格式及段落格式"在操作上的不同？
4. 如何修改 WPS 2019 的度量单位？
5. 比较 WPS 2019 中题注、脚注、尾注、批注的不同。
6. 如何插入页码、页眉、页脚？
7. 在 WPS 2019 中将一个文档插入另一个文档有哪几种方法？
8. 如何对一页中的各段落进行多种分栏？
9. 如何在 WPS 2019 中绘制出一个不规则的表格？
10. 在 WPS 2019 中，如何实现表格与文本转换？
11. 如何在 WPS 2019 中绘制斜线表头？
12. 如何在 WPS 2019 的表格中实现标题行重复？
13. 如何在 WPS 2019 中生成一个目录？目录制作完成后如何修改？
14. 举例说出一些邮件合并的应用场景。
15. 邮件合并时如何对数据源的数据进行修改？
16. 如何避免在 WPS 2019 文档中多次输入同一个数学公式？
17. 如何在普通打印机上实现 WPS 2019 文档的双面打印？
18. 为了保证 WPS 2019 文档内容的保密性，如何设置文档的密码？

第 6 章　WPS 2019 电子表格

本章主要内容：
- WPS 2019 电子表格的基本操作
- WPS 2019 电子表格工作表的基本操作
- WPS 2019 电子表格公式与函数
- 页面设置和打印

本章将介绍 WPS 2019 电子表格，它是一种可以处理文本（Text）、数值（Numeric）、公式（Formula）、声音（Audio）、图像（Image）、图形（Graphics）、图表（Chart）等多种数据的办公自动化软件中的电子表格处理软件，具有强大的表格制作、数据处理、绘制图表、导入导出、可作数据库供应用程序操纵使用等功能，其文件扩展名是".xlsx"。

6.1　WPS 2019 电子表格的基本操作

【学习效果】掌握 WPS 2019 的启动及退出方法，了解 WPS 2019 窗口的基本结构，能够应用 WPS 2019 电子表格新建工作簿、输入内容、保存工作簿、设置工作簿密码以及打开已有 WPS 2019 电子表格。

【知识点导览】

"文件"选项卡下的命令如图 6-1 所示。单击"表格"→"新建空白文档"即可新建一个空白工作簿。

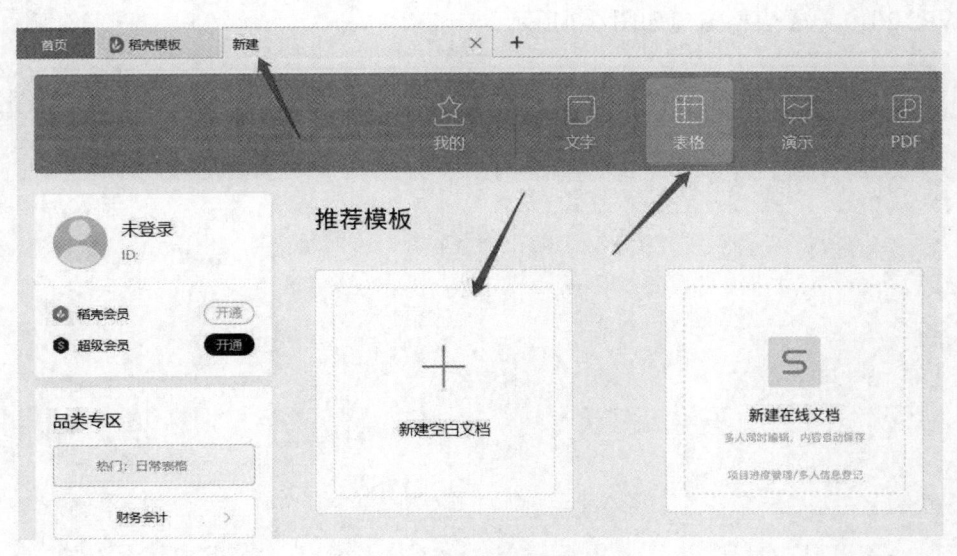

图 6-1　新建选项卡窗口

（1）新建。"新建"命令可以用于新建一个 WPS 2019 电子表格工作簿，既可以新建空白工作簿，又可以基于已有模板创建工作簿。

（2）保存/另存为。WPS 2019 电子表格应用程序是在内存中运行的，一旦关机或者退出文档，所有未经保存的录入/修改的内容就将丢失。为了长期保存工作簿，必须将文档从内存保存到外存储器。为了防止编辑过程死机、断电等异常情况发生而造成编辑内容丢失，在编辑过程中应注意保存。"保存"命令可以按原位置和原文件名保存文件，"另存为"命令可以更换保存位置和文件名字并保存，文件类型如图 6-2 所示。

图 6-2　文件类型

（3）打开。如果要编辑已有工作簿，就必须先打开要编辑的工作簿。打开工作簿，就是将工作簿从磁盘读到内存并显示在 WPS 2019 电子表格窗口中。单击"打开"命令可以打开工作簿。WPS 2019 电子表格窗口如图 6-3 所示。

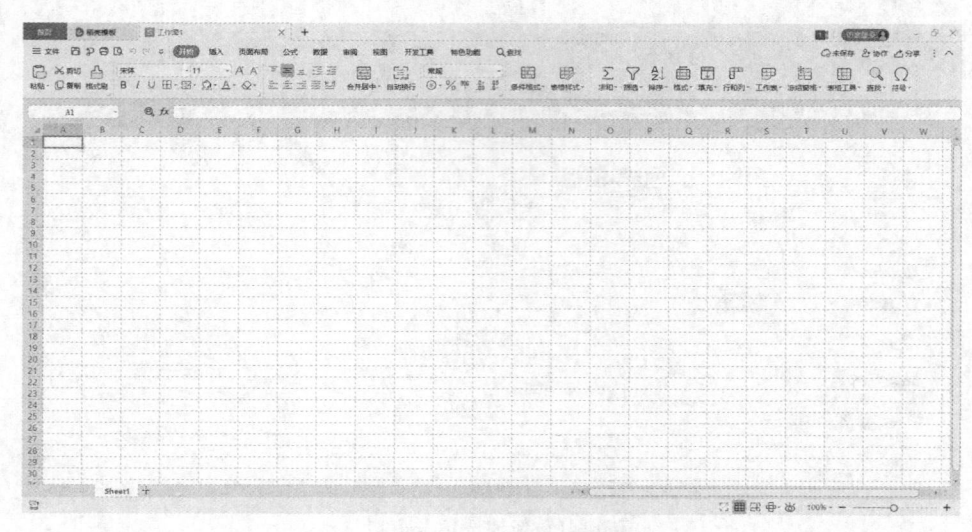

图 6-3　WPS 2019 电子表格窗口

（4）保护。"信息"选项下有保护工作簿的功能选项。可以用于保护自己的 WPS 2019 电子表格工作簿，根据自己设定的条件限制其他用户操作，包括设置工作簿密码、限制访问等。

（5）导出。可以通过"导出"命令将文档以 PDF、XPS 或者其他类型导出。

（6）关闭。可以通过"关闭"命令关闭打开的 WPS 2019 电子表格工作簿，若退出的编辑文档还没有保存，则会弹出"是否保存对'工作簿 1'的更改？"消息框，如图 6-4 所示，用于提示用户下一步操作。若单击"是"按钮则保存编辑后的工作簿并退出；若单击"否"按钮则不保存编辑后的工作簿并退出，文件内容与上一次保存后的内容一致；若单击"取消"按钮则返回原来的工作簿编辑状态。

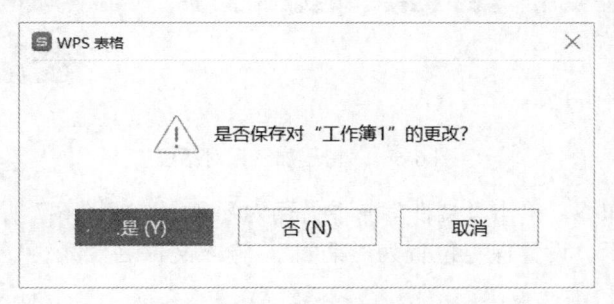

图 6-4 "是否保存对'工作簿 1'的更改？"消息框

【案例操作演示】

【例 6-1】利用 WPS 2019 建立新的空白工作簿，完成如下操作。

（1）设置工作簿打开密码为"123456"。

（2）将工作簿以"例 6-1 简介"为文件名保存到桌面。

（3）关闭工作簿。

步骤 1：新建空白工作簿。通过"开始"菜单启动 WPS 2019。

步骤 2：单击"文件"→"文档加密"→"密码加密"命令，如图 6-5 所示，弹出"密码加密"对话框如图 6-6 所示，输入密码"123456"并单击"应用"按钮。

图 6-5 加密步骤

图 6-6 "密码加密"对话框

步骤 3：保存工作簿。单击"文件"→"另存为"命令，如图 6-7 所示，弹出"另存文件"对话框，如图 6-8 所示，设置保存位置为"桌面"，输入文件名"例 6-1 简介"，然后单击"保存"按钮。

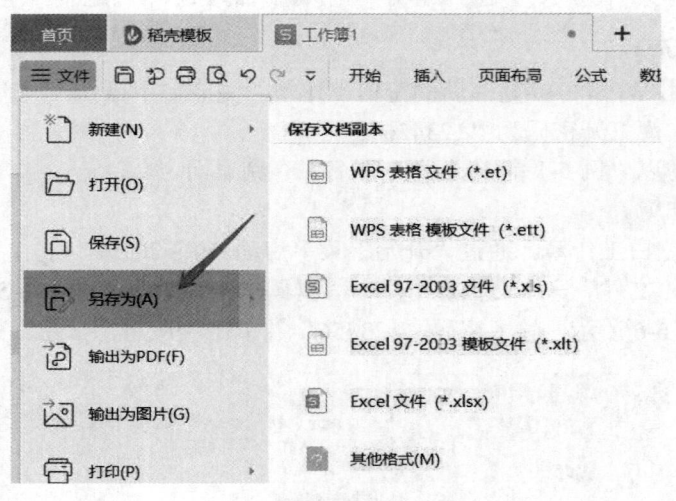

图 6-7 保存工作簿步骤

步骤 4：关闭工作簿，单击窗口右上角的"关闭"按钮，或者执行"文件"→"关闭"命令。

【应用实践】

练 6-1 利用 WPS 2019 建立新的空白工作簿，完成如下操作。
（1）设置工作簿打开密码为"666666"。
（2）将工作簿以"练 6-1 简介"为文件名保存到桌面。
（3）关闭工作簿。

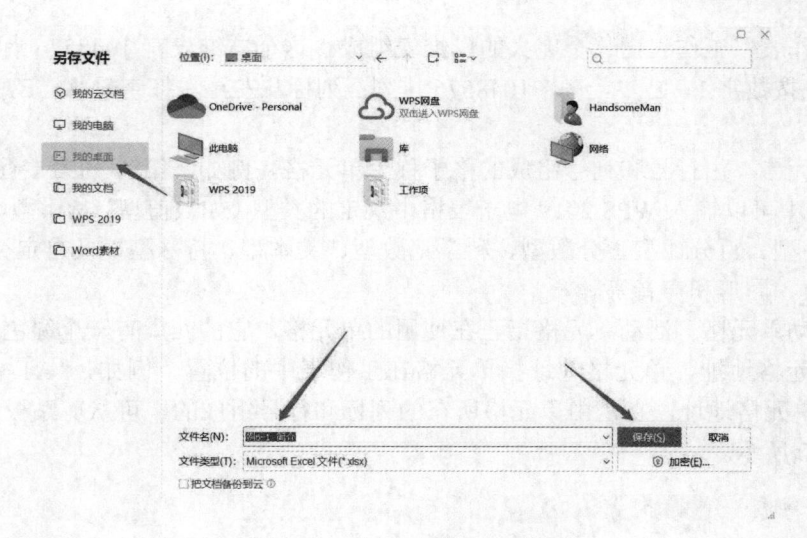

图 6-8 "另存文件"对话框

6.1.1 WPS 2019 电子表格术语

【学习成果】了解并运用 WPS 2019 电子表格术语(工作簿、工作表、单元格等)。
【知识点导览】

(1)工作簿。一个工作簿由 N(N≥1)个工作表组成,简单来说,一个 WPS 2019 电子表格就是一个工作簿,且一个工作簿默认由一个工作表组成,其名称为 Sheet1。若要更改工作表数量,可单击"文件"→"选项"命令,弹出"选项"对话框,如图 6-9 所示,选择"常规与保存"选项,注意工作表数目必须为 1~255。

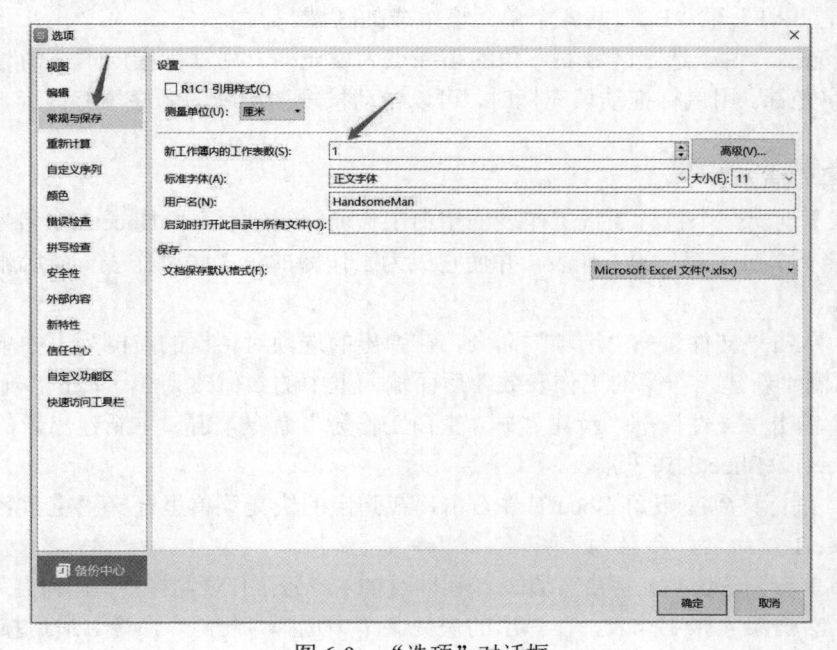

图 6-9 "选项"对话框

（2）工作表。工作表由一个庞大的二维表组成。这个二维表有 1048576 行，16384 列。行号从上到下按数字 1，2，3，…，1048576 排列；列标从左至右按字母 A，B，C，…，XFD 排列。

（3）单元格。由行号和列号组成的格子称为单元格。例如，第 A 列第 1 行组成 A1 单元格。在单元格中可以输入 WPS 2019 电子表格中规定的类型（如数值型、货币型、会计专用型、日期型、时间型、百分比型、分数型、科学记数型、文本型、特殊型以及自定义型），还可以插入公式函数、图形和声音等。

（4）活动单元格。活动单元格指正在使用的单元格，它的四周有一个绿色的方框。

（5）单元格地址。单元格地址指单元格在工作表中的位置。例如，"A1 单元格"中的"A1"就是单元格地址，它是由单元格所在的列标和行号组成的，可从剪贴板下面的格式查看，如图 6-10 所示。

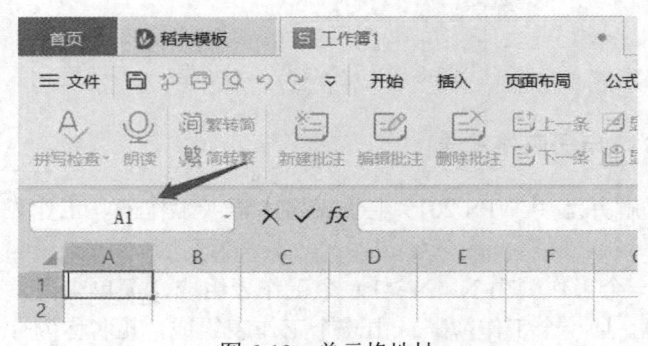

图 6-10　单元格地址

（6）单元格区域。由若干连续单元格组成的区域称为单元格区域。例如，"A1:B2"单元格区域指的是"A1"至"B2"共 4 个单元格组成的区域。

（7）填充柄。位于选定区域右下角的小绿点为填充柄。用鼠标指向填充柄时，鼠标指针变为黑色十字光标。用鼠标拖动填充柄时，可以自动按规律增减的顺序填充内容，也可以复制公式函数。

【案例操作演示】

【例 6-2】 创建一个包含 3 张工作表的空白工作簿。创建后，将 Sheet1 更名为工资表，并且插入一张名为"员工表"的工作表，并使它成为工作簿的第 3 张工作表。最后删除第 4 张工作表并保存。

步骤 1：单击"文件"→"选项"命令，在弹出的选项对话框的左侧列表中单击"常规与保存"，将右侧"新建工作簿的工作表数"后面输入框中的数值改为 3，单击"确定"按钮。

步骤 2：单击"文件"→"新建"→"空白工作簿"命令，窗口中新建出新的工作簿，可以看到有 Sheet1～Sheet3 共 3 张表。

步骤 3：鼠标移到左下角 Sheet1 并右击，在弹出的快捷菜单里选择"重命名"命令，或直接双击 Sheet1 重命名，命名为工资表。

步骤 4：单击 Sheet2 后，单击右边 ⊕ 按钮即可插入一张工作表，将其重新命名为"员工表"。

步骤 5：右击第 4 张工作表，在弹出的快捷菜单中选择"删除"命令。最后按 Ctrl+S 组合键可保存工作簿。效果图如图 6-11 所示。

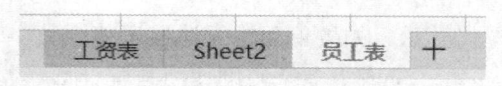

图 6-11　例 6-2 效果图

【应用实践】

练 6-2　创建一个包含 4 张工作表的空白工作簿,并依次命名为"学生表""成绩表""课程表""座位表",插入一张"学分表",使它成为工作簿的第 1 张工作表,删除"座位表"后保存。

6.1.2　WPS 2019 电子表格数据类型

【学习成果】了解 WPS 2019 电子表格数据类型,如常规型、数值型、货币型、会计专用型、日期型、时间型、百分比型、分数型、科学记数型、特殊型以及自定义型。能够根据需求选择相应类型。

【知识点导览】

单击"开始"→"数字"栏的扩展按钮设定数据类型,如图 6-12 所示,弹出"单元格格式"对话框,如图 6-13 所示。用户可以在此更改选定区域的数据类型。

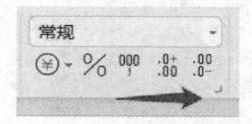

图 6-12　"数字"栏的扩展按钮

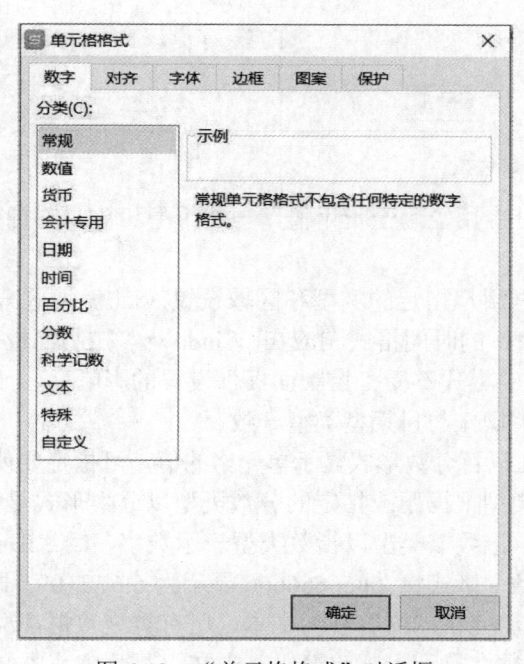

图 6-13　"单元格格式"对话框

(1) 常规。常规是指应用 WPS 2019 电子表格的默认格式输入数据。在大多情况下,"常规"格式的数字以输入的方式显示。如果单元格无法显示整个数字时,"常规"格式会对数字进行四舍五入。若数字较大(12 位或更多位)则使用科学计数(指数形式)表示法表示。例如,数值 6666666666666 的表示形式为 6.66667E+13。

(2)数值。用户可以指定要使用的小数位数、是否使用千位分隔符",",以及显示负数示例等。如在单元格输入数字 1234567,选用数值型数据就有图 6-14 所示几种方式设定。

(3)货币。货币一般用于货币值并显示带有默认的货币符号,如图 6-15 所示,可根据需要选择。

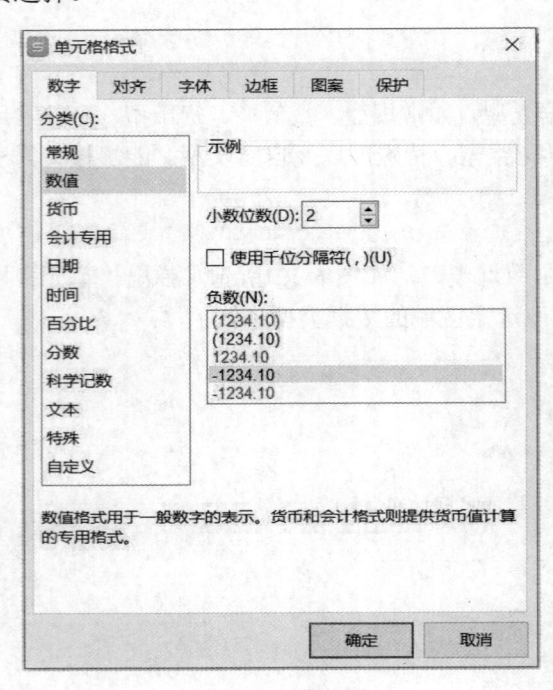

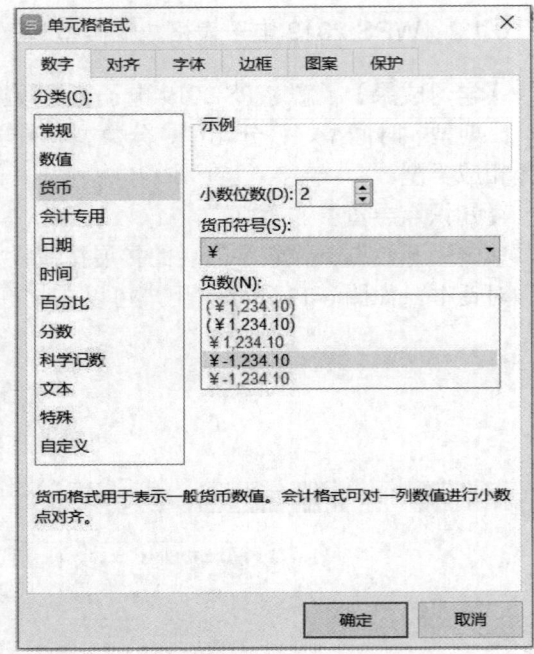

图 6-14　数值型

图 6-15　货币型

(4)会计专用。会计专用也用于货币值,与货币型相比,它拥有在一列中对齐货币符号和数字的小数点的格式。

(5)日期。日期根据用户指定的类型和区域设置(国家/地区),将日期和时间系列数值按日期值显示。带星号(*)的时间格式响应在 Windows "控制面板"中指定的区域日期和时间设置的更改;不带星号的格式不受"控制面板"设置的影响。

(6)时间。时间相关操作与日期型类型一致。

(7)百分比。百分比以百分数形式显示单元格的值,可指定要使用的小数位数。

(8)分数。分数该类型根据用户指定的分数类型以分数形式显示数字。

(9)科学记数。科学记数该类型以指数类型表示数字,用"E+n"代表 10 的 n 次幂。例如,2 位小数的"科学记数"格式将 6666666666 显示为 6.67E+09,即用 6.67 乘 10 的 9 次幂。

(10)文本。文本将单元格的内容视为文本,所有类型数据都准确显示内容。

(11)特殊。特殊将数字显示为邮政编码、中文小写数字或中文大写数字。

(12)自定义。自定义允许用户修改现有数字格式代码的副本。创建一个自定义数字格式,并将其添加到数字格式代码的列表中。

另外，还有类似"true"或"false"的逻辑值和"#DIV/0"（意思是除数为0）的系统错误值。

【案例操作演示】

【例6-3】新建一个工作簿，在A1单元格输入1，并向右快速填充2~31。完成后在1~31每位数字前都加上"日期"并且后面加上"日"字。

步骤1：在A1单元格输入1，在B1单元格输入2，选中单元格区域A1:B1，拉动右下角的填充柄，如图6-16所示，直到下方提示数值为31，即可快速录入1~31。

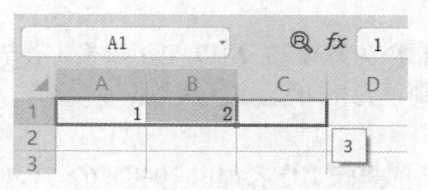

图6-16　例6-3步骤一操作图

步骤2：右击单元格区域A1:AE1，在弹出的快捷菜单中选择"单元格格式"命令，弹出"单元格格式"对话框，选择"自定义"选项。在"类型"下拉列表框中选择"G/通用格式"选项，直接在前面添加"日期："并在其后面加"日"，如图6-17所示，可通过示例观察是否符合要求，单击"确定"按钮。当重新设置单元格格式，选择"自定义"选项时，WPS 2019电子表格已经帮用户正确转化成标准格式，如图6-18所示，非常方便。

图6-17　例6-3步骤2操作图（1）

图6-18　例6-3步骤2标准格式（2）

【应用实践】

练 6-3 新建一个工作簿,在 A1 单元格输入 6,并向右快速填充到 12。完成后,在每位数字的后面都加上"元"字。

6.2 WPS 2019 电子表格工作表的基本操作

【学习成果】能够根据需求改变 WPS 2019 电子表格工作表的行高与列宽。能够对 WPS 2019 电子表格工作表进行复制单元格/单元格区域数据。

【知识点导览】

(1) WPS 2019 电子表格的每张工作表都由 1048576×16384 个单元格组成,每个单元格的高度都默认为 13.8,宽度默认为 8.11。为了适应某些超过此高度或宽度的数据,用户可自行设置行高和列宽。选择需要改变某行或某列高度和宽度的单元格,单击单元格里的格式,如图 6-19 所示。若想改变多行或多列所有单元格的高度和宽度,则只需按住 Ctrl 键不动,随后的操作同上。用户既可自行更改大小,也可单击"最适合的行高""最适合的列宽"让系统自动更改大小。

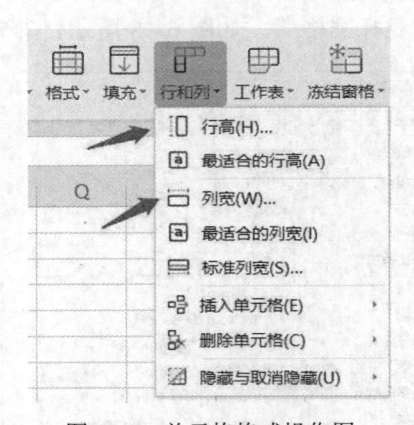

图 6-19 单元格格式操作图

(2) 使用填充柄。选中要复制的单元格,单击填充柄并选择一个方向拖动,便可复制成功,如图 6-20 所示。

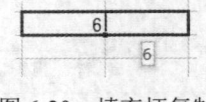

图 6-20 填充柄复制

(3) 使用复制粘贴。选中要复制的单元格或单元格区域按 Ctrl+C 组合键,再选择要粘贴的单元格或单元格区域按 Ctrl+V 组合键。

【案例操作演示】

【例 6-4】建立图 6-21 所示数据源,将 A1:F11 单元格区域形成的表格行高设为 22,将 C 列列宽设为 12。

步骤 1：选中 A1:F11 单元格区域，单击“单元格”栏的格式，选择行高，输入数值 22，单击“确定”按钮。

步骤 2：单击 C 列，单击单元格栏的格式，选择列宽，输入数值 12，单击“确定”按钮，结果如图 6-22 所示。

	A	B	C	D	E	F
1	销售	销售	产品	品名	数量	单价￥
2	北京	小二	Z-36	显示	14	2500
3	广东	小八	F-29	微波	26	1500
4	上海	老王	Z-36	显示	71	100
5	上海	老郑	F-29	微波	24	500
6	上海	老猫	M-75	跑步	22	200
7	上海	咕咕	Z-36	显示	15	2000
8	北京	本伟	T-30	液晶	51	5200
9	北京	老扎	Z-36	显示	52	1500
10	北京	老金	T-30	液晶	54	5000
11	北京	阿金	Z-36	显示	40	1500

图 6-21　数据源

	A	B	C	D	E	F
1	销售	销售	产品代码	品名	数量	单价￥
2	北京	小二	Z-3690K	显示	14	2500
3	广东	小八	F-2917K	微波	26	1500
4	上海	老王	Z-3690K	显示	71	100
5	上海	老郑	F-2917K	微波	24	500
6	上海	老猫	M-7569H	跑步	22	200
7	上海	咕咕	Z-3690K	显示	15	2000
8	北京	本伟	T-3017E	液晶	51	5200
9	北京	老扎	Z-3690K	显示	52	1500
10	北京	老金	T-3017E	液晶	54	5000
11	北京	阿金	Z-3690K	显示	40	1500

图 6-22　例 6-4 结果数据源

【应用实践】

练 6-4　应用图 6-21 所示数据源，对 A 列、D 列以及 F 列自动调整列宽。

6.3　WPS 2019 电子表格公式与函数

6.3.1　WPS 2019 电子表格公式的建立

【学习成果】了解 WPS 2019 的运算符，能够应用 WPS 2019 电子表格的公式与函数。

【知识点导览】

（1）WPS 2019 运算符及其优先顺序见表 6-1。

表 6-1　WPS 2019 运算符及其优先顺序表

优先级	运算符	备注
1	－	负号
2	%	百分号
3	^	幂运算符
4	*、/	乘、除号
5	+、－	加、减号
6	&	字符串连接符
7	=、<、>、<=、>=、<>	等于、小于、大于、小于等于、大于等于、不等于

（2）在 WPS 2019 中，运算符的优先顺序由表 6-1 中的优先级数目决定。优先级数目越小，优先级越大；优先级数目越大，优先级越小。如果用户需要改变优先顺序，就可使用一个或多个括号"()"来改变运算操作的顺序。例如，表达式"=6*(3+3)"中先运算"(3+3)"，再运算"6*(3+3)"。

【案例操作演示】

【例 6-5】 建立公式所需数据如图 6-23 所示，求总分和平均分。

学号	姓名	高等数学	大学英语	体育	总分	平均分
10001	小明	88	99	22		
10002	小红	42	32	33		
10003	小张	88	99	66		
10004	小二	22	44	88		
10005	筱筱	78	74	89		
10006	老刘	78	22	44		
10007	老祁	78	44	45		

图 6-23 例 6-5 原始数据图

在 WPS 2019 电子表格中，区别公式的条件是第一个字符是否为"="。在不使用 WPS 2019 电子表格函数的情况下，求总分和平均分的步骤如下。

（1）单击 F2 单元格，输入公式"=C2+D2+E2"，按 Enter 键确定。
（2）利用填充柄填充其余同学的分数。
（3）单击 G2 单元格，输入公式"=(C2+D2+E2)/3"，按 Enter 键确定。
（4）利用填充柄填充其余同学的平均分。

效果如图 6-24 所示。

学号	姓名	高等数学	大学英语	体育	总分	平均分
10001	小明	88	99	22	209	69.66667
10002	小红	42	32	33	107	35.66667
10003	小张	88	99	66	253	84.33333
10004	小二	22	44	88	154	51.33333
10005	筱筱	78	74	89	241	80.33333
10006	老刘	78	22	44	144	48
10007	老祁	78	44	45	167	55.66667

图 6-24 例 6-5 结果数据图

【例 6-6】 建立公式所需数据如图 6-25 所示。使用单元格公式计算在 G2:G9 单元格区域计算每名学生的总评成绩（总评成绩=期中成绩*0.4+期末成绩*0.6），并在 E10、F10 单元格中用函数 AVERAGE 计算期中成绩/期末成绩/总评成绩的平均分。

步骤 1：单击 G2 单元格，输入公式"=E2*0.4+F2*0.6"，按 Enter 键确定。
步骤 2：利用填充柄填充其余同学的总评。
步骤 3：单击 E10 单元格，输入函数"=AVERAGE(E2:E9)"，按 Enter 键确定。
步骤 4：利用填充柄填充期末成绩、总评成绩。最终效果如图 6-26 所示。

	A	B	C	D	E	F	G
1	学号	姓名	课程编号	课程名称	期中成绩	期末成绩	总评
2	100103001	徐珊珊	1050	计算机基础	100	75	
3	100103003	燕芳	1050	计算机基础	78	55	
4	100103004	林平平	1050	计算机基础	78	64	
5	100103005	冯雪	1050	计算机基础	45	95	
6	100103002	竺燕	1050	计算机基础	35	45	
7	100103013	张士光	1050	计算机基础	100	82	
8	100103014	冯建英	1050	计算机基础	89	95	
9	100103015	林惠玲	1050	计算机基础	44	82	
10				平均分			

图 6-25　例 6-6 原始数据图

G2　fx =E2*0.4+F2*0.6

	A	B	C	D	E	F	G
1	学号	姓名	课程编号	课程名称	期中成绩	期末成绩	总评
2	100103001	徐珊珊	1050	计算机基础	100	75	85
3	100103003	燕芳	1050	计算机基础	78	55	64.2
4	100103004	林平平	1050	计算机基础	78	64	69.6
5	100103005	冯雪	1050	计算机基础	45	95	75
6	100103002	竺燕	1050	计算机基础	35	45	41
7	100103013	张士光	1050	计算机基础	100	82	89.2
8	100103014	冯建英	1050	计算机基础	89	95	92.6
9	100103015	林惠玲	1050	计算机基础	44	82	66.8
10				平均分	71.125	74.125	72.925

图 6-26　例 6-6 结果数据图

【应用实践】

练 6-5　建立图 6-27 所示数据源。在单元格区域 H3:H11 中统计每名员工的实发工资，其中实发工资=基本工资+津贴+奖金-扣款额。

序号	姓名	职务	基本工资	津贴	奖金	扣款额	实发工资
			员工工资表				
1	钟凝	业务员	1500	450	1200	98	
2	郭丽明	技术员	400	260	890	86.5	
3	薛海仓	会计	1000	320	780	66.5	
4	胡梅	业务员	840	270	830	58	
5	周明明	业务员	1000	350	400	48.5	
6	张和平	出纳	450	230	290	78	
7	郑裕同	技术员	380	210	540	69	
8	李陵	业务员	900	280	350	45.5	
9	赵海	工程师	1600	540	650	66	
10	郑黎明	技术员	880	270	420	56	
11	潘越明	会计	950	290	350	53.5	
12	王海涛	业务员	1300	400	1000	88	
13	罗晶晶	业务员	930	300	650	65	

图 6-27　练 6-5 数据源

6.3.2　WPS 2019 电子表格的地址引用及 WPS 2019 电子表格函数

【学习成果】了解 WPS 2019 电子表格地址引用（包括相对地址引用、绝对地址引用、混合地址引用以及三维地址引用）的使用方法。了解 WPS 2019 电子表格常用函数以及数据库函数的使用方法。

【知识点导览】

（1）相对地址引用。WPS 2019 在单元格中一般使用相对地址来引用单元格中的数据。相对地址引用指单元格地址中的行号与列标均未加"$"符号，复制公式时，单元格地址中的行号和列标会随着单元格的位移发生相应的变化，变化量取决于单元格的位移。

比如，D1 单元格有公式"=B1+C1"，当用户将公式复制到 D2 单元格时变为"=B2+C2"，当用户将公式复制到 E1 单元格时变为"=C1+D1"。

（2）绝对地址引用。绝对地址引用指单元格地址中的行号与列标均有"$"符号，复制公式时，单元格地址中的行号和列标不会随着单元格的位移发生相应的变化。

比如，某单元格（如 F1）有公式"=$D$1+$E$1"，当用户将公式复制到其他单元格时仍为"=$D$1+$E$1"。

（3）混合地址引用。混合地址引用指单元格地址中的行号或列标加"$"符号，复制公式时，单元格地址中加"$"符号的行号或列标不会随单元格的位移发生相应的变化，而未加"$"符号的行号或列标会随单元格的位移发生相应的变化。

比如，C1 单元格有公式"=$A1+B$1"，当用户将公式复制到 C2 单元格时变为"=$A2+B$1"，当用户将公式复制到 D1 单元格时变为"=$A1+C$1"。

（4）三维地址引用。比如，当前为表 Sheet1 需要引用表 Sheet2 单元格 C1 的内容，可以使用表达式"=Sheet2!C1"。其中感叹号"!"表示隶属关系，指引用表 Sheet2 的单元格 C1 的内容。

（5）常用函数。常用函数有 AVERAGE()、SUM()、MAX()、MIN()等。数据库函数有 DMAX()、DMIN()、DAVERAGE()等。

【案例操作演示】

【例 6-7】建立图 6-28 所示数据源。使用 WPS 2019 电子表格的 SUM()、AVERAGE()、MAX()、MIN()、RANK()、IF()、COUNT()函数求总分、平均分、总评、排名、最高分、最低分、总人数。

学号	姓名	高等数学	大学英语	体育	总分	平均分	总评	排名
10001	小明	88	99	22				
10002	小红	42	32	33				
10003	小张	88	99	66				
10004	小二	22	44	88				
10005	筱筱	78	74	89				
10006	老刘	78	22	44				
10007	老祁	78	44	45				
最高分								
最低分								
总人数								

图 6-28 例 6-7 初始数据源

（1）单击 F2 单元格，单击"公式"→"自动求和"→"求和(S)"命令，如图 6-29 所示，或者直接使用快捷键"Alt + ="，即可快速求和。最简单的方法是在选中单元格中输入相应公式，WPS 2019 电子表格会根据用户输入的特性弹出一系列函数以供选择，如图 6-30 所示。当 F2 单元格中显示"=SUM(C2:E2)"时按 Enter 键，然后使用填充柄填充其余部分。

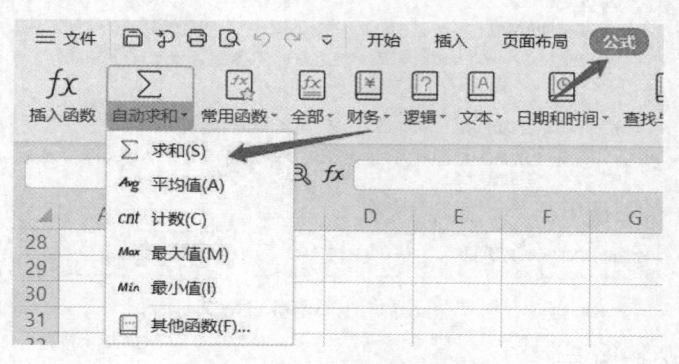

图 6-29　例 6-7（1）操作步骤

图 6-30　例 6-7 函数选择

（2）在 G2 单元格中输入公式"=AVERAGE(C2:E2)"并按 Enter 键，使用填充柄填充其余部分。若需要四舍五入，则可以使用四舍五入函数"ROUND()"，变成"=ROUND(AVERAGE(C2:E2),0)"，再填充其余平均分。

（3）单击 H2 单元格，若要根据平均分来计算每个人的总评等级，可输入"=IF(G2>=90,"优秀",IF(G2>=80,"良", IF(G2>=60,"及格","不及格")))"。意思就是如果平均分大于或等于 90 则评为优秀，否则再判断平均分是不是大于等于 80，若是则评为良，否则再判断平均分是否大于等于 60 分，若是则评为及格，否则为不及格，如图 6-31 所示。使用填充柄填充其余部分。

（4）若在 I2 单元格中输入"=RANK(F2, F2: F8)"并填充其余排名，则会发现排名并不正确。把公式改成"=RANK(F2,$F$2:$F$8)"，即成绩使用绝对引用，此时排名正确。

（5）单击 C11 单元格中输入"=MAX(C2:C8)"并向右填充，可得出各科、总分、平均分的最高分。

（6）单击 C12 单元格中输入"=MIN(C2:C8)"并向右填充，可得出各科、总分、平均分的最低分。

（7）单击 C13 单元格中输入"=COUNT(A2:A8)"对所有学号求个数，可得出总人数。

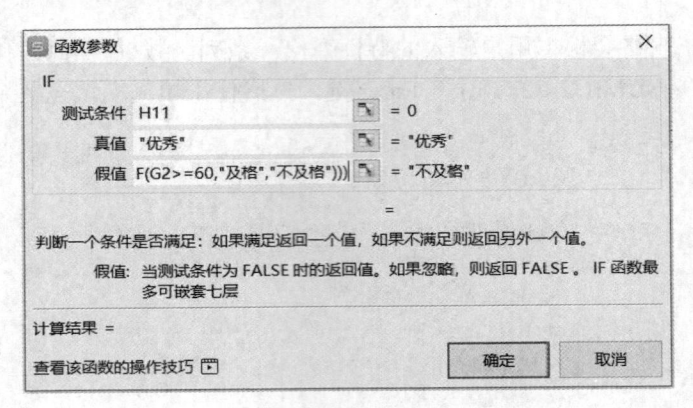

图 6-31 IF()函数参数

操作结果如图 6-32 所示。

学号	姓名	高等数学	大学英语	体育	总分	平均分	总评	排名
10001	小明	88	99	22	209	69.66667	及格	3
10002	小红	42	32	33	107	35.66667	不及格	7
10003	小张	88	99	66	253	84.33333	良	1
10004	小二	22	44	88	154	51.33333	不及格	5
10005	筱筱	78	74	89	241	80.33333	良	2
10006	老刘	78	22	44	144	48	不及格	6
10007	老祁	78	44	45	167	55.66667	不及格	4
	最高分	88	99	89	253	84.3333333		
	最低分	22	22	22	107	35.6666667		
	总人数	7						

图 6-32 例 6-7 操作结果

【例 6-8】建立数据库函数数据源，如图 6-33 所示。使用数据库函数 DGET()、DMAX()、DAVERAGE()求单科状元、平均分最高的男同学和女同学、男生平均分和女生平均分。

学号	姓名	性别	高等数学	大学英语	体育	总分	平均分	总评	排名
10001	小明	男	85	99	22	206	68.66667	及格	3
10002	小红	女	42	32	33	107	35.66667	不及格	7
10003	小张	男	82	92	66	240	80	良	2
10004	小二	男	22	44	88	154	51.33333	不及格	5
10005	筱筱	女	78	74	89	241	80.33333	良	1
10006	老刘	男	78	22	44	144	48	不及格	6
10007	老祁		78	44	45	167	55.66667	不及格	4

	高等数学	大学英语	体育	总分	平均分		
最高分	85	99	89	241	80.3333333		
最低分	22	22	22	107	35.6666667		
单科状元							
平均分最高的男同学：					性别	平均分	
平均分最高的女同学：					男		
男生平均分：					性别	平均分	
女生平均分：					女		

图 6-33 数据库函数数据源

（1）求单科状元。单击 D14 单元格，单击"插入函数"按钮，弹出"插入函数"对话框。在"查找函数"文本框中输入 Dg，找到"DGET"函数，或者直接查找 DGET，单击"确定"

按钮,如图 6-34 所示。弹出"函数参数"对话框,如图 6-35 所示,在"数据库区域"文本框中输入$A$1:$J$8,在"操作域"文本框中输入$B$1,在"条件"文本框中输入 D11:D12,即"=DGET($A$1:$J$9,$B$1,D11:D12)",按 Enter 键。若有多个最高分,则显示"#NUM!"。

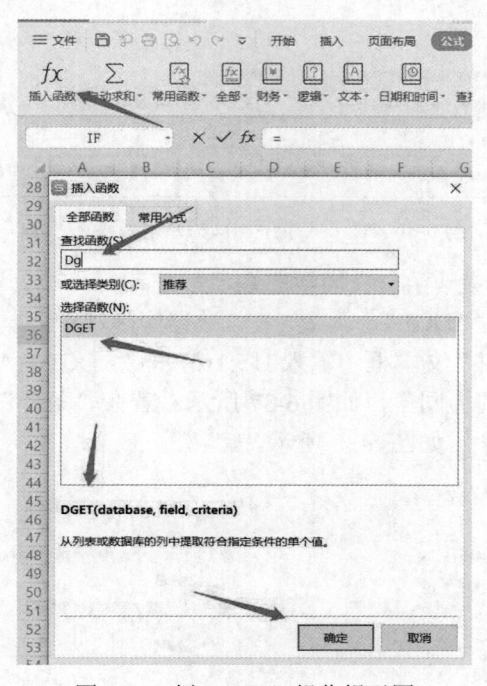

图 6-34 例 6-8(1)操作提示图

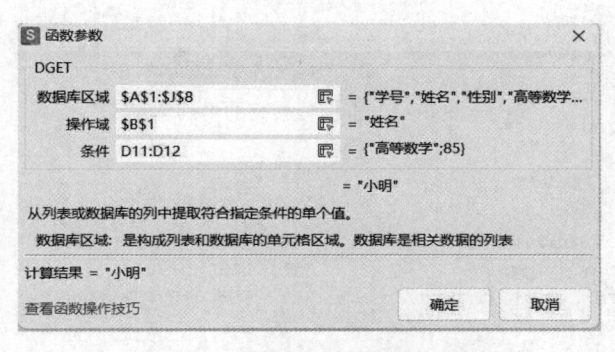

图 6-35 例 6-8 数据库函数 DGET 函数参数

(2)使用填充柄填充其他单科状元。

(3)求男生最高平均分。与求单科状元的操作类似,查找"DMAX"函数,在"数据库区域"文本框中输入 A1:J8,在"操作域"文本框中输入 G1,在"条件"文本框中输入 I15:I16,即"=DMAX(A1:J8,G1,I15:I16)",按 Enter 键。"DMAX"函数对话框如图 6-36 所示。

求女生最高平均分,与以上操作类似。使用"DMAX"函数,在"数据库区域"文本框中输入 A1:J8,在"操作域"文本框中输入 H1,在"条件"文本框中输入 I17:I18,即"=DMAX(A1:J8,H1,I17:I18)",按 Enter 键。

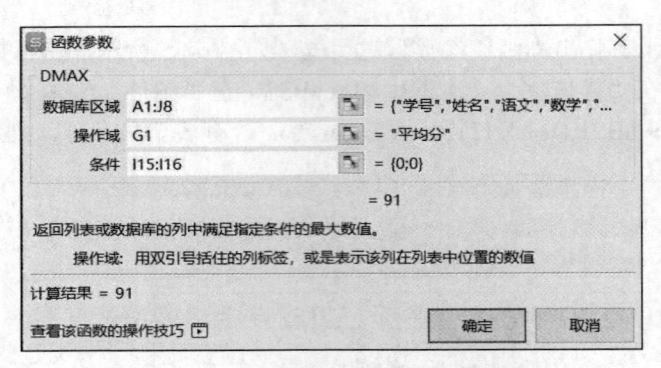

图 6-36 例 6-8 据库函数 DMAX 函数参数

（4）求平均分最高的男同学与女同学的姓名。

与以上操作类似，查找"DGET"函数，在"数据库区域"文本框中输入 A1:J9，"操作域"文本框中输入 B1，在"条件"文本框中输入 I15:J16，即"=DGET(A1:J8,B1,I15:J16)"，按 Enter 键，即可求得平均分最高的男同学，如图 6-37 所示。若在"条件"文本框中输入 I17:J18，则可以求得平均分最高女同学，如图 6-38 所示。

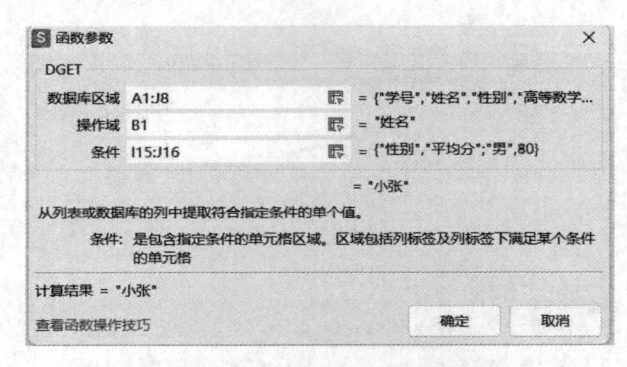

图 6-37 平均分最高的男同学

图 6-38 平均分最高的女同学

（5）求男生平均分和女生平均分。

与以上操作类似，选择单元格，查找"DAVERAGE"函数，在"数据库区域"文本框中输入 A1:J8，"操作域"文本框中输入 H1，在"条件"文本框中输入 I15:I16，即"=DAVERAGE(A1:J8,H1,I15:I16)"，按 Enter 键，则可得男生平均分，如图 6-39 所示。若在"条件"文本框中输入 I17:I18，则可得女生平均分，如图 6-40 所示。

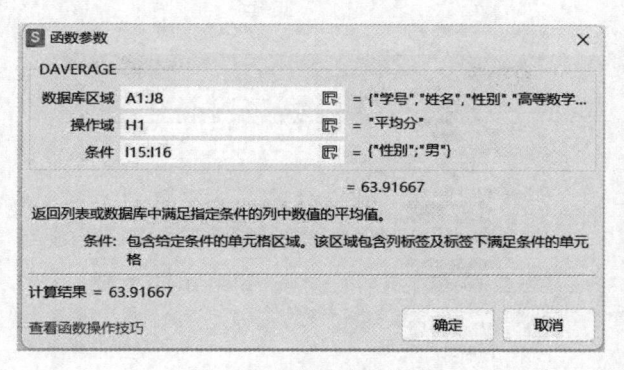

图 6-39 男同学平均分

图 6-40 女同学平均分

例 6-8 效果如图 6-41 所示。

	A	B	C	D	E	F	G	H	I	J
1	学号	姓名	性别	高等数学	大学英语	体育	总分	平均分	总评	排名
2	10001	小明	男	85	99	22	206	68.66667	及格	3
3	10002	小红	女	42	32	33	107	35.66667	不及格	7
4	10003	小张	男	82	92	66	240	80	良	2
5	10004	小二	男	22	44	88	154	51.33333	不及格	5
6	10005	筱筱	女	78	74	89	241	80.33333	良	1
7	10006	老刘	女	78	22	44	144	48	不及格	6
8	10007	老祁	男	78	44	45	167	55.66667	不及格	4
9										
10										
11				高等数学	大学英语	体育	总分	平均分		
12				最高分	85	99	89	241	80.3333333	
13				最低分	22	22	22	107	35.6666667	
14				单科状元	小明	小明	筱筱	筱筱	筱筱	
15				平均分最高的男同学：		小张			性别	平均分
16				平均分最高的女同学：		筱筱			男	80
17				男生平均分：	63.91666667				性别	平均分
18				女生平均分：	54.66666667				女	80.33333333

图 6-41 例 6-8 效果

对于其他函数的操作都是类似的，若不清楚如何使用某一函数，可单击公式菜单中的"插入函数"按钮，在弹出的"插入函数"对话框中选定该函数，会有该函数的描述，如图 6-42 所示，然后单击"确定"，会弹出"函数参数"对话框，单击"查看该函数的操作技巧"，可以查看该函数的应用实例。WPS 2019 电子表格提供了很多便利提示。

图 6-42 函数帮助

【应用实践】

练 6-6 建立图 6-43 所示数据源。使用 WPS 2019 电子表格的 SUM()、RANK()函数求得总分及排名。

学号	姓名	语文	数学	英语	物理	化学	总分	排名
1002	吴振浩	99	59	63	100	61		
1003	李嘉轩	89	128	74	156	70		
1004	林乐华	93	61	53	132	73		
1005	刘颖文	106	12	80	152	88		
2001	黄明勇	108	124	90	174	91		
2002	王嘉宁	112	100	4	156	92		
2003	张家峰	78	111	84	161	88		
2005	张志豪	119	114	92	182	91		
2006	杜宝贞	121	99	93	161	73		

图 6-43 数据源

练 6-7 建立图 6-44 所示数据源。使用 AVERAGE()函数求得学生的平均成绩。

学号	姓名	专业	成绩1	成绩2	成绩3	成绩4	平均成绩
20066017	刘定知	旅游管理	92	91	90	90	
20066018	缪剑	旅游管理	78	63	50	85	
20066019	伍员	旅游管理	62	67	80	80	
20066020	祝良顺	通信工程	72	21	62	90	
20066021	舒俊锋	通信工程	35	75	50	80	
20066022	何映江	通信工程	93	90	88	70	
20066023	刘勇	通信工程	61	64	80	85	
20066024	毛远富	计算机网	50	78	90	80	
20066025	蒋飞	计算机网	63	78	90	50	

图 6-44 数据源

6.3.3 工作表格式设置

【学习成果】学会设置工作表的格式，了解数据的格式选择、字体格式化、设置数据对齐、设置底纹颜色和图案等操作。

【知识点导览】

（1）数字的格式选择在"单元格格式"对话框选择"数字"选项卡，如图 6-45 所示。

在 WPS 2019 电子表格中，数字的含义不只是数值，还可以表示为百分比、货币、分数、时间等。

选择数字格式类型的操作步骤：选择单元格或单元格区域，右击并选择"设置单元格格式"，如图 6-46 所示。这时会弹出图 6-45 所示的单元格格式对话框，单击"数字"选项卡，然后在"分类"列表框中选择所需数据类型，单击"确定"按钮。

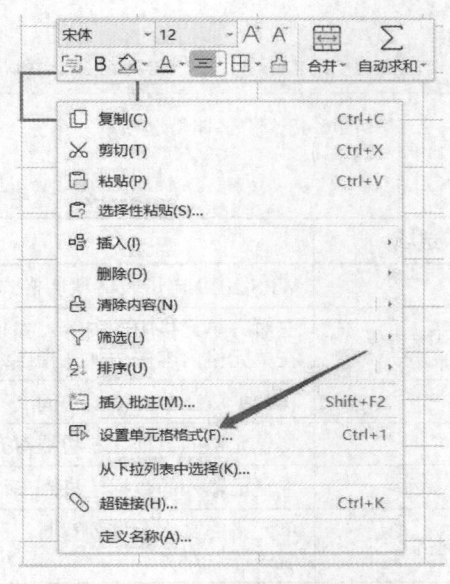

图 6-45 "数字"选项卡　　　　图 6-46 选择数字格式类型步骤

（2）字体的格式化。选择字体格式的操作步骤：右击单元格或单元格区域，在弹出的快捷菜单中选择"设置单元格格式"命令，弹出"单元格格式"对话框，选择"字体"选项卡（图 6-47）选择有关字体格式，单击"确定"按钮。可以对字体、字形、字号、下划线、颜色、特殊效果进行设置，并且设置效果可在"预览"中观察。

（3）设置数据对齐。右击单元格或单元格区域，在弹出的快捷菜单中选择"设置单元格格式"命令，弹出"单元格格式"对话框，选择"对齐"选项卡（图 6-48），选择文本对齐方式，单击"确定"按钮。

文本对齐方式有以下三种。

1）水平对齐方式。水平对齐方式是默认方式。常规：数字右对齐、文本左对齐；左对齐、居中、右对齐。合并：可以把几个单元格合并在一起，形成一个标题。水平对齐选项及其含义见表 6-2。

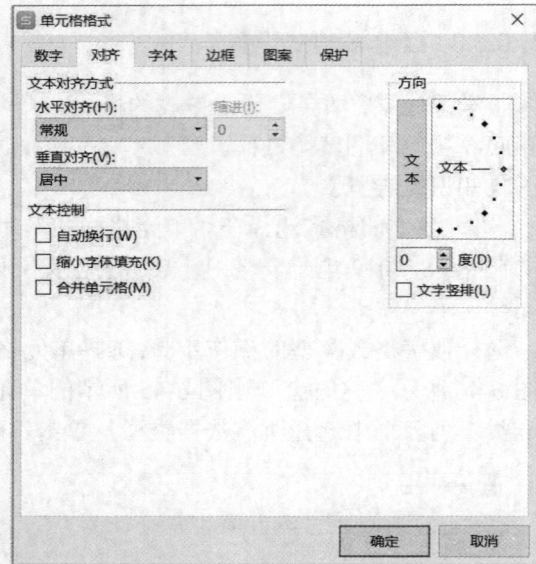

图 6-47　"字体"选项卡　　　　　　图 6-48　"对齐"选项卡

表 6-2　水平对齐方式选项及其含义

选项	含义
常规	WPS 2019 电子表格默认格式，即文字左对齐，数字右对齐
靠左（缩进）	左对齐单元格中的内容，如果在"缩进"框中指定了缩进量，则 WPS 2019 电子表格在单元格内容左边加入指定缩进量的空格字符
居中	将数据放在单元格的中间
靠右	将单元格的数据靠右边框对齐
填充	重复已输入的数据，直到单元格填满
两端对齐	单元格的文本超过列宽时，列宽不动，将单元格中文本折行显示，行高自动增大，最后一行左对齐
跨列居中	将最左端单元格中的数据放在所选单元格区域的中间位置
分散对齐	文本在单元格内均匀分布。若单元格中的数据超过列宽时，列宽不动，将单元格中的数据折行显示，行高自动增大

格式工具栏中有左对齐、居中、右对齐、合并与居中、增大缩进量、减小缩进量等按钮，如图 6-49 所示。

图 6-49　格式工具栏

2）垂直对齐。垂直对齐分为靠上、居中、靠下、两端对齐、分散对齐。垂直对齐选项及其含义见表 6-3。

表 6-3　垂直对齐选项及其含义

选项	含义
靠上	数据靠单元格顶端对齐
居中	数据放在单元格中部（垂直方向）
靠下	数据靠单元格底端对齐
两端对齐	数据靠单元格的顶部和底部两端对齐
分散对齐	单元格中的数据靠单元格的顶部和底部分散对齐

3）文字方向。

文字竖排：单击"对齐"选项卡下"方向"栏下面的"文本"输入框，使其变黑，单击"确定"按钮即可。

改变文字角度：用鼠标拖动"对齐"选项卡下"方向"栏下面的"文本"指针，改变其角度，单击"确定"按钮，如图 6-50 所示。

（4）底纹颜色和图案。右击单元格或单元格区域在弹出的快捷菜单中选择"设置单元格格式"命令，弹出"单元格格式"对话框，选择"图案"选项卡（图 6-51），选择颜色及图案样式、图案颜色，单击"确定"按钮可在示例中预览效果。

（5）边框。右击单元格或单元格区域在弹出的快捷菜单中选择"设置单元格格式"命令，弹出"单元格格式"对话框，选择"边框"选项卡（图 6-52）选择"边框"（或"预置"）、"线条样式"及颜色，单击"确定"按钮。

图 6-50　改变文本角度

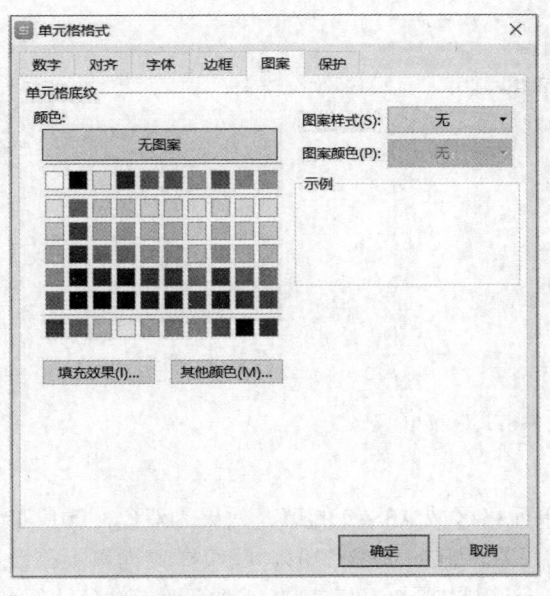

图 6-51　"图案"选项卡　　　　　图 6-52　"边框"选项卡

（6）自动套用格式。选择单元格或单元格区域，单击"开始"→"样式"→"套用表格格式"命令，在"预设样式"下拉列表框中选择一个现有格式，如图 6-53 所示。

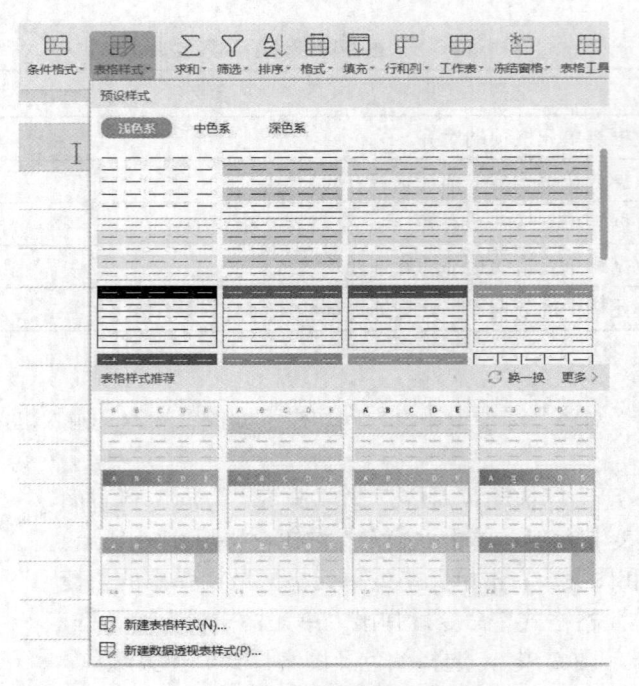

图 6-53 自动套用格式步骤图

（7）条件格式。任选单元格区域，单击"开始"→"样式"→"条件格式"命令，用户可以用已有规则，也可以自己新建规则，可进行多种操作，如图 6-54 所示。

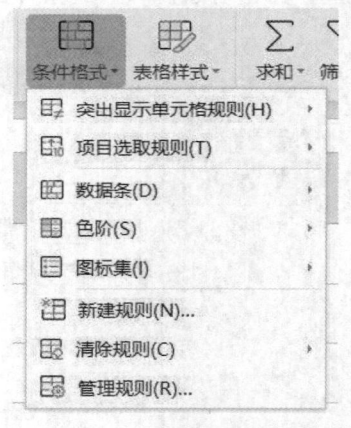

图 6-54 "条件格式"菜单

【案例操作演示】

【例 6-9】建立图 6-55 所示数据源，设置单元格区域 A3:A9 的填充效果为双色，颜色 1 为标准色蓝色（R:0,G:112,B:192），颜色 2 为粉色（R:250,G:100,B:220），底纹样式为斜下；设置单元区域 C2:C9 套用表格格式为浅色 6；设置单元区域 D5:D9，填充图案颜色为标准色浅绿色，图案样式为 6.25%灰色。为单元格 A1 添加图案填充，其颜色为主题颜色橄榄色，个性色 3，淡色 60%，图案样式为细对角线条纹。

步骤 1：选中单元格区域 A3:A9，右击选择设置单元格格式，在弹出的设置单元格格式对话框中，单击"图案"选项卡，如图 6-56 所示，单击"填充效果"按钮后进入填充效果对话框。

图 6-55 数据源

图 6-56 步骤 1 操作提示

步骤 2：选中单元区域 C2:C9，单击样式栏的套用表格格式，如图 6-57 所示，选择表样式浅色 6。

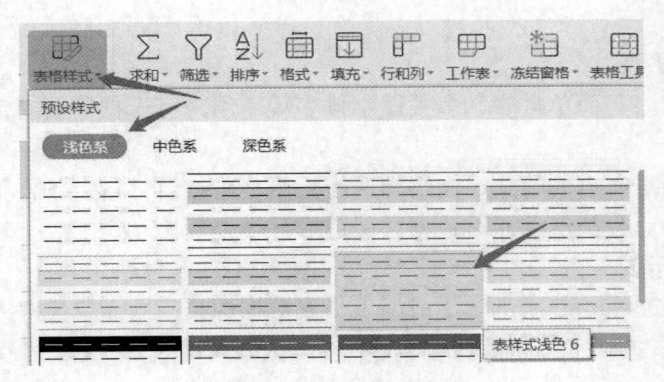

图 6-57 步骤 2 操作提示

步骤 3：选中单元区域 D5:D9，右击设置单元格格式，单击"填充"按钮，选择图案颜色为标准色浅绿色，图案样式为 6.25%灰色，单击"确定"按钮。

步骤 4：单击单元格 A1，右击设置单元格格式，单击"填充"按钮，图案颜色为主题颜色橄榄色，个性色 3，淡色 60%，图案样式为细对角线条纹，单击"确定"按钮，操作效果如图 6-58 所示。

	A	B	C	D
1		购物单		
2	序号	产品名称	数量	生成厂家
3	A1	感冒×	1	天津第一制药厂
4	A2	小柴×	1	天津第一制药厂
5	A3	风油×	1	天津第一制药厂
6	A4	皮炎×	1	天津第一制药厂
7	A5	洛神×	1	天津第一制药厂
8	A6	铁打×	1	天津第一制药厂
9	A7	活络×	1	天津第一制药厂

图 6-58　操作效果

【应用实践】

练 6-8　建立图 6-59 所示数据源，将 A3:F8 单元格区域形成的表格底纹设置为绿色，图案样式为逆对角线条纹。

	A	B	C	D	E	F
1		销售报表				
2	月份	广东分公司	上海分公司	北京分公司	天津分公司	成都分公司
3	1月	333	283	324	223	278
4	2月	302	402	388	492	502
5	3月	223	823	457	348	239
6	4月	134	234	472	633	235
7	5月	482	554	523	234	582
8	6月	842	234	232	823	234

图 6-59　数据源

6.3.4　WPS 2019 电子表格数据库功能

【学习成果】了解 WPS 2019 电子表格数据库功能，学会应用排序、自动筛选、高级筛选、分类汇总操作。

【知识点导览】

（1）排序。排序有简单排序、多关键字排序等，用户可根据需要对数据进行升序、降序操作。

（2）筛选。筛选有自动筛选、高级筛选等，用户可按自行自定条件筛选。

（3）分类汇总。分类汇总即对数据区域进行分类处理。

【案例操作演示】

【**例 6-10**】建立图 6-60 所示学生成绩工作表数据源，应用简单排序方法对总分进行降序处理。完成后进行多关键字排序，以"学号"为"主要关键字"、"总分"为"次要关键字"进行降序处理。

	A	B	C	D	E	F	G	H	I	J
1	学号	姓名	性别	高等数学	大学英语	体育	总分	平均分	总评	排名
2	10001	小明	男	85	99	22	206	68.66667	及格	3
3	1000	小红	女	42	32	33	107	35.66667	不及格	7
4	10003	小张	男	82	92	66	240	80	良	2
5	10004	小二	男	22	44	88	154	51.33333	不及格	5
6	10005	筱筱	女	78	74	89	241	80.33333	良	1
7	10006	老刘	女	78	22	44	144	48	不及格	6
8	10007	老祁	男	78	44	45	167	55.66667	不及格	4

图 6-60　学生成绩工作表源数据

步骤 1：拖动鼠标选择参与排序的数据区域，即 A1～J8，单击"开始"→"编辑"→"排序"命令，如图 6-61 所示，用户可选择升序、降序或者自定义排序。单击"自定义排序"命令。

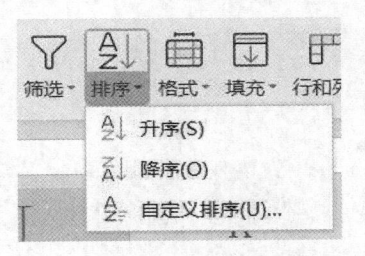

图 6-61　步骤 1 操作图

步骤 2：弹出"排序"对话框，如图 6-62 所示。在"主要关键字"下拉列表框中选择"总分"选项，选择排序次序为"降序"，单击"确定"按钮。

图 6-62　排序对话框

排序效果如图 6-63 所示。

	A	B	C	D	E	F	G	H	I	J
1	学号	姓名	性别	高等数学	大学英语	体育	总分	平均分	总评	排名
2	10005	筱筱	女	78	74	89	241	80.33333	良	1
3	10003	小张	男	82	92	66	240	80	良	2
4	10001	小明	男	85	99	22	206	68.66667	及格	3
5	10007	老祁	男	78	44	45	167	55.66667	不及格	4
6	10004	小二	男	22	44	88	154	51.33333	不及格	5
7	10006	老刘	女	78	22	44	144	48	不及格	6
8	10002	小红	女	42	32	33	107	35.66667	不及格	7

图 6-63　对总分降序排序后的效果

步骤 3：单击"增加条件"按钮，以"学号"为"主要关键字""总分"为"次要关键字"，选择排序次序为"降序"和"降序"，单击"确定"按钮，如图 6-64 所示。

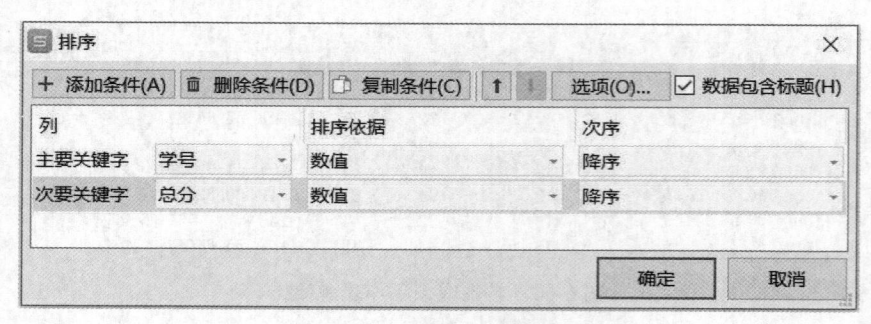

图 6-64　步骤 3 操作图

【例 6-11】建立图 6-65 数据源，显示出平均分大于或等于 60 的学生。

	A	B	C	D	E	F	G	H	I	J
1	学号	姓名	性别	高等数学	大学英语	体育	总分	平均分	总评	排名
2	10005	筱筱	女	78	74	89	241	80.33333	良	1
3	10003	小张	男	82	92	66	240	80	良	2
4	10001	小明	男	85	99	22	206	68.66667	及格	3
5	10007	老祁	男	78	44	45	167	55.66667	不及格	4
6	10004	小二	男	22	44	88	154	51.33333	不及格	5
7	10006	老刘	女	78	22	44	144	48	不及格	6
8	10002	小红	女	42	32	33	107	35.66667	不及格	7

图 6-65　数据源

（1）单击工作表数据区内的任意单元格，单击"开始"→"筛选"命令。效果如图 6-66 所示。

图 6-66　筛选效果

（2）单击"平均分"列的下拉按钮，如图 6-67 所示。

图 6-67　自定义自动筛选方式框

（3）选择筛选条件为"大于或等于"，在右边输入框输入 60，单击"确定"按钮，窗口显示出平均分大于或等于 60 的学生。

（4）若要撤销筛选操作，则单击"开始"→"筛选"→"清除"命令。

【例 6-12】 使用图 6-63 所示数据源，以平均分大于等于 60 为条件进行高级筛选。

（1）建立条件区域，在两个上下相邻的空白单元格上方输入"平均分"，下方输入">=60"，如图 6-68 所示，所选单元格分别为 F13 和 F14。

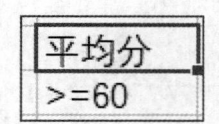

图 6-68　条件单元格

（2）单击数据区域中的任一个单元格，单击"数据"→"筛选"→"高级筛选"命令，如图 6-69 所示，弹出图 6-70 所示"高级筛选"对话框。

图 6-69　步骤（2）操作步骤　　　　图 6-70　"高级筛选"对话框

（3）单击"条件区域"按钮，选择条件区域，包括标题行及其下方的条件，即 F13: F14 单元格。

（4）选中"将筛选结果复制到其它位置"单选项，如图 6-71 所示，单击"复制到"按钮，选择存放结果的位置，单击"确定"按钮。高级筛选结果如图 6-72 所示。

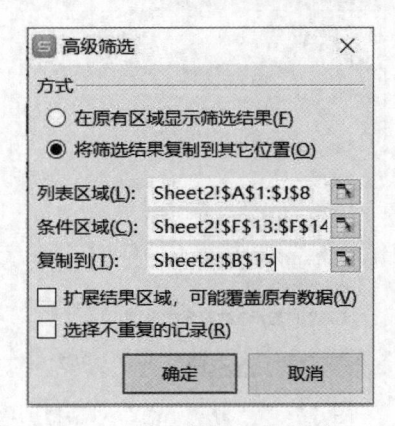

图 6-71　高级筛选之条件输入

	A	B	C	D	E	F	G	H	I	J
1	学号	姓名	性别	高等数学	大学英语	体育	总分	平均分	总评	排名
2	10005	筱筱	女	78	74	89	241	80.33333	良	1
3	10003	小张	男	82	92	66	240	80	良	2
4	10001	小明	男	85	99	22	206	68.66667	及格	3
5	10007	老祁	男	78	44	45	167	55.66667	不及格	4
6	10004	小二	男	22	44	88	154	51.33333	不及格	5
7	10006	老刘	女	78	22	44	144	48	不及格	6
8	10002	小红	女	42	32	33	107	35.66667	不及格	7
9										
10										
11										
12										
13							平均分			
14							>=60			
15		学号	姓名	性别	高等数学	大学英语	体育	总分	平均分	总评	排名
16		10005	筱筱	女	78	74	89	241	80.33333	良	1
17		10003	小张	男	82	92	66	240	80	良	2
18		10001	小明	男	85	99	22	206	68.66667	及格	3

图 6-72 "高级筛选"结果

【例 6-13】使用图 6-65 所示数据源进行分类汇总操作。

(1) 单击"数据"→"排序"菜单命令，弹出"排序"对话框。在"主要关键字"下拉列表框中选择"性别"，选择排序顺序为"升序"，单击"确定"按钮。

(2) 拖动鼠标选中数据区域 A1:J8，单击"数据"→"分类汇总"命令，如图 6-73 所示，弹出"分类汇总"对话框，如图 6-74 所示。

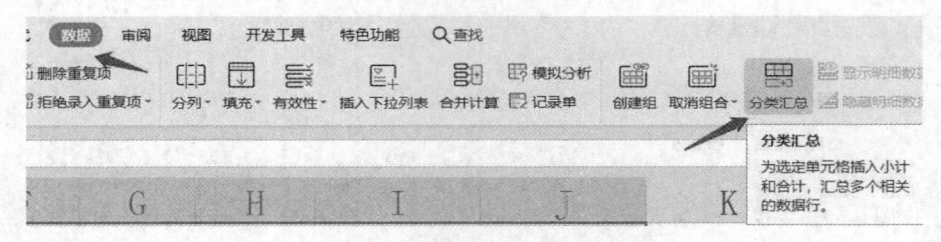

图 6-73 例 6-13 (2) 操作步骤

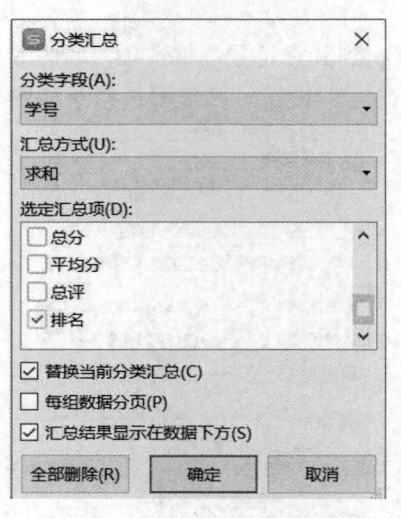

图 6-74 "分类汇总"对话框

（3）在"分类字段"下拉列表框中选择"性别"选项，在"汇总方式"下拉列表框中选择"平均值"选项，在"选定汇总项"列表框中选择"高数""大英""体育""总分""平均分"选项，单击"确定"按钮，如图 6-75 所示。分类汇总效果如图 6-76 所示。

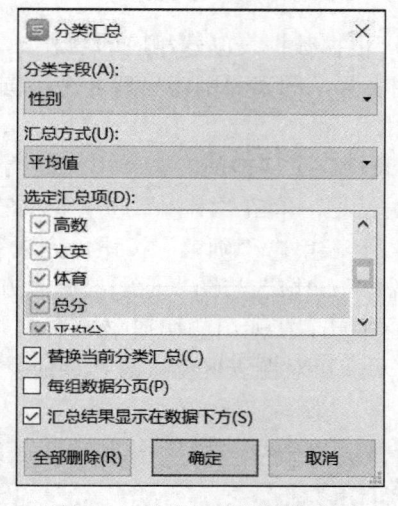

图 6-75　分类汇总框操作步骤

图 6-76　分类汇总效果

（4）选择分类汇总数据所在的区域（A1:J11），单击"数据"→"分类汇总"命令，单击"全部删除"按钮，删除分类汇总的操作。

【应用实践】

练 6-9　建立图 6-77 所示数据源，以"广东分公司"销售额为主要关键字进行升序排序，以"上海分公司"为次要关键字进行降序排序。

图 6-77　数据源

6.3.5 图表制作

【学习成果】学会创建图表、对图表进行相关操作（如缩放等）。

【知识点导览】

（1）WPS 2019 电子表格可根据数据表创建相应的图表（如柱状图等）。

（2）图表的缩放。单击图表区，图表周围将出现 8 个小圆圈，表示图表已被选中。可拖动小圆圈放大或缩小图表。

（3）图表标题修改。在图表标题上双击或右击弹出快捷菜单，单击"设置图表标题格式"命令，弹出"图表标题格式"对话框，单击"字体"选项卡。在该标签中选择字体为"楷体"，字形为"加粗倾斜"，字号为"26"。单击"确定"按钮，完成对图表标题的修改（对"图例""坐标轴格式""坐标轴标题格式"的修改与图表标题的修改方法相同）。

（4）设置图表区。在图表区右击，在弹出的快捷菜单中单击"设置绘图区格式"，弹出"绘图区选项"面板，如图 6-78 所示，可对图表区格式进行相应操作。

图 6-78 "绘图区选项"面板

（5）增加"数据标志"。单击"添加图表元素"→"数据标签"→"数据标签外"命令，如图 6-79 所示。

（6）修改图表类型。在图表区右击，在弹出的快捷菜单中选择"更改图表类型"命令，在弹出"更改图表类型"对话框中选择图表类型为条形图，选择子图表类型为堆积条形图，单击"确定"按钮，完成操作。

（7）删除工作表中的图表。单击图标边沿按键盘的删除键即可完成删除图表操作。

【案例操作演示】

【例 6-14】建立图 6-80 所示数据源，创建学生成绩表。

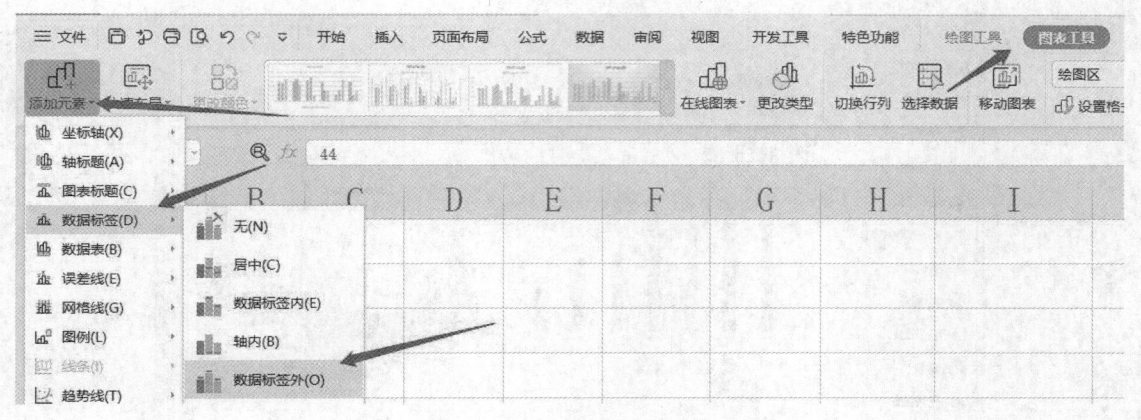

图 6-79　步骤（5）操作

图 6-80　数据源

（1）选择单元格区域 B1:B8，按住 Ctrl 键的同时拖动鼠标，选择单元格区域 G1:G8。单击"插入"→"全部图标"按钮，如图 6-81 所示，弹出"插入图表"对话框，如图 6-82 所示。

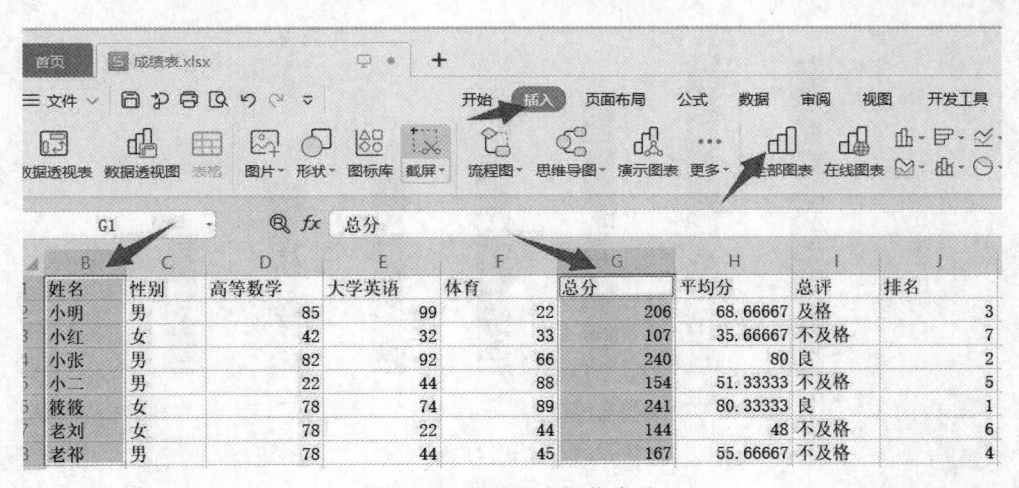

图 6-81　创建图表操作步骤

（2）选择"柱形图"选项，在"子图表类型"列表框中选择"簇状柱形图"图表类型。簇状柱形图效果如图 6-83 所示。

（3）单击"图表工具"→"选择数据"按钮，如图 6-84 所示，弹出"编辑数据源"对话框，如图 6-85 所示，可以对图表数据区域进行更改、切换行或列。

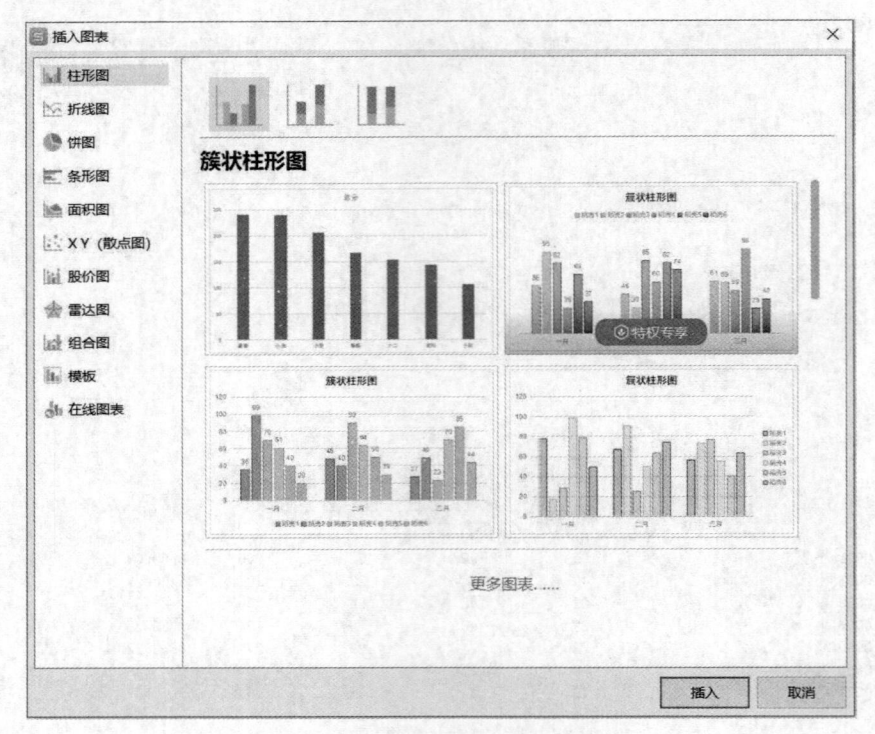

图 6-82 "插入图表"对话框

图 6-83 簇状柱形图效果

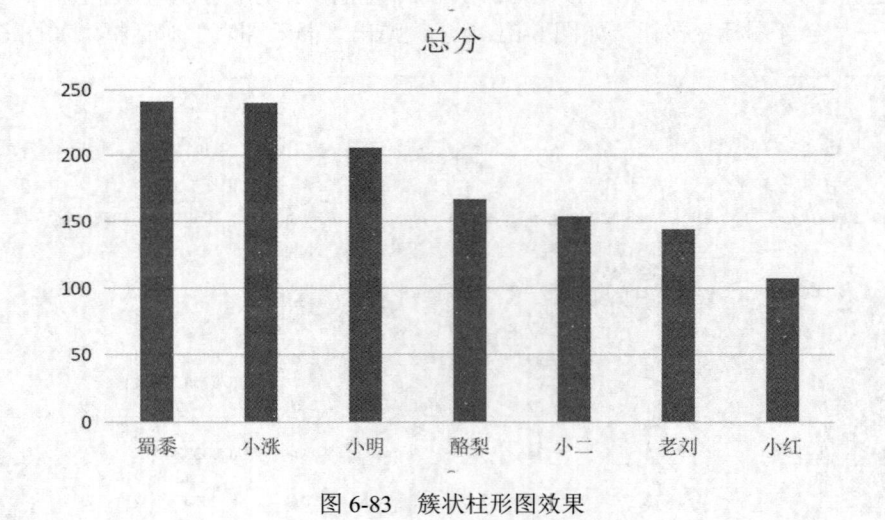

图 6-84 选择数据源操作

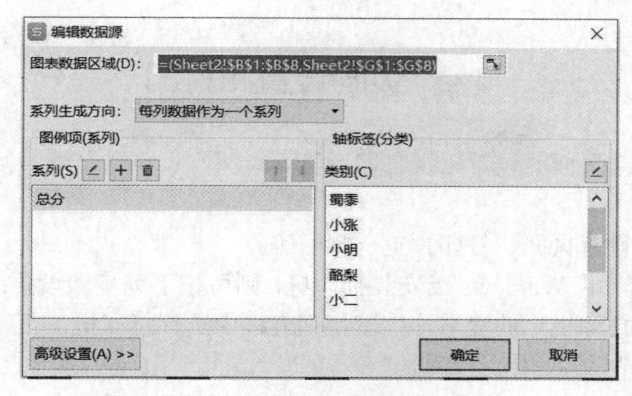

图 6-85 "编辑数据源"对话框

（4）在"图表数据区域"编辑框中输入数据源区域，由于该编辑框中已选中需要的数据区域，无需更改，单击"确定"按钮。

（5）添加图表标题。单击"图表工具"→"添加元素"→"图表标题"→"图表上方"命令，如图 6-86 所示。在"图表标题"编辑框中输入"学生成绩表"。

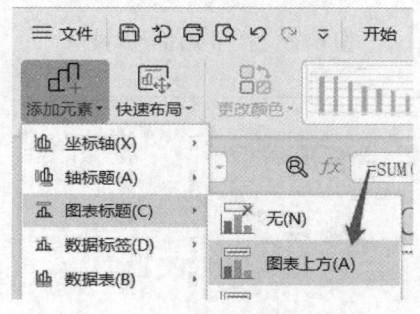

图 6-86 选择添加元素

（6）若要移动图表所放位置，则可以执行"移动图表"更改图表位置。若选择"新工作表"选项，则创建独立图表，并将其放在一个新的工作表中。若选择"对象位于"选项，则创建嵌入式图表，图表与数据源在同一工作表中。

【应用实践】

练 6-10 建立图 6-87 所示数据源，根据单元区域 A2:H5 建立一个簇状柱形图以显示电脑、空调、风扇的销售状况，图表标题在图表上面，标题内容为"某公司 2016 年下半年销售情况"。

	A	B	C	D	E	F	G	H
1	某公司2016年下半年销售情况							单位：万元
2	月份	一月	二月	三月	四月	五月	六月	合计
3	电脑	1512	780	850	1300	1500	1000	6942
4	空调	420	560	780	1400	2320	1820	7300
5	风扇	1000	350	680	470	1050	360	3910

图 6-87 数据源

6.4　页面设置和打印

【学习成果】学会页面的设置以及打印预览。

【知识点导览】

打印前，用户要设置页面、打印预览、打印等。

（1）打印机设置。若 Windows 已安装打印机，则可按下列步骤设置：执行"文件"→"打印"命令，然后在"打印机"的"名称"下拉列表框中选择打印机，否则需先在"控制面板"中的"打印机和传真"安装相应打印机。

（2）打印页面设置。单击"页面布局"→"页面设置"扩展按钮（如图 6-88 所示的下面红色箭头所指位置），弹出"页面设置"对话框，如图 6-89 所示。

图 6-88　打印页面设置操作

图 6-89　"页面设置"对话框

（3）打印方向设置。在"页面设置"对话框中选择"纵向"或"横向"打印方式。

（4）纸张大小设置。在"页面设置"对话框中"纸张大小"下拉列表框中选择 A3、A4、A5、B4、法律专用纸等。

（5）页边距设置。在"页面设置"对话框的"页边距"选项卡（图 6-90）下输入"上""下""左""右"边距值。若需要在纸张左侧装订，则可以把左边距设置稍大一些，比如左边距设置为 3.0。

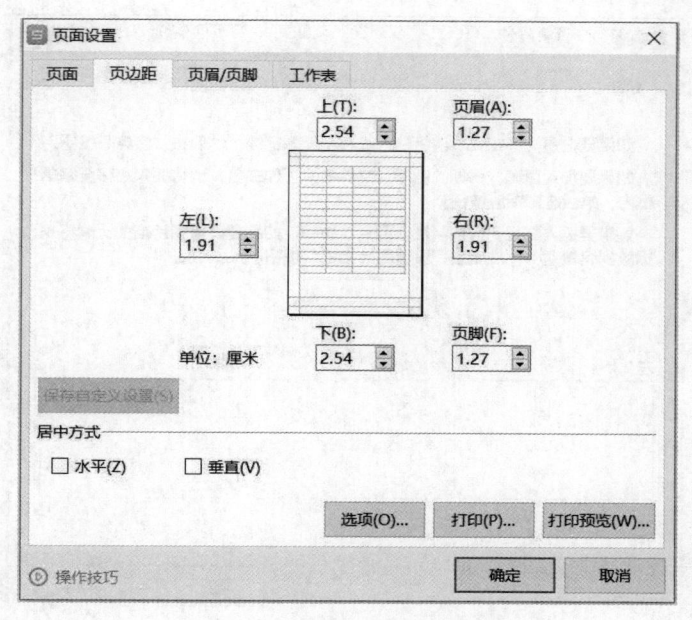

图 6-90 "页边距"选项卡

（6）页眉与页脚。在"页面设置"对话框的"页眉/页脚"选项卡（图 6-91）下，在"页眉"及"页脚"下拉列表框中选择一种标准的页眉与页脚，也可以自定义页眉与页脚，如图 6-92 所示。

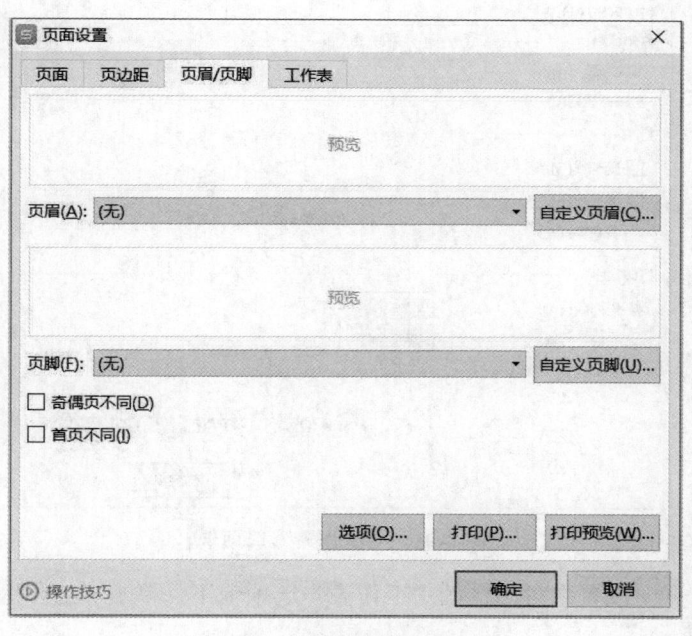

图 6-91 "页眉/页脚"选项卡

（7）工作表打印区域设置。

方法一：在"页面设置"对话框的"工作表"选项卡（图 6-93）下，在"打印区域"文本框中直接输入打印区域。

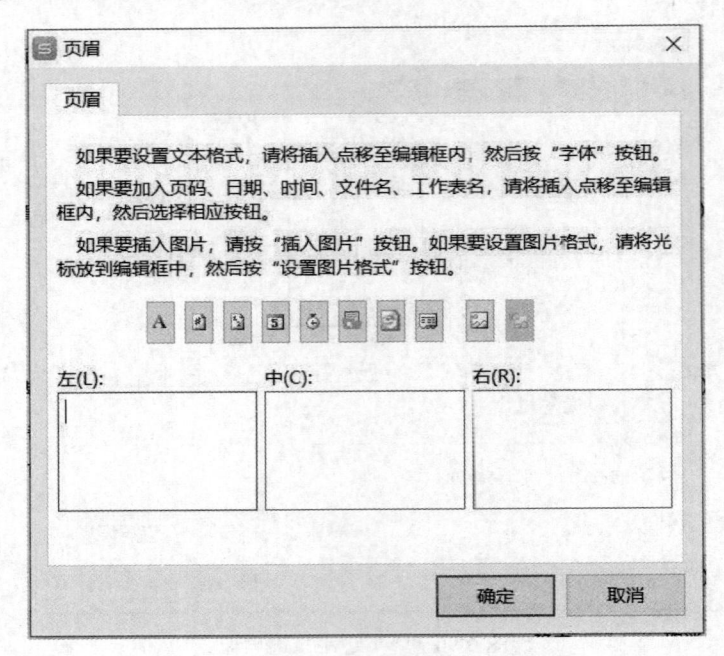

图 6-92 自定义页眉

图 6-93 "工作表"选项卡

方法二：在"页面设置"对话框的"工作表"选项卡下，单击"打印区域"右边按钮，用鼠标选定打印区域。

方法三：用鼠标选定打印区域，单击"页面布局"→"打印区域"按钮设置打印区域。

（8）打印预览。

1）进入预览。单击"打印预览"按钮或执行"文件"→"打印预览"命令。

2）改变显示比例。单击"缩放"按钮可使显示比例在 100%及 50%之间切换。

3）打印设置或页面设置。单击"设置"按钮，则会弹出"打印"对话框，如图 6-94 所示。也可以进行页面设置，单击"页边设置"或"页边距"可改变页面或页边距设置。

（9）分页预览。在常规视图中执行"视图"→"分页预览"命令，进入分页预览视图。

（10）打印。打印预览完毕后，可进行打印操作，执行"文件"→"打印"命令，弹出"打印"对话框，如图 6-94 所示，可设置打印范围、打印份数、改变打印机设置属性，也可将打印输出设置为"打印到文件"。还可直接使用 Ctrl+P 组合键进行打印。

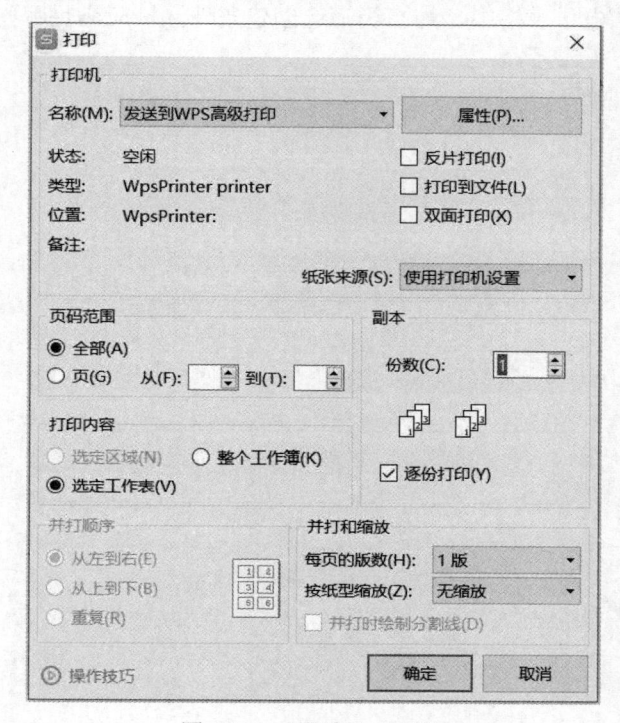

图 6-94　"打印"对话框

本 章 小 结

本章主要介绍了 WPS 2019 电子表格处理软件的基本功能和使用方法，包括 WPS 2019 电子表格的基本知识、基本操作、公式与函数、制作图表、数据的管理和分析、页面设置和打印工作表等。

思 考 题

1．WPS 2019 电子表格有哪些主要功能？
2．WPS 2019 电子表格的工作窗口由哪些部分组成？
3．简述 WPS 2019 电子表格中的工作簿、工作表、单元格区域、单元格之间的关系。
4．WPS 2019 电子表格中的数据有哪几种类型？日期时间型数据的取值范围是什么？

5．WPS 2019 电子表格中的日期时间型数据是依据什么原则比较大小的？字符型、逻辑型数据呢？

6．WPS 2019 电子表格为用户提供了哪几类函数？试比较函数 INT()、ROUND()的功能。

7．WPS 2019 电子表格为用户提供了哪几种图表类型？其中柱形图、折线图、饼图、XY（散点图）各自适用于什么场合？

8．比较自动筛选和高级筛选的功能。

9．数据库函数有哪几个参数？其中"列号"（field）是指什么？它可用几种形式表示？

10．在 WPS 2019 电子表格中，为高级筛选创建条件区域应满足哪些要求？

第 7 章　WPS 2019 演示文稿

本章主要内容：
- WPS 2019 演示文稿的概述
- WPS 2019 的工作窗口与基本概念
- 制作一个多媒体演示文稿
- 设置演示文稿的视觉效果
- 设置演示文稿的动画效果
- 设置演示文稿的播放效果
- 演示文稿的其他有关功能

WPS 2019 提供了演示文稿，可以轻松地制作集文本（Text）、图像（Image）、图形（Graphics）、声音（Audio）、音乐（Music）、动画（Animation）甚至视频（Video）为一体的演示文稿。

在现实生活中，演示文稿制作软件广泛应用于会议报告、课程教学、论文答辩、广告宣传和产品演示等方面，成为人们在各种场合下交流信息的重要工具，它默认的文件扩展名是".pptx"。一旦演示文稿制作完毕，就可把它打印出来形成硬拷贝（Hard Copy）或在计算机上一屏一屏地浏览显示，还可以进一步制作成幻灯片或投影片并以标准投影仪显示，甚至可以制作成全球广域网文档放入 Internet 供用户共享。

本章将以 WPS 2019 为例，介绍演示文稿制作软件的基本功能和使用方法。

7.1　WPS 2019 演示文稿的概述

演示文稿制作软件以幻灯片的形式提供一种演讲手段，利用它可以制作集文字、图形、图像、声音、视频、动画等于一体的演示文稿。制作的演示文稿可以在计算机或投影屏幕上播放，也可以打印成幻灯片或透明胶片，还可以生成网页。它与传统的演讲方式相比，演讲效果更直观、生动，给人印象深刻。

现代的演示文稿制作软件不仅可以制作贺卡、电子相册等图文音像并茂的多媒体演示文稿，还可以借助超链接功能创建交互式演示文稿，并能充分利用万维网的特性进行"虚拟化"演示。

演示文稿制作软件一般具有以下功能。

（1）制作多媒体演示文稿：根据内容提示向导、设计模板、现有演示文稿或空演示文稿创建新演示文稿；在幻灯片上添加对象（如音频、视频、动画）、下划线形式和动作按钮形式的超链接，以及幻灯片的移动、复制和删除等编辑操作。

（2）设置演示文稿的视觉效果：美化幻灯片中的对象，以及设置幻灯片外观（利用幻灯片版式、背景、母版、主题和配色方案）等。

（3）设置演示文稿的动画效果：设计幻灯片中对象的动画效果、设计幻灯片间切换的动画效果和设置放映方式等。

（4）设置演示文稿的播放效果：设置放映方式、演示文稿打包、排练计时和隐藏幻灯片等。

（5）演示文稿的其他有关功能：演示文稿的打印和网上发布等。

7.2　WPS 2019 的工作窗口与基本概念

7.2.1　WPS 2019 演示文稿的工作窗口

常用的启动 WPS 2019 方法是单击"新建"→"演示"命令，弹出 WPS 2019 窗口，如图 7-1 所示。

图 7-1　WPS 2019 窗口

单击"新建空白文稿"按钮，进入 WPS 2019 工作窗口，如图 7-2 所示。

图 7-2　WPS 2019 工作窗口

WPS 2019 根据建立、编辑、浏览、放映幻灯片的需要提供普通视图、幻灯片浏览视图、幻灯片放映视图、备注页视图、阅读视图和母版视图。视图不同，演示文稿的显示方式不同，对演示文稿的加工也不同。各视图间的切换可以通过"视图"→"演示文稿视图"组中相应的选项实现。

1. 普通视图

图 7-2 所示为普通视图，它是系统的默认视图，只能显示一张幻灯片。WPS 2019 的工作窗口由标题栏、菜单栏、功能区（功能面板）和状态栏组成。在功能区和状态栏之间将窗格分成幻灯片/大纲窗格、幻灯片编辑区和备注栏，用户能同时显示幻灯片、演示文稿大纲和幻灯片等备注信息，不仅可以方便地切换各种显示模式，还可以更方便地浏览和编辑每张幻灯片的内容。拖动两个窗格之间的边框，可调整各区域的大小。

（1）快速访问工具栏。在快速访问工具栏上有常用命令，如保存、撤销和恢复等。在快速访问工具栏的末尾有一个下拉菜单，可以添加其他常用命令或经常使用的命令。

（2）幻灯片/大纲窗格。幻灯片/大纲窗格用于显示幻灯片的幻灯片或大纲缩略图。在大纲/幻灯片浏览窗格中有"幻灯片"和"大纲"两个选项卡。

单击该窗格中的"幻灯片"选项卡，得到幻灯片缩略图。选择该窗格，拖动滚动条，可以快速找到所需幻灯片；单击其中一张幻灯片，可以选定该幻灯片；单击其中一张幻灯片并按住 Shift 键，同时单击后面的某张幻灯片，可以选定连续的若干幻灯片；单击其中一张幻灯片并按住 Ctrl 键，同时单击其他幻灯片，可以选定不连续的若干幻灯片。也可以上下拖动一张幻灯片来调整幻灯片的顺序。

单击该窗格中的"大纲"选项卡，可以直接输入和修改幻灯片的内容、调整各幻灯片在演示文稿中的位置、改变标题和文本的级别、展开和折叠文本内容等。

（3）功能区。在 WPS 2019 窗口上方看起来像菜单的名称其实是功能区的名称，单击这些名称时不会打开菜单，而是切换到与之对应的功能区面板。每个功能区根据功能的不同又分为若干组。

（4）标尺。标尺是指以英寸标记的垂直或水平参考线。WPS 2019 在默认情况下不显示标尺，在"视图"选项卡的"显示"组中勾选"标尺"复选项，可以显示或隐藏幻灯片窗格的顶端和左侧的标尺。零标记会根据在幻灯片上的选中对象（文本、文本框或形状）而改变。移动鼠标指针时，标尺上会显示它在幻灯片上的精确位置。

（5）备注窗格。备注窗格用于显示和编辑对当前幻灯片的备注信息，可以打印成稿，供演讲者演讲时使用，或在幻灯片放映时使用演讲者视图。

2. 幻灯片浏览视图

在幻灯片浏览视图中，可以浏览演示文稿中的所有幻灯片，这些幻灯片以缩略图的形式显示；可以复制、移动和删除选中的幻灯片；还可以调整各幻灯片之间的搭配和顺序等。

3. 幻灯片放映视图

幻灯片按顺序全屏幕放映，可以观看动画、超链接效果等。按 Enter 键或单击将显示下一张，按 Esc 键或放映完所有幻灯片后将恢复原样。在幻灯片中右击可以打开快捷菜单进行操作。用户可以直接按 F5 键切换至该视图模式。

4. 备注页视图

在备注页视图中，"备注"窗格位于"幻灯片"窗格下。用户可以输入要应用于当前幻灯片的备注。以后，用户可以将备注打印出来并在放映演示文稿时参考。

5. 阅读视图

阅读视图用于在自己的计算机上查看演示文稿，而不是通过大屏幕放映演示文稿。如果希望在一个设有简单控件以方便审阅的窗口中查看演示文稿，而不想使用全屏幻灯片放映视图，则可以在自己的计算机上使用阅读视图。如果要更改演示文稿，则可随时从阅读视图切换至某个其他视图。

6. 母版视图

母版视图包括幻灯片母版视图、备注母版视图和讲义母版视图。它们是存储有关演示文稿信息的主要幻灯片，包括背景、颜色、字体、效果、占位符大小和位置。使用母版视图的一个主要优点在于，在幻灯片母版、备注母版或讲义母版上，可以对与演示文稿关联的每张幻灯片、备注页或讲义的样式进行全局更改。

7.2.2　WPS 2019 演示文稿的基本概念

由演示文稿制作软件生成的文件称为演示文稿，其文件扩展名为".pptx"。演示文稿制作软件提供了所有用于演示的工具，包括将文字、图形、图像、音频、视频等媒体整合到幻灯片的工具，还有为幻灯片中的对象赋予动态演示效果的工具。

演示文稿是由若干张幻灯片组成的，一张幻灯片就是演示文稿的一页。这里的"幻灯片"一词只是用来形象地描绘演示文稿里的组成形式，实际上它代表一个"形象视觉页"。多媒体演示文稿是指幻灯片内容丰富多彩、文图声像俱全的演示文稿。

制作一个演示文稿的过程其实就是制作多张幻灯片的过程。

7.3　制作一个多媒体演示文稿

7.3.1　新建演示文稿

在 WPS 2019 中创建演示文稿的常用方法：在 WPS 2019 工作窗口中单击"文件"→"新建"命令，可以根据"模板"和"主题"创建演示文稿、根据现有内容新建、新建空白演示文稿，如图 7-3 所示。

（1）根据"模板"和"主题"创建演示文稿。利用 WPS 2019 提供的模板和主题自动且快速地生成每张幻灯片的外观，节省了外观设计时间，让制作演示文稿的人更专注于处理内容。

（2）根据现有内容新建。如果对 WPS 2019 中提供的模板和主题不满意，则可以使用现有演示文稿中的外观设计和布局，直接在原有演示文稿中创建新演示文稿。

（3）新建空白演示文稿。如果想按照自己的意愿设计演示文稿的外观和布局，则可以先创建一个空白演示文稿，再对空白演示文稿进行外观的设计和布局。

其中最常使用的是新建空白演示文稿，在 WPS 2019 工作窗口单击"文件"→"新建"命令，在"可用的模板和主题"中选择"空白演示文稿"，接着在右边预览窗口下单击"创建"按钮，就创建了一个空白演示文稿。一个演示文稿一般由若干张幻灯片，如果需要插入一张新的幻灯片，则可以单击"开始"→"幻灯片"→"新建幻灯片"按钮。单击"新建幻灯片"按钮可以改变幻灯片的版式。

图 7-3　新建演示文稿

7.3.2　编辑演示文稿

编辑演示文稿包括两部分：编辑幻灯片中的对象和编辑幻灯片。

1. 编辑幻灯片中的对象

编辑幻灯片中的对象添加、删除、复制、移动、修改对幻灯片中的对象，通常在普通视图下进行。

在幻灯片上添加对象有两种方法：新建幻灯片时，通过选择幻灯片的版式为添加的对象提供占位符，再输入需要的对象；通过"插入"选项卡中的相应选项组（如表格、图像、插图、链接、文本、符号、媒体等）实现。

在幻灯片上添加的对象除文本框、图片、表格、公式等外，还可以是声音、影片和超链接等。

（1）插入音频和视频。在放映幻灯片的同时播放解说词或音乐，或者在幻灯片中播放影片，可以使演示文稿图文并茂、声色俱备。

WPS 2019 可以使用多种格式的声音文件，如 WAV、MIDI、MP3、WMA 和 RMI 等。如果要在幻灯片中插入音频，则可以单击"插入"→"媒体"→"音频"按钮，或单击"音频"下拉按钮，根据自己的需要选择文件中的音频、剪贴画音频和录制音频。

WPS 2019 还可以播放多种格式的视频文件，如 AVI、MOV、MPG、DAT、SWF 等。如果要在幻灯片中插入视频，可以单击"插入"→"媒体"→"视频"按钮或单击"视频"下拉按钮，根据自己的需要选择文件中的视频、来自网站的视频和剪贴画视频。

无论是音频还是视频，把对应的音频和视频插入幻灯片后，还可以选定对应的对象，然后通过对应工具功能区中的"格式"和"播放"选项卡对其进行进一步的编辑和处理。

（2）插入 SmartArt 图形。与文字相比，图形更有助于用户理解和记住信息，但是对大多数人来说只能创建含文字的内容，创建图形比较困难。WPS 2019 提供了插入 SmartArt 图形的功能来解决这个问题。SmartArt 图形是信息和观点的视觉表示形式，可以通过从多种布局中进行选择来插入 SmartArt 图形，从而快速、轻松、有效地传达信息。

在演示文稿中的幻灯片中插入 SmartArt 图形的操作步骤如下。

步骤 1：打开演示文稿，单击"插入"→"插图"→SmartArt 按钮。

步骤 2：弹出"选择智能图形"对话框，在左边选择 SmartArt 图形的布局，如图 7-4 所示。

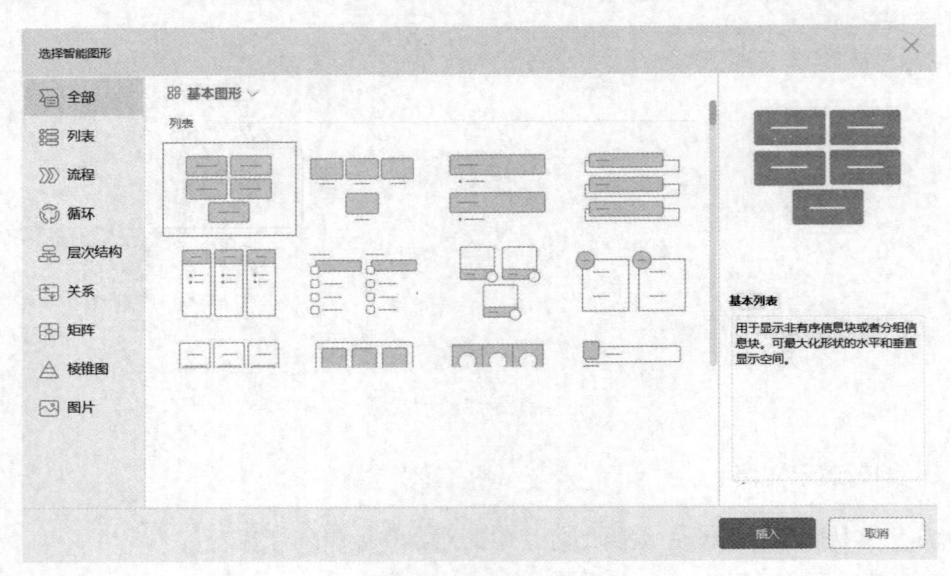

图 7-4　选择智能图形

步骤 3：确定 SmartArt 图形的布局后，输入对应的文本内容。

步骤 4：选择对应的 SmartArt 图形，通过"SmartArt 工具"功能区的"设计"和"格式"选项卡对 SmartArt 图形进行进一步的编辑和处理。

（3）插入链接。用户可以在幻灯片中插入链接，利用它跳转到同一文档的其他幻灯片，或者跳转到其他演示文稿、Word 文档、网页或电子邮件等。它只能在幻灯片放映视图中起作用。

链接有以下两种形式。

1）超链接。选定对应的对象，单击"插入"→"链接"→"超链接"按钮，在弹出的"插入超链接"对话框中设置。

2）动作。选定对应的对象，单击"插入"→"链接"→"动作"按钮，在弹出的"动作设置"对话框中设置。

2．编辑幻灯片

由于一个演示文稿往往由多张幻灯片组成，因此创建演示文稿经常要新建幻灯片，可以通过单击"开始"→"幻灯片"→"新建幻灯片"按钮实现。幻灯片的其他编辑操作（如删除、移动、复制等）通常在幻灯片浏览视图或普通视图的"幻灯片"标签中通过快捷菜单实现。

【案例操作演示】

【例 7-1】根据"主题"新建"我爱中国"演示文稿，共 4 张幻灯片。第 1 张幻灯片如图 7-5 所示，插入声音（歌曲"美丽中国.mp3"）；第 2 张幻灯片如图 7-6 所示，第 1 行文字是以下划线表示的超链接，右下角的按钮 ▶ 是以动作按钮表示的链接，链接到下一张幻灯片；第 3 张幻灯片如图 7-7 所示，插入图片（长城.jpg）；第 4 张幻灯片由第 3 张幻灯片复制而成。

图 7-5　第 1 张幻灯片　　　　　图 7-6　第 2 张幻灯片　　　　　图 7-7　第 3 张幻灯片

步骤 1：在 WPS 2019 工作窗口中单击"文件"→"新建"命令，在"可用的模板和主题"中单击"主题"，选择"波形"主题，在右边预览窗口下单击"创建"按钮。

步骤 2：在标题幻灯片上单击标题占位符，输入文字"美丽中国"，再单击副标题占位符，输入"制作人：山山"。

步骤 3：单击"插入"→"媒体"→"音频"按钮，在弹出的"插入音频"对话框中查找音频文件"美丽中国.mp3"，将音频插入幻灯片，然后选定音频对象，单击"音频工具"→"播放"选项卡，在"开始"下拉列表中选择"自动（A）"选项，并设置为"放映时隐藏"。

步骤 4：单击"开始"→"幻灯片"→"新建幻灯片"按钮，在展开的幻灯片版式库中选择"标题和内容"版式，将其插入第 2 张幻灯片，在标题和内容的占位符中输入相应内容。

步骤 5：单击"开始"→"幻灯片"→"新建幻灯片"按钮，在展开的幻灯片版式库中选择"空白"版式，将其插入第 3 张幻灯片，然后单击"插入"→"图像"→"图片"按钮，在弹出的"插入图片"对话框中查找图片文件"长城.jpg"，将图片插入幻灯片，并适当调整大小和位置。

步骤 6：在第 2 张幻灯片中选定文本"长城"，然后单击"插入"→"链接"→"超链接"按钮，在弹出的"插入超链接"对话框（图 7-8）中设置链接到"本文档中的位置"中的"下一张幻灯片"。

图 7-8　"插入超链接"对话框

步骤 7：在第 2 张幻灯片中，单击"插入"→"插图"→"形状"按钮，在弹出的形状库中选择"动作按钮"中的"前进或下一项"形状。在弹出的"动作设置"对话框（图 7-9）中设置超链接到"下一张幻灯片"。

图 7-9 "动作设置"对话框

步骤 8：单击"视图"→"演示文稿视图"→"幻灯片浏览"按钮，在幻灯片浏览视图中选定第 3 张幻灯片，利用快捷菜单中的相应编辑命令复制其为第 4 张幻灯片。

7.4 设置演示文稿的视觉效果

制作好演示文稿后，接下来的工作就是修饰演示文稿的外观，以达到最佳视觉效果。用户在幻灯片中输入文本后，这些文字、段落的格式仅限于模板指定的格式。为了使幻灯片更加美观、易阅读，可以重新设定文字和段落的格式。除对文字和段落进行格式化外，还可以对插入的文本框、图片、自选图形、表格、图表等对象进行格式化操作，只需双击这些对象，在弹出的对话框中进行相应设置即可。此外，还可以设置幻灯片版式、幻灯片背景、母版、主题等。

设置演示文稿的视觉效果包括两部分：一是对每张幻灯片中的对象分别进行美化；二是设置演示文稿中幻灯片的外观，统一美化。

7.4.1 幻灯片版式

在演示文稿中，每张幻灯片都是由若干对象构成的，对象是幻灯片的重要组成元素。在幻灯片中插入的文本框、图像、表格、SmartArt 图形等元素都是对象，用户可以选择对象，修改对象的内容和大小，移动、复制和删除对象，还可以改变对象的格式（如颜色、阴影、边框等）。因此，制作一张幻灯片的过程实际上是制作其中每个被指定对象的过程。

幻灯片的布局包括组成幻灯片的对象的种类与相互位置，好的布局能使相同的内容更具表现力和吸引力。单击"开始"→"幻灯片"→"版式"按钮，可以设置幻灯片的版式，如图 7-10 所示。当单击某个幻灯片版式时，相应的版式会应用到选定的幻灯片中。

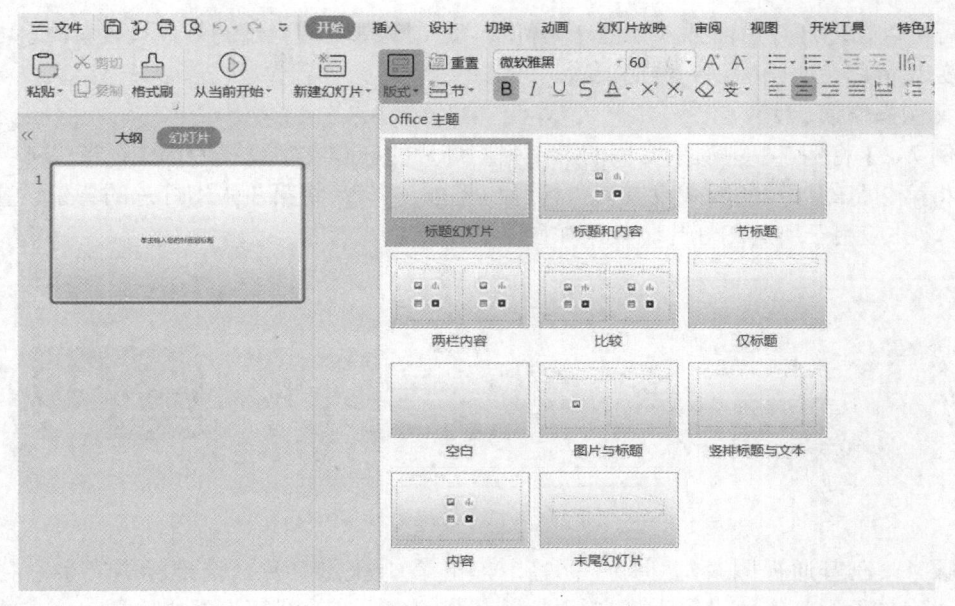

图 7-10　幻灯片版式

每插入一个新幻灯片时，单击"新建幻灯片"按钮，可以在下拉菜单中选择相应的幻灯片版式。幻灯片版式中包含标题、文本框、剪贴画、表格、图像和 SmartArt 图形等对象的占位符，用虚线框表示，并有提示文字，如图 7-11 所示。这些虚线框（占位符）用于容纳相应的对象，并确定对象之间的相互位置。用户可以选定占位符、移动占位符的位置、改变占位符的大小、删除不需要的占位符。

图 7-11　幻灯片版式

7.4.2　背景

设置幻灯片的视觉效果可以在整个幻灯片或部分幻灯片后面插入图片（包括剪贴画）作为

背景，还可以在幻灯片后面插入颜色作为背景。通过为部分或全部幻灯片设置背景，可以使演示文稿独具特色、明确标识、鲜明层次。

【案例操作演示】

【例 7-2】将例 7-1 中演示文稿的第 1 张幻灯片的标题文字设置为华文行楷、66 号、分散对齐；将第 2 张幻灯片的版式设置为"标题和竖排文字"；将第 3 张幻灯片的背景设置为"渐变填充"，并应用于所选幻灯片。效果如图 7-12 所示。

图 7-12　效果图

步骤 1：在普通视图"幻灯片"标签中单击第 1 张幻灯片，选定标题文字，利用"开始"→"字体"组将字体设置为华文行楷，字号为 66，在"段落"组中设置对齐方式为分散对齐。

步骤 2：单击第 2 张幻灯片，单击"开始"→"幻灯片"→"版式"按钮，选择"标题和竖排文字"版式。

步骤 3：单击第 3 张幻灯片，单击"设计"→"背景"→"背景"按钮，在弹出的"填充"窗格中选择"渐变填充"选项，然后单击"全部应用"按钮，如图 7-13 所示。

图 7-13　"设置背景格式"窗格

7.4.3 母版

演示文稿由若干张幻灯片组成，为了保持风格一致、布局相同、提高编辑效率，可以通过 WPS 2019 提供的"母版"功能设计一张"幻灯片母版"，并将其应用于所有幻灯片。WPS 2019 的母版分为幻灯片母版、讲义母版和备注母版。

幻灯片母版是最常用的，它是一张具有特殊用途的幻灯片，可以控制当前演示文稿中除标题幻灯片外的所有幻灯片上输入的标题和文本的格式与类型，使它们具有相同的外观。如果要统一修改多张幻灯片的外观，没有必要一张张修改幻灯片，只需在幻灯片母版上作一次修改即可。如果希望某张幻灯片与幻灯片母版效果不同，则可以直接修改该幻灯片。

单击"视图"→"母版视图"→"幻灯片母版"按钮，进入幻灯片母版视图，如图 7-14 所示。

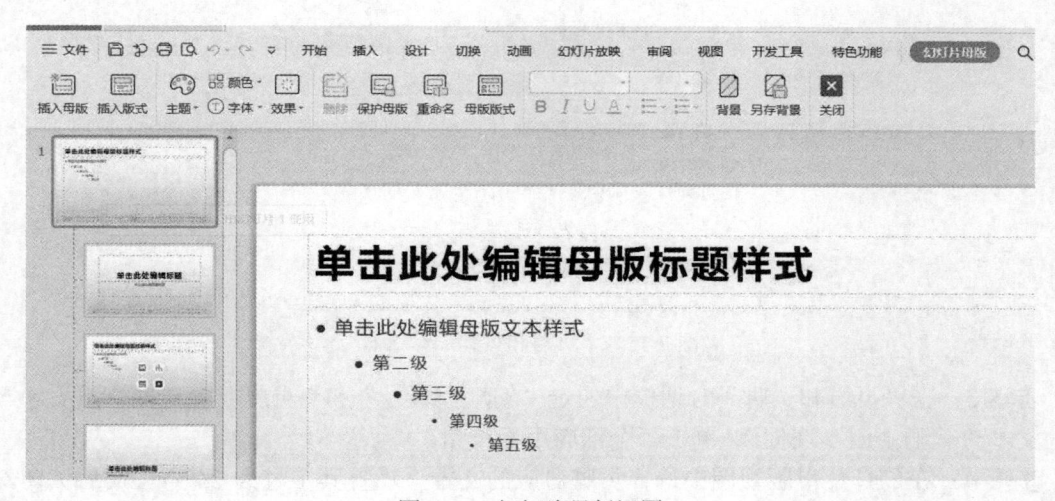

图 7-14 幻灯片母版视图

幻灯片母版它有 5 个占位符，分别是标题、文本、日期、页脚和幻灯片编号。通常使用幻灯片母版进行下列操作。

（1）更改文本样式。在幻灯片母版中选择对应的占位符，如标题样式或文本样式等，可更改其字符和段落格式等。修改母版中某对象样式，即同时修改除标题幻灯片外的所有幻灯片对应对象的格式。

（2）设置日期、页脚和幻灯片编号。如果需要设置日期和页脚，则可以在幻灯片母版视图状态下单击"插入"→"文本"→"页眉页脚"按钮或"幻灯片编号"按钮。可选中对应的域（日期区、页脚区和数字区）设置字体，还可将域的位置移动到幻灯片中的任意位置。

（3）向母版插入对象。要使每张幻灯片都出现相同的文字、图片或其他对象，可以通过在母版中插入该对象实现。

在幻灯片母版中操作完毕后，单击"幻灯片母版"→"关闭"→"关闭母版视图"按钮，返回普通视图。

讲义母版用于控制幻灯片以讲义形式打印的格式，备注母版主要提供演讲者备注使用的空间以及设置备注幻灯片的格式，它们的操作可以通过单击对应的按钮实现。

【案例操作演示】

【例 7-3】在例 7-2 中演示文稿的每张幻灯片中加入幻灯片编号和页脚"美丽中国欢迎你",并设置页脚字号为 24 号。

步骤 1：打开对应的幻灯片,单击"视图"→"母版视图"→"幻灯片母版"按钮,进入幻灯片母版视图。

步骤 2：在幻灯片母版视图中单击"插入"→"文本"→"页眉和页脚"按钮或"幻灯片编号"按钮,弹出"页眉和页脚"对话框,如图 7-15 所示。

图 7-15　"页眉和页脚"对话框

步骤 3：在"页眉和页脚"对话框中勾选"幻灯片编号"和"页脚"复选框,然后输入页脚的文本"美丽中国欢迎你",单击"全部应用"按钮。

步骤 4：在幻灯片母版视图中选择页脚对应的文本,设置其字号为 24 号。最后关闭幻灯片母版视图,返回普通视图。

7.4.4　主题

WPS 2019 提供了多种设计主题,包含协调配色方案、背景、字体样式和占位符位置。使用预先设计的主题,可以轻松、快捷地更改演示文稿的整体外观。在默认情况下,WPS 2019 将普通 Office 主题应用于新的空演示文稿。但是,用户也可以通过应用不同的主题更改演示文稿的外观,可以通过单击"设计"→"主题"组的按钮实现。

【案例操作演示】

【例 7-4】将例 7-3 中演示文稿的第 1 张幻灯片的主题设置为"龙腾四海",效果如图 7-16 所示。

图 7-16　同一演示文稿中使用不同模板

步骤 1：在普通视图中，单击选中第 1 张幻灯片。

步骤 2：单击"设计"选项卡，在"主题"组找到"大都市"主题并右击，在弹出的快捷菜单中选择"应用于选定幻灯片"选项，如图 7-17 所示，就将对应的主题应用到第 1 张幻灯片中。

图 7-17 快捷菜单

步骤 3：如果对设置的主题不满意，则可以通过"主题"选项组中的"颜色""字体"和"效果"进一步设计。

7.5 设置演示文稿的动画效果

创建演示文稿的最终目的是在观众面前展现。在制作过程中，除精心组织内容、合理安排布局外，还需要应用动画效果控制幻灯片中的声文图像等对象的进入方式和顺序，以突出重点，控制信息的流程，提高演示的趣味性。

设计动画效果包括两部分：一是设计幻灯片中对象的动画效果；二是设计幻灯片间切换的动画效果。

7.5.1 设计幻灯片中对象的动画效果

设计幻灯片中对象的动画效果就是为幻灯片上添加的对象设置动画效果。随着演示的进行，可以逐步显示一张幻灯片内不同层次、不同对象的内容。设置幻灯片中对象的动画效果主要有两个操作：添加动画和编辑动画。

（1）添加动画。在幻灯片普通视图中，首先选择对应幻灯片中的对象，然后单击"动画"→"动画"组中的动画选项，或者通过单击"动画"→"高级动画"→"添加动画"按钮添加动画。如果需要使用更多动画选项，可以在"动画"库右侧选择"进入""强调""退出"和"动作路径"的"更多选项"按钮，如图 7-18 所示。

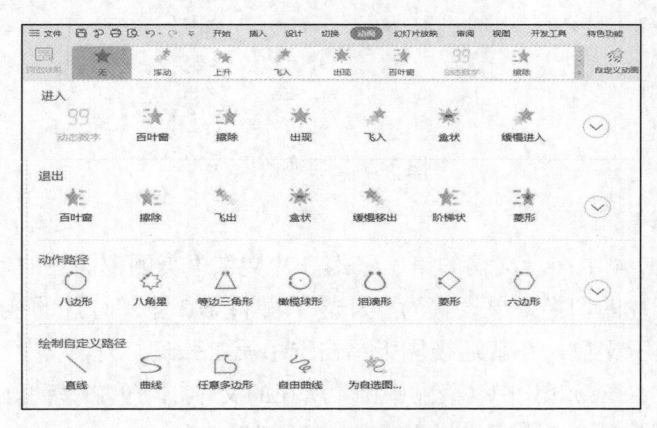

图 7-18 动画效果

如果要取消动画效果，则先选择幻灯片中对应的对象，再在"动画"组中选择"无"即可。

（2）编辑动画。设置完成演示文稿的动画效果后，还可以设置动画方向、运行方式、动画顺序、播放声音、动画长度等。动画方向可以通过"动画"→"动画"→"效果选项"按钮设置。动画的运行方式可以通过"动画"→"计时"组设置，可以选择"单击时""与上一动画同时"和"上一动画之后"三种方式，还可以单击"动画"→"高级动画"→"动画窗格"按钮，弹出"选择窗格"对话框设置，如图 7-19 所示。

图 7-19　"选择窗格"对话框

7.5.2　设计幻灯片间切换的动画效果

幻灯片间的切换效果是指移走屏幕上的已有幻灯片，并以某种效果显示新幻灯片。设置幻灯片的切换效果，首先选定演示文稿中的幻灯片，然后单击"切换"选项卡，最后选择"切换到此幻灯片"组中对应的切换效果，如图 7-20 所示。大部分切换效果设置完成后，还可以通过"效果选项"进一步设置。另外，也可以通过"切换"→"计时"组中的选项设置幻灯片的换片方式、持续时间。

图 7-20　切换效果

【案例操作演示】

【例 7-5】将例 7-4 中演示文稿的第 1 张幻灯片文字"美丽中国"的动画效果设置为自顶部飞入，第 3 张幻灯片的切换效果设置为"闪光"，并将第 3 张幻灯片的换片时间设置为 5 秒。

步骤 1：打开演示文稿，在普通视图下单击选中第 1 张幻灯片。

步骤 2：选定第 1 张幻灯片中"美丽中国"所在的文本框，单击"动画"→"动画"→"飞入"动画，在"效果选项"下拉列表中选择"自顶部"选项。

步骤 3：选定第 3 张幻灯片，单击"切换"→"切换到此幻灯片"→"闪光"切换效果。
步骤 4：选择"切换"→"计时"→"设置自动换片时间"，并将其设置为 00:05.00。

7.6　设置演示文稿的播放效果

7.6.1　设置放映方式

在播放演示文稿前，可以根据使用者的不同需求设置不同的放映方式，可以通过单击"幻灯片放映"→"设置"→"设置幻灯片放映"按钮。弹出"设置放映方式"对话框实现，如图 7-21 所示。

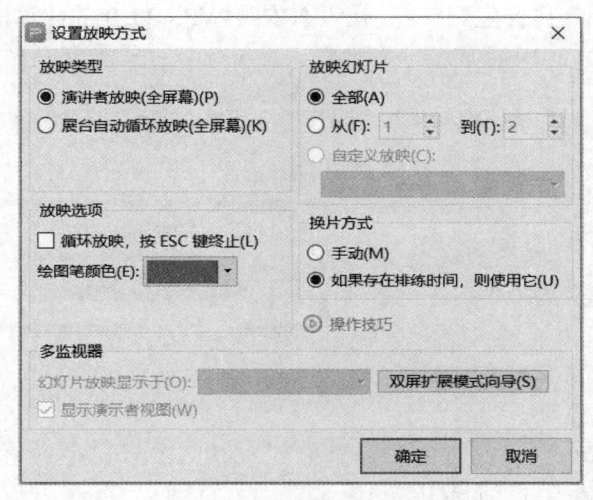

图 7-21　"设置放映方式"对话框

（1）演讲者放映（全屏幕）。以全屏幕形式显示，演讲者可以控制放映的进程，可用绘图笔勾画，适合大屏幕投影的会议、讲课。

（2）展台自己循环放映（全屏幕）以全屏幕形式在展台上做演示用，按事先预定的或通过执行"幻灯片放映"→"排练计时"命令设置的时间和顺序放映，不允许现场控制放映的进程。

播放演示文稿的方式：按 F5 键；执行"幻灯片放映"→"观看放映"或"视图|幻灯片放映"命令；单击"幻灯片放映"按钮 ▯。其中，除最后一种方法是从当前幻灯片开始放映外，其他方法都是从第一张幻灯片放映到最后一张幻灯片。

【案例操作演示】

【例 7-6】设置例 7-5 中演示文稿的放映方式。放映类型设置为"演讲者放映（全屏幕）"；放映选项设置为"循环放映，按 Esc 键终止"；放映幻灯片从第 1 张到第 3 张；换片方式为手动换片。

步骤 1：打开对应的演示文稿，单击"幻灯片放映"→"设置"→"设置幻灯片放映"按钮，弹出"设置放映方式"对话框，如图 7-21 所示。
步骤 2：在"放映类型"栏选择"演讲者放映（全屏幕）"单选项，在"放映选项"选择循环放映，按Esc键终止"复选框，在"放映幻灯片"栏选择从1到3，"换片方式"设置为"手动"。

步骤3：按F5键观看放映，查看幻灯片播放效果。

7.6.2 演示文稿的打包

播放演示文稿时经常遇到这种情况，做好的演示文稿在其他地方播放时，因所使用的计算机上未安装 WPS 2019 软件或缺少幻灯片中使用的字体等，而无法放映幻灯片或放映效果不佳。其实，WPS 2019 早已为我们准备好了一个播放器，只要把制作完成的演示文稿打包，使用时利用 WPS 2019 播放器播放就可以了。

如果要在另一台计算机上放映幻灯片，则可以单击"文件"→"文件打包"按钮，在弹出的页面"文件打包"栏选择"将演示文稿打包成文件夹"，如图7-22所示。通过设置，可以将演示文稿所需的文件和字体打包到一起，在没有安装 WPS 2019 的计算机上观看演示文稿，"打包"命令还可以将 WPS 2019 播放器一同打包。

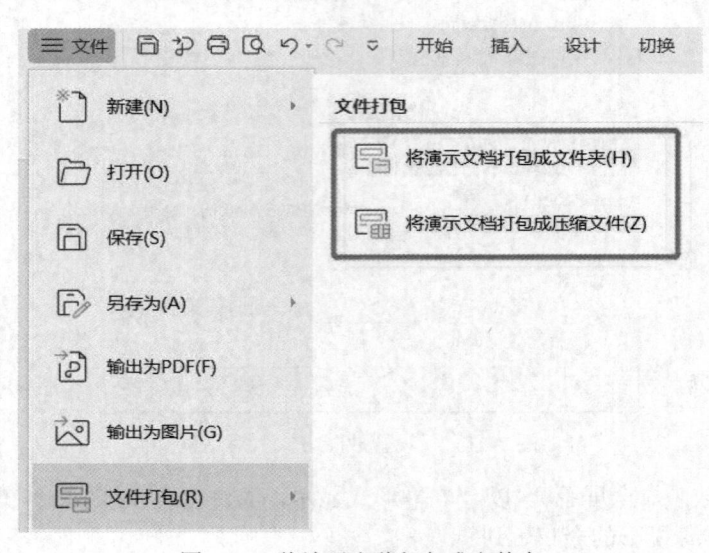

图7-22 将演示文稿打包成文件夹

7.6.3 排练计时

放映每张幻灯片时，必须要有适当的时间供演示者充分表达自己的思想，以使观众领会该幻灯片所要表达的内容。制作演示文稿时，可指定以手动单击鼠标或键盘的方式放映下一张幻灯片，如果幻灯片放映时不想人工控制切换幻灯片，就可指定幻灯片在屏幕上的显示时间，超过指定时间间隔后自动放映下一张幻灯片。此时，可使用两种方式指定幻灯片的放映时间：一种方法是人工为每张幻灯片设置放映时间，然后放映幻灯片并查看所设置的时间；另一种方法是使用排练功能，在排练时由 WPS 2019 自动记录时间。

利用 WPS 2019 的排练计时功能，演讲者可在准备演示文稿的同时，通过排练计时功能为每张幻灯片确定适当的放映时间，这也是自动放映幻灯片的要求。

步骤1：打开要创建自动放映的演示文稿。

步骤2：单击"幻灯片放映"→"设置"→"排练计时"按钮，激活排练方式，演示文稿自动进入放映方式。

步骤 3：单击"下一项"按钮可以控制速度，放映到最后一张幻灯片时显示这次放映的时间，若单击"确定"按钮，则接受此时间，若单击"取消"按钮，则需要重新设置时间。

这样设置以后，用户可以在放映演示文稿时单击状态栏上的"幻灯片放映"按钮，按设定时间自动放映。

7.6.4 隐藏幻灯片

播放演示文稿时，根据不同的场合和不同的观众，可能不需要播放演示文稿中的所有幻灯片，可将演示文稿中的某几张幻灯片隐藏起来，而不必将这些幻灯片删除。被隐藏的幻灯片在放映时不播放，并且可以将设置为隐藏的幻灯片重新设置为不隐藏。

步骤 1：在普通视图或幻灯片浏览视图下，选中需要被隐藏的幻灯片。

步骤 2：单击"幻灯片放映"→"设置"→"隐藏幻灯片"按钮，设置隐藏的幻灯片的编号上添加了"\"标记。

如果要取消隐藏，只要在普通视图或幻灯片浏览视图下选择被隐藏的幻灯片，单击"幻灯片放映"→"设置"→"隐藏幻灯片"按钮，或右击，在弹出的快捷菜单中选择"隐藏幻灯片"选项取消隐藏。在被隐藏的幻灯片的编号上"\"标记消失。

7.7 演示文稿的其他有关功能

7.7.1 演示文稿的压缩

在编辑演示文稿的过程中，如果用户在演示文稿中插入大量图片、音频和视频，演示文稿的文件就会变得很大，不方便传输和分享。在 WPS 2019 中，可以通过压缩媒体文件提高播放性能并节省存储空间。

音频或视频的压缩步骤如下。

步骤 1：打开包含音频文件或视频文件的演示文稿。

步骤 2：单击"文件"→"文件打包"命令，在"文件打包"栏单击"打包成压缩文件"，如图 7-23 所示。

步骤 3：若要指定音频或视频的质量（质量决定其大小），则选择下列选项。

（1）演示文稿质量：节省磁盘空间，同时保持音频或视频的整体质量。

（2）互联网质量：质量可媲美通过 Internet 传输的媒体。

（3）低质量：在空间有限的情况（如通过电子邮件发送演示文稿时）下使用。

（4）撤销：如果对压缩的效果不满意，则可撤销压缩。

图片的压缩步骤如下。

步骤 1：打开对应的演示文稿，单击选定的幻灯片中需要压缩的图片。

步骤 2：单击"图片工具"→"格式"→"调整"→"压缩图片"按钮，弹出"压缩图片"对话框，如图 7-24 所示。如果看不到"图片工具"功能区和"格式"选项卡，则确认选择了图片。

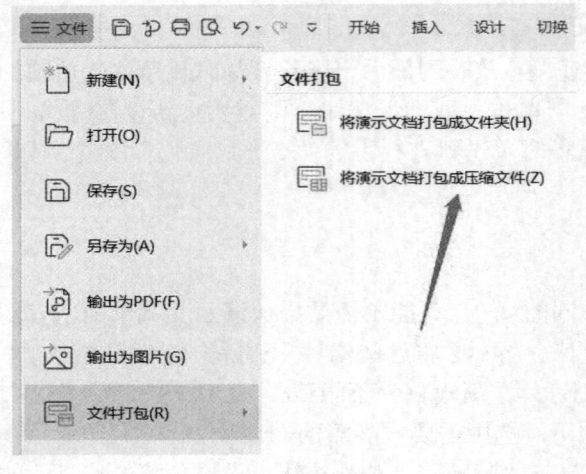

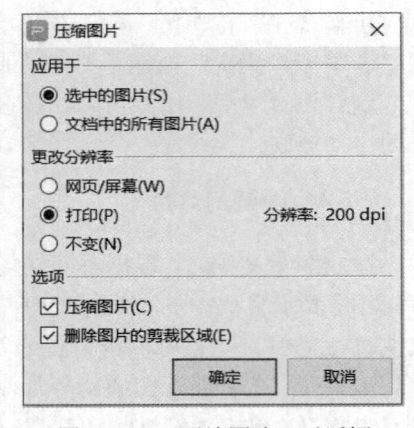

图 7-23　压缩媒体　　　　　　　图 7-24　"压缩图片"对话框

步骤 3：若仅更改选定图片（而非所有图片）的分辨率，则选中"仅应用于此图片"复选框。在"目标输出"下单击所需分辨率（选中"使用文档分辨率"将使用"文件"选项卡上设置的分辨率。在默认情况下，此值设置为 220ppi，但用户可以更改此默认图片分辨率）。

7.7.2　演示文稿的打印

打印通过单击"文件"→"打印"命令打印演示文稿。

【案例操作演示】

【例 7-7】 将例 7-6 中的演示文稿以讲义的形式打印出来，每张纸打印 3 张幻灯片。

步骤 1：打开例 7-6 生成的演示文稿。

步骤 2：单击"文件"→"打印"→"打印全部幻灯片"和"讲义（3 张幻灯片）"命令，在右边预览打印效果，满意后，单击中间的"打印"按钮。

7.7.3　演示文稿的搜索框

演示文稿搜索框包括以下两大版块。

（1）功能查找，如图 7-25 所示。以"形状"为例，可以直接搜索"形状"，并且在搜索框里单击使用，如图 7-26 所示。

图 7-25　搜索框的功能查找

图 7-26 搜索框的"形状"查找

（2）智能查找：可以在互联网查询关键词的相关信息，如图 7-27 所示。

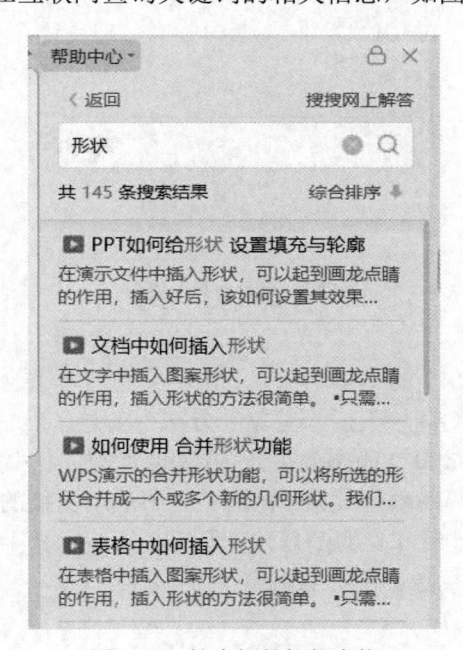

图 7-27 搜索框的智能查找

说明：搜索框的缺点首先在于加载相当的慢，可以看到图片一直在加载；其次是加载完毕以后，如果要进一步查看搜索的功能，就会自动打开浏览器并连接到相应的搜索。

7.7.4 演示文稿的屏幕录制

演示文稿的屏幕录制用来录制屏幕视频，是一个实用的新增功能，可通过单击"插入"→"媒体"→"屏幕录制"按钮调用，如图 7-28 所示。

可以选择录制区域、音频以及录制指针，录制完毕后按 Win+Shift+Q 组合键，视频将自动插入幻灯片。录制的视频帧数率小、码率大、文件小、视频高清。

图 7-28　屏幕录制

7.7.5　演示文稿的墨迹书写

墨迹书写就是一个"手绘"功能，突显触摸设备的优势。它在幻灯片放映后位于左下角，可以直接进行绘画操作。单击将墨迹转换为形状之后，可以绘制出规则的图形来。除此之外，还有一个墨迹公式功能，其与墨迹书写的区别就是从手绘变成手写，用来识别公式，WPS 2019 会将其转换为文本，如图 7-29 所示。

图 7-29　墨迹书写

本 章 小 结

本章首先介绍了 WPS 2019 的基本功能、工作环境和基本概念；然后通过举例的方式介绍制作一个简单演示文稿、在幻灯片中插入对象的方法；接着介绍通过幻灯片版式、背景、母版和主题设置演示文稿的视觉效果（静态效果），通过设置幻灯片中每个对象的动画效果和幻灯片的切换效果，实现演示文稿的动态效果；再接着介绍演示文稿的播放效果，包括设置放映方式、演示文稿的打包、排练计时和隐藏幻灯片；最后介绍演示文稿的其他功能，如演示文稿的压缩、打印、搜索框、屏幕录制、墨迹书写。

习　　题

一、单项选择题

1. 演示文稿的基本组成单元是（　　）。
   　　A．文本　　　　B．图形　　　　C．超链点　　　　D．幻灯片
2. WPS 2019 演示文稿的默认的扩展名是（　　）。
   　　A．.pptx　　　　B．.pwtx　　　　C．.docx　　　　D．.xlsx

3. 可以使用拖动方法改变幻灯片顺序的 WPS 2019 视图是（　　）。
   A．幻灯片视图　　B．备注页视图　　C．幻灯片浏览视图　　D．幻灯片放映
4. WPS 2019 提供给用户创建演示文稿时选用的新幻灯片版式有（　　）。
   A．12 种　　　　B．11 种　　　　C．10 种　　　　D．9 种
5. 在 WPS 2019 中，将已经创建的多媒体演示文稿转移到其他没有安装 WPS 2019 软件的计算机上放映的命令是（　　）。
   A．演示文稿打包　　　　　　　B．演示文稿发送
   C．演示文稿复制　　　　　　　D．设置幻灯片放映
6. 在 WPS 2019 中，改变某幻灯片的版式可以使用"开始"功能区中的（　　）命令。
   A．背景　　　　B．版式　　　　C．字体　　　　D．幻灯片配色方案
7. 在 WPS 2019 中，可以看到幻灯片右下角隐藏标记的视图是（　　）。
   A．幻灯片视图　　　　　　　　B．备注页视图
   C．幻灯片浏览视图　　　　　　D．幻灯片放映
8. 在 WPS 2019 中，通过"背景"对话框设置演示文稿的背景和颜色，弹出"背景"对话框的正确方法是（　　）。
   A．单击"开始"→"背景样式"命令
   B．单击"幻灯片放映"→"背景"命令
   C．单击"插入"→"背景"命令
   D．单击"设计"→"背景样式"命令
9. WPS 2019 窗口中的视图切换按钮有（　　）。
   A．3 个　　　　B．4 个　　　　C．5 个　　　　D．6 个
10. 在 WPS 2019 中，编辑和修改母版的状态是（　　）。
    A．幻灯片视图状态　　　　　　B．备注页视图状态
    C．母版状态　　　　　　　　　D．大纲视图状态
11. 在 WPS 2019 中，显示被处理的演示文稿文件名的栏是（　　）。
    A．快速访问工具栏　　　　　　B．功能区
    C．标题栏　　　　　　　　　　D．状态栏
12. 打开 WPS 2019 应用程序时，首先进入（　　）。
    A．空白演示文稿　　　　　　　B．"新建"对话框
    C．"打开"对话框　　　　　　　D．"另存文件"对话框
13. 需要编辑保存在磁盘中的 WPS 2019 文件时，选择该文件的对话框是（　　）。
    A．"文件"菜单中的"新建"对话框
    B．"文件"菜单中的"打开"对话框
    C．"编辑"选项卡中的"查找"对话框
    D．"编辑"选项卡中的"定位"对话框
14. WPS 2019 中，使字体加粗的快捷键是（　　）。
    A．Shift+B　　B．End+B　　C．Ctrl+B　　D．Alt+B
15. 在 WPS 2019 中打开文件，下面说法中正确的是（　　）。
    A．只能打开一个文件

B．最多能打开三个文件

C．能打开多个文件，但不能同时打开

D．能打开多个文件，可以同时打开

16．在 WPS 2019 中，层次结构图带有的特征是（　　）。

A．图形　　　　B．表格　　　　C．文本　　　　D．组织结构

17．在 WPS 2019 中，若需将幻灯片从打印机输出，可以用下列（　　）组合键。

A．Ctrl+P　　　B．Alt+P　　　C．Shift+P　　　D．Shift+L

18．WPS 2019 在幻灯片中建立超链接有两种方式：通过把某对象作为超链点和（　　）。

A．文本框　　　B．文本　　　C．图形　　　D．动作按钮

19．在 WPS 2019 中，激活超链接的动作可以是在超链点单击和（　　）。

A．移过　　　　B．拖动　　　　C．双击　　　　D．按动

20．下列操作中，不能退出 WPS 2019 的操作是（　　）。

A．单击"文件"→"退出"命令

B．单击"文件"→"关闭"命令

C．按 Alt+F4 组合键

D．双击 PowerPoint 窗口的控制菜单图标

21．在幻灯片的放映过程中要中断放映，可以直接按（　　）键。

A．Shift　　　　B．Ctrl　　　　C．Alt　　　　D．Esc

22．能够快速改变演示文稿的背景图案的操作是（　　）。

A．编辑母版

B．单击"开始"→"排列"按钮

C．单击"设计"→"背景样式"按钮

D．单击"动画"→"效果选项"按钮

23．要为幻灯片中的文本创建超链接，可用（　　）选项卡中的"超链接"命令。

A．文件　　　　B．开始　　　　C．插入　　　　D．幻灯片放映

24．要编辑页眉和页脚，可单击（　　）选项卡的"页眉和页脚"按钮。

A．文件　　　　B．开始　　　　C．插入　　　　D．动画

25．在下列 4 种视图中，（　　）只包含一个单独工作窗口。

A．普通视图　　B．大纲视图　　C．幻灯片视图　　D．幻灯片浏览视图

26．可以改变一张幻灯片中各对象动画放映顺序的是（　　）。

A．"预设动画"设置　　　　　　B．动画窗格中的设置

C．"片间动画"设置　　　　　　D．"幻灯片放映"设置

27．选择超链接的对象后，不能建立超链接的是（　　）。

A．单击"插入"→"超链接"命令

B．单击快速访问工具栏中的"插入超链接"命令

C．右击，在弹出的快捷菜单中选择"超链接"命令

D．单击"动画"→"超链接"命令

28．以下（　　）菜单项是 WPS 2019 特有的。

A．视图　　　　B．开始　　　　C．幻灯片放映　　D．审阅

29. 在幻灯片浏览视图中，以下（　　）是不可以进行的操作。
    A．插入幻灯片   B．删除幻灯片
    C．改变幻灯片的顺序   D．编辑幻灯片中的文字
30. 在演示文稿的编辑状态中，若要选定全部对象，则应使用（　　）组合键。
    A．Shift+A   B．Alt+A   C．Shift+Alt+A   D．Ctrl+A
31. 在幻灯片放映时，如果使用画笔，则错误的说法是（　　）。
    A．可以在画面上随意图画
    B．可以随时更换绘笔的颜色
    C．在幻灯片上做的记号将在退出幻灯片时可不予保留
    D．在当前幻灯片上做的记号会永久保留
32. 下列不属于演示文稿的放映方式是（　　）。
    A．演讲者放映（全屏幕）   B．观众自行浏览（窗口）
    C．定时浏览（全屏幕）   D．展台自动循环放映（全屏幕）
33. 在（　　）方式下，可采用拖放方法改变幻灯片的顺序。
    A．幻灯片视图   B．幻灯片放映视图
    C．幻灯片浏览视图   D．幻灯片备注页视图
34. 幻灯片中占位符的主要作用是（　　）。
    A．表示文本长度   B．限制插入对象的数量
    C．表示图形大小   D．为文本、图形等预留位置
35. 下列操作中，不能放映幻灯片的操作是（　　）。
    A．执行"视图"→"幻灯片浏览"命令
    B．执行"幻灯片放映"→"开始放映幻灯片"→"从头开始"命令
    C．执行"幻灯片放映"→"开始放映幻灯片"→"从当前幻灯片开始"命令
    D．直接按 F5 键
36. 如果放映类型设置为"在展台浏览"，则切换幻灯片采用的方法是（　　）。
    A．定时切换   B．单击
    C．右击   D．按 Enter 键
37. 在幻灯片放映中，要前进到下一张幻灯片不可以按（　　）。
    A．P 键   B．右箭头键   C．Enter 键   D．空格键
38. 在幻灯片放映中，要回到上一张幻灯片不可以按（　　）。
    A．左箭头键   B．PageDown 键   C．上箭头键   D．BackSpace 键
39. 在大纲视图下，不可以进行的操作是（　　）。
    A．创建新的幻灯片   B．编辑幻灯片中的文本内容
    C．删除幻灯片中的图片   D．移动幻灯片的位置
40. 选定多个图形对象的操作是（　　）。
    A．按住 Alt 键，同时依次单击要选定的图形
    B．按住 Shift 键，同时依次单击要选定的图形
    C．依次单击要选定的图形
    D．单击第 1 个图形，在按住 Shift 键的同时单击最后一个图形

41. 下列叙述中，错误的是（　　）。
    A．在"我的电脑"或资源管理器中双击一个.pptx 文件图标，可以启动 WPS 2019
    B．对于演示文稿中不准备播放的幻灯片，可用命令将其隐藏
    C．幻灯片的页面尺寸可以由用户自定义
    D．幻灯片对象的动画播放顺序固定，不可以由用户自定义
42. 要为幻灯片中的文本创建超链接，可单击（　　）选项卡中的"超链接"命令。
    A．文件　　　　B．开始　　　　C．插入　　　　D．幻灯片放映
43. 如果要改变幻灯片的大小和方向，则可以选择"设计"选项卡中的（　　）按钮。
    A．"页面设置"　B．"背景样式"　C．"关闭"　　　D．"保存"
44. 在幻灯片放映时，每张幻灯片切换时都可以设置切换效果，方法是单击（　　）选项卡，选择其中一种切换效果。
    A．"开始"　　　　　　　　　　B．"幻灯片放映"
    C．"视图"　　　　　　　　　　D．"切换"
45. 要对 WPS 2019 中的文字内容将多处同一错误一次更正，正确的方法是（　　）。
    A．用插入光标逐字查找，先删除错误文字再输入正确文字
    B．单击"开始"→"编辑"→"替换"命令
    C．使用"撤销"与"恢复"命令
    D．使用"定位"命令
46. 在幻灯片播放时，如果要结束放映，可以按（　　）键。
    A．Esc　　　　B．Enter　　　C．BackSpace　　D．Ctrl
47. 在展销会上，如果要求幻灯片在无人操作的环境下自动播放，则应该事先对 WPS 2019 演示文稿进行（　　）。
    A．存盘　　　　B．打包　　　C．自动播放　　　D．排练计时
48. 如果想为幻灯片中的某段文字或某个图片添加动画效果，则可以单击"动画"选项卡下的（　　）命令。
    A．"排练计时"　　　　　　　　B．"添加动画"
    C．"幻灯片切换"　　　　　　　D．"动作按钮"
49. WPS 2019 中文版是运行在（　　）上的演示文稿制作软件。
    A．MS-DOS 6.0　　　　　　　　B．中文 DOS 6.0
    C．安卓　　　　　　　　　　　D．中文 Windows

二、填空题

1. WPS 2019 演示文稿的文件扩展名是＿＿＿＿＿＿。
2. 要观看所有幻灯片，应选择＿＿＿＿＿＿工作视图。
3. 要为所有幻灯片设置统一的外观风格，应运用＿＿＿＿＿＿。
4. 如果要输入大量文字，则使用 WPS 2019 的＿＿＿＿＿＿视图是最方便的。
5. 在＿＿＿＿＿＿视图中，不能对文字进行编辑与格式化。
6. 要在 WPS 2019 中打开一个演示文稿文件，单击"视图"进行"＿＿＿＿＿＿"→"幻灯片母版"按钮，进入"幻灯片母版"设计环境。

7. 在大纲视图下，每张幻灯片的标题都出现在编号和图片的旁边，正文在每个标题的下面。在大纲中最多可达到_____级标题。

8. 在 WPS 2019 中，若需调整行距，则应先将光标置于要调整行距的文本行上，再单击"_____"→"段落"→"行距"按钮，弹出相应的对话框，在"行距"下拉列表框中选择相应的行距。

9. 在 WPS 2019 普通视图中集成了_____、_____和_____三个窗格。

10. 要为演示文稿的文本或图片等对象插入其他链接，以达到不同的放映顺序，可采用插入_____。

11. WPS 2019 中默认的第一个新建演示文稿的文件名是_____.pptx。

12. 在幻灯片浏览视图的窗口中移动、复制幻灯片，需先单击选中某个幻灯片，再单击常用工具栏上的剪切、_____、_____按钮实现。

13. 执行_____选项卡中的"新建幻灯片"命令，可以添加一张新幻灯片。

14. 可以在_____视图方式下复制幻灯片。

15. 在 WPS 2019 中，所谓"对动画重新排序"就是_____。

16. 要在 WPS 2019 的幻灯片中插入视频时，单击"插入"→"媒体"→_____命令。

17. 要收听幻灯片放映时的音频效果，必须安装_____。

18. 如果在幻灯片中插入多个图形对象，它们就可能会相互覆盖，可先选中幻灯片中的图形对象，再_____，在弹出的快捷菜单中选择"叠放次序"选项，调整各图形对象在幻灯片中的相应位置。

19. 在演示文稿的播放过程中，如果要终止幻灯片的放映，则可以按_____键。

20. 要对幻灯片中的文本框内的文字进行编辑和修改，应在_____视图方式下进行。

21. 绘制正方形等中心对称的图形时，可在按住_____键的同时拖动鼠标。

22. 在"设置放映方式"对话框中，选择_____放映类型，演示文稿将以窗口形式播放。

23. 在 WPS 2019 中，打开一个演示文稿文件，执行"_____"→"母版视图"→"幻灯片母版"命令，进入"幻灯片母版"设计环境。

24. 在实现对象的旋转中，可以利用该对象上的_____按钮实现自由旋转。

25. 列举3种动画效果_____、_____、_____。

26. 在 WPS 2019 窗口标题栏的右侧一般有三个按钮，分别是_____、_____、_____按钮。

27. 在 WPS 2019 中，在幻灯片的背景设置过程中，只对演示文稿的当前幻灯片起作用；如果单击_____按钮，则目前背景设置对演示文稿的所有幻灯片起作用。

28. WPS 2019 是在_____操作系统下运行的。

29. WPS 2019 的视图方式有_____、_____、_____、_____和普通视图五种。

30. 列举三种动作按钮：_____、_____和_____。

31. WPS 2019 有_____、_____、_____三种母版。

32. _____是 WPS 2019 提供的带有预设动作的按钮对象。

33. 关闭 WPS 2019 应用程序，应单击"文件"→_____命令。

34. 在演示文稿中尽量采用_____、图表，避免用大量文字叙述。

35. 演示文稿中的每张幻灯片都由若干_____组成。

36．在_____视图下不能对文字进行编辑与格式化。

37．WPS 2019 中使字体有下划线的快捷键是_____。

38．幻灯片放映的快捷键是_____。

39．添加新幻灯片的快捷键是_____。

40．在幻灯片浏览视图方式下，如果要同时选中几张不连续的幻灯片，则需按住_____键并逐个单击待选的对象。

41．在 WPS 2019 中，幻灯片的页眉和页脚是在"_____"功能区中。

42．在幻灯片浏览视图下，如果要删除幻灯片，则只需按_____键。

43．WPS 2019 的幻灯片放映的"幻灯片切换"在"_____"菜单下。

44．WPS 2019 的幻灯片放映的"添加动画"在"_____"选项卡下。

45．超链接只有在"_____"视图下才能被激活。

46．如果将演示文稿置于另一台不带 WPS 2019 系统的计算机上放映，那么应该对演示文稿进行_____。

47．在_____视图中，可以方便地为单张或多张幻灯片添加切换效果。

48．文本框有_____和_____两种。

49．退出 WPS 2019 窗口时，可使用_____组合键。

50．幻灯片母版和标题母版上有三个特殊的文字对象：_____、页脚区和数字区对象。

参 考 答 案

一、单项选择题

1～10	D	A	C	B	A	B	C	D	B	C
11～20	C	A	B	C	D	D	A	D	A	B
21～30	D	C	C	D	D	B	D	C	D	D
31～40	D	C	C	D	A	A	A	B	C	B
41～49	D	C	A	D	B	D	B	D	

二、填空题

1．.pptx　　　　　　　　　　　　　　2．幻灯片浏览

3．主题　　　　　　　　　　　　　　4．大纲

5．幻灯片浏览　　　　　　　　　　　6．母版

7．4　　　　　　　　　　　　　　　　8．开始

9．幻灯片，幻灯片/大纲，备注　　　　10．超链接

11．演示文稿1　　　　　　　　　　　12．复制，粘贴

13．开始　　　　　　　　　　　　　　14．幻灯片浏览

15．确定幻灯片上对象进入幻灯片的顺序　　16．视频

17. Windows 兼容的声卡及其驱动程序
18. 右击
19. Esc
20. 普通
21. Shift
22. 观众自行浏览
23. 视图
24. 旋转
25. 飞入，旋转，百叶窗
26. 最小化，最大化/还原，关闭
27. 全部应用
28. Windows
29. 幻灯片浏览视图，幻灯片放映视图，阅读视图，备注页视图
30. 后退，前进，开始
31. 幻灯片母版，讲义母版，备注母版
32. 动作按钮
33. 退出
34. 图形
35. 对象
36. 幻灯片浏览
37. Ctrl+U
38. F5
39. Ctrl+M
40. Ctrl
41. 插入
42. Delete
43. 动画
44. 幻灯片放映
45. 幻灯片放映
46. 打包
47. 幻灯片浏览
48. 横排，竖排
49. Alt+F4
50. 日期区

参 考 文 献

[1] 潘传中，卿勇，何旭，等. 计算机应用基础与实践[M]. 北京：航空工业出版社，2014.
[2] 吕新平，王丽彬，李爱华，等. 大学计算机基础[M]. 6版. 北京：人民邮电出版社，2017.
[3] 刘志成，刘涛，徐明伟，等. 大学计算机基础：微课版[M]. 北京：人民邮电出版社，2016.
[4] 张彦，张红旗，于双元，等. 计算机基础及MS Office应用[M]. 北京：高等教育出版社，2019.
[5] 薛晓萍，赵义霞，郑建霞，等. 大学计算机基础实训教程：Windows 7+Office 2010版[M]. 北京：中国水利水电出版社，2014.
[6] 张晖. 计算机网络项目实训教程[M]. 北京：清华大学出版社，2014.
[7] 陈军，肖东，吴志攀. 新编计算机应用基础：Windows 8+Office 2013[M]. 广州：暨南大学出版社，2014.
[8] 吴志攀，刘利，等. 大学计算机基础教程：Windows 10+Office 2016 [M]. 北京：中国水利水电出版社，2021.